Fibonacci und die Folge(n)

von
Apl. Prof. Dr. Huberta Lausch

Unter Mitarbeit von Dino Azzarello

Oldenbourg Verlag München

Apl. Prof. Dr. Huberta Lausch ist seit vielen Jahren Dozentin für Mathematik mit den Arbeitsgebieten Algebra, Zahlentheorie und Geometrie an der Universität Würzburg. Außerdem arbeitete sie als Lektorin für Mathematik, Physik und Informatik bei verschiedenen Schulbuchverlagen. Zurzeit ist sie als Lehrkraft an einem Gymnasium tätig. Der Brückenschlag zwischen Schulmathematik und Fachwissenschaft ist ihr ein großes Anliegen.

Bibliografische Information der Deutschen Nationalbibliothek

Die Deutsche Nationalbibliothek verzeichnet diese Publikation in der Deutschen Nationalbibliografie; detaillierte bibliografische Daten sind im Internet über <http://dnb.d-nb.de> abrufbar.

© 2009 Oldenbourg Wissenschaftsverlag GmbH
Rosenheimer Straße 145, D-81671 München
Telefon: (089) 45051-0
oldenbourg.de

Lektorat: Kathrin Mönch
Herstellung: Dr. Rolf Jäger
Coverentwurf: Kochan & Partner, München
Gedruckt auf säure- und chlorfreiem Papier
Gesamtherstellung: Books on Demand GmbH, Norderstedt

ISBN 978-3-486-58910-8

Vorwort

Einer einfachen Zahlenfolge gelingt es, seit Jahrhunderten die Menschen zu faszinieren, obwohl zunächst einmal nichts an ihr spektakulär zu sein scheint: Beginnend mit zwei Einsen, ist jedes weitere Folgenglied Summe der beiden vorangegangenen Folgenglieder. Dieses Bildungsgesetz – das Bildungsgesetz der Fibonaccifolge – entpuppt sich bei näherem Hinsehen jedoch als eine Art Naturgesetz: Die Blattrosetten vieler Pflanzen richten sich danach, und wer sich die Mühe macht, eine Sonnenblume oder ein Gänseblümchen genauer anzuschauen, wird feststellen, dass die Einzelblüten Spiralen bilden, deren Mitgliederzahl jeweils eine Fibonaccizahl ist. Auch die Schuppen von Tannenzapfen oder Ananasfrüchten folgen diesem Gesetz. Unter dem Stichwort Phyllotaxis findet jeder Interessierte (z. B. im Internet) viele Beispiele dafür.

In diesem Buch soll es jedoch nicht um das Vorkommen der Fibonaccifolge in der Natur oder um ihre Anwendung in der Wirtschaft – Fibonacci Trading ist hier das Schlagwort – gehen, sondern um die herbere und eher verborgene Schönheit ihrer vielfältigen Verflechtungen mit vielen Teilgebieten der Mathematik. Der Schwerpunkt dieses Buchs liegt auf der Zahlentheorie und der Algebra. Aus diesem Grund tritt neben der Fibonaccifolge auch sofort ihre Gegenspielerin und Gefährtin, die Lucasfolge, auf den Plan. Das erste Kapitel stellt einfache Folgerungen aus dem Bildungsgesetz der beiden Folgen vor. Für die Leserinnen und Leser bedeutet dies jedoch harte Rechenarbeit, denn die Beweise sind zwar elementar, aber gelegentlich recht trickreich, und sollten zumindest teilweise von jeder/jedem durchgerechnet werden. Das zweite Kapitel schlägt die Brücke zur Linearen Algebra und wendet sich eher an mathematisch vorgebildete Leserinnen und Leser; es kann getrost übersprungen werden. Das Herzstück des Buchs stellt das umfangreiche Kapitel drei dar: Hier werden Teilbarkeitsfragen untersucht – Teilbarkeit der Fibonacci- oder Lucaszahlen untereinander oder durch bestimmte Primzahlen –, die beiden Folgen modulo m betrachtet und die Frage nach dem Vorkommen von Quadrat- oder Kubikzahlen unter den Folgengliedern geklärt. In Kapitel vier kommt schließlich noch die Analysis und in Kapitel fünf die Geometrie zu Wort: Es ist undenkbar, ein Buch über die Fibonaccifolge zu schreiben, ohne zumindest ihren Zusammenhang mit dem goldenen Schnitt zu erwähnen. Kapitel sechs greift nun nochmals durch die Konstruktion eines Zahlensystems mithilfe der Fibonaccizahlen auf das Leitmotiv Zahlentheorie zurück, aber angewendet wird all diese Theorie, um zwei besondere Nim-Spiele zu analysieren. In Kapitel sieben gibt es einen kleinen Abstecher in die Informatik. Kapitel acht eröffnet den Blick zu neuen Ufern: Es zeigt sich nämlich, dass die Fibonaccifolge nur ein Anfang war zu einer viel umfassenderen Theorie, der Theorie der Lucasfolgen. Auch andere Verallgemeinerungen der Fibonaccifolge, wie die Tribonaccifolge, die – sehr interessante! – Padovanfolge und Fibonacci- und Lucaspolynome werden angesprochen. Im Anhang sind jeweils die ersten 60 Folgenglieder von Fibonacci-, Lucas-, Padovan-

und Perrinfolge angegeben, damit sich jede(r) die Eigenschaften dieser Folgen auch anschaulich klar machen kann.

Da dieses Buch sich nicht nur an Studierende der Mathematik, sondern hauptsächlich an interessierte Schülerinnen und Schüler wendet, habe ich versucht, alle erforderlichen Hilfsmittel im Buch selbst bereitzustellen. Das ist nicht an allen Stellen gelungen, etwa bei der Linearen Algebra, doch wurden stets die verwendeten Sätze zitiert und Quellen dafür angegeben, sodass es immer möglich ist, der Argumentation zu folgen. Am Ende eines jeden Kapitels findet sich ein Abschnitt mit Aufgaben, der meist in die Teile „Übungsaufgaben" und „Arbeitsaufträge" untergliedert ist. Bei den Arbeitsaufträgen handelt es sich um umfangreichere Aufgaben, die etwa im Rahmen einer Facharbeit bearbeitet werden könnten. Literaturhinweise am Ende eines jeden Kapitels erlauben ein vertieftes Studium.

Nun ist es aber an der Zeit, denjenigen zu danken, ohne die dieses Buch nicht entstanden wäre. Mein ganz besonderer Dank gilt meinem Freund Dino Azzarello, dessen exzellente Facharbeit die Keimzelle dieses Buches darstellt und sich insbesondere in Kapitel 1 und den Abschnitten 3.1, 3.2 sowie 6.1 wiederfindet. Seine klare und perfekte Darstellung hat ein Vorbild geschaffen, an dem sich der Rest des Buchs messen lassen muss. Meinem Würzburger Kollegen Manfred Dobrowolski danke ich für die Unterstützung sowie für seine Verbesserungvorschläge, insbesondere zu den Kapiteln 4 und 8. Ohne ihn hätte dieses Werk niemals seine Geburt – sprich: sein Erscheinen – erlebt. Schließlich sei auch Frau Kathrin Mönch vom Oldenbourg Wissenschaftsverlag gedankt, der das Thema Fibonaccifolge ein persönliches Anliegen war.

Grafing   Huberta Lausch

Inhaltsverzeichnis

1   Grundlegende Eigenschaften von Fibonacci- und Lucasfolge

In diesem Kapitel werden Folgen im Allgemeinen und speziell die Fibonaccifolge und die Lucasfolge als Beispiele rekursiver Folgen vorgestellt. Zunächst bringen wir einfache Summenformeln, die man unmittelbar aus der Rekursionsformel herleiten kann. Das Prinzip der vollständigen Induktion wird benutzt, um weitere Eigenschaften von Fibonacci- und Lucasfolge und insbesondere die Formel von Binet zu beweisen. Diese Formel erlaubt eine explizite Berechnung des n-ten Folgenglieds in Abhängigkeit von n und führt auf weitere Resultate. Außerdem werden verschiedene Zusammenhänge zwischen Fibonacci- und Lucasfolge aufgezeigt. Schließlich definieren wir beide Folgen auch für negative Indizes.

1.1   Einführung und Definitionen

Die erste Spur der Fibonaccifolge findet sich bereits um 450 v. Chr. in einem Werk des Sanskrit-Grammatikers *Pingala*. Als erster in Europa beschrieb sie jedoch der italienische Mathematiker *Leonardo da Pisa* (etwa um 1170 bis ungefähr 1240), bekannter als *Fibonacci*, abgeleitet von *Filius Bonaccii* oder *Figlio di Bonacci* (Sohn des Bonacci), in seinem Buch *Liber Abaci*. Zunächst müssen wir jedoch klären, was eine Folge überhaupt ist. Daher beginnen wir mit einer formalen Definition des Folgenbegriffs.

Definition 1.1

Eine **Folge** ist eine Abbildung φ der natürlichen Zahlen ohne null $\mathbb{N}^*$ bzw. der natürlichen Zahlen mit null $\mathbb{N}$ in eine beliebige Menge X; dafür schreibt man kurz $\varphi : \mathbb{N}^* \to X$ bzw. $\varphi : \mathbb{N} \to X$. Das Bild $\varphi(n)$ wird als *n*-tes **Folgenglied** bezeichnet und man stellt dies in der Form $\varphi : n \mapsto \varphi(n) =: x_n$ dar. Häufig notiert man Folgen in der aufzählenden Form $\{x_1, x_2, x_3, ...\}$ oder kürzer als $\{x_i\}$.

Ein einfaches Beispiel ist die Folge $3, 6, 9, 12, ...$ der durch 3 teilbaren Zahlen: Als Abbildung geschrieben, kann man sie in der Form $\varphi : \mathbb{N}^* \to \mathbb{N}^*, n \mapsto 3n$ darstellen. Eine andere Möglichkeit ist die Schreibweise $\{a_i \mid a_i = 3i, \ i \in \mathbb{N}^*\}$.

Weitere einfache Beispiele von Folgen sind **arithmetische Folgen**: Ausgehend von einem Startwert a_0 erhält man jeweils das nächste Folgenglied, indem man eine feste natürliche Zahl k addiert, also $a_1 = a_0 + k$, $a_2 = a_1 + k = a_0 + 2k$, $a_3 = a_0 + 3k$ und allgemein $a_i = a_0 + ik$.

Es gibt jedoch auch Folgen, die keinem so einfachen Bauplan gehorchen:

Definition 1.2

Eine Folge, deren einzelne Glieder durch einen Term in den vorigen Gliedern erklärt sind, nennt man eine **rekursive Folge** (von lateinisch *recurrere* - zurücklaufen). Insbesondere sind Folgen, deren n-tes Glied durch

$$x_n = x_{n-1} + x_{n-2}$$

definiert ist, rekursive Folgen. Eine solche Folge ist durch Vorgabe von x_1 und x_2 eindeutig bestimmt, da sich dann Stück für Stück sämtliche Glieder berechnen lassen.

Wählt man als Startwerte $x_1 = 1$ und $x_2 = 1$, erhält man eine Folge mit den Anfangsgliedern

$$1, 1, 2, 3, 5, 8, 13, 21, 34, 55, ...$$

Diese Folge heißt **Fibonaccifolge**, ihre Glieder heißen **Fibonaccizahlen**. Für eine natürliche Zahl n bezeichnen wir die n-te Fibonaccizahl mit f_n.

Werden dagegen die Startwerte $x_1 = 1$ und $x_2 = 3$ gewählt, so ergibt sich die sogenannte **Lucasfolge**

$$1, 3, 4, 7, 11, 18, 29, 47, 76, 123, ...,$$

deren Glieder wir mit l_n bezeichnen.

Die **Rekursionsformel** der Fibonaccifolge bzw. der Lucasfolge lautet also

$$f_n = f_{n-1} + f_{n-2} \quad \text{bzw.} \quad l_n = l_{n-1} + l_{n-2}. \tag{1.1}$$

Alternativ kann man auch $f_0 = 0$ und $f_1 = 1$ als Startwerte der Fibonaccifolge wählen und erhält dann die Folge

$$0, 1, 1, 2, 3, 5, 8, 13, 21, 34, 55, ...;$$

für die Lucasfolge setzt man $l_0 = 2$ und $l_1 = 1$, was die Folge

$$2, 1, 3, 4, 7, 11, 18, 29, 47, 76, 123, ...$$

liefert. In diesem Fall nimmt man null zur Menge der natürlichen Zahlen hinzu und betrachtet die Folge als Abbildung $\varphi : \mathbb{N} \to \mathbb{N}$. Wir werden je nach Situation beide Definitionen der Fibonacci- bzw. der Lucasfolge verwenden.

Fibonacci beschrieb mit der nach ihm benannten Folge in der zweiten Auflage seines *Liber Abaci* (erschienen 1227) das Wachstum einer Kaninchenpopulation. Dabei geht er von folgenden Voraussetzungen aus:

- Zu Beginn gibt es ein fortpflanzungsfähiges Kaninchenpaar.

- Jedes fortpflanzungsfähige Paar setzt jeden Monat ein weiteres Paar in die Welt.

- Jedes neugeborene Paar wird im zweiten Lebensmonat geschlechtsreif.

- Kein Kaninchen kann die Population verlassen, keines stirbt und keines kommt von außerhalb hinzu.

Unter diesen Voraussetzungen liefert das erste Paar bereits im ersten Monat ein Nachwuchspaar. In jedem Monat kommt zu der Anzahl der Paare, die im Vormonat gelebt haben, eine Anzahl neugeborener Paare hinzu; diese Anzahl ist gleich der Anzahl der Paare, die bereits zwei Monate zuvor gelebt haben, da genau diese geschlechtsreif sind. Somit ergibt sich die Anzahl der in einem bestimmten Monat lebenden Paare als Summe der Anzahl der Paare aus dem Vormonat und der Anzahl der Paare aus dem vorletzten Monat. Dies entspricht genau dem Bildungsgesetz der Fibonaccifolge.

Zur Beschreibung des Wachstums einer realen Kaninchenpopulation mag dieses Modell wenig geeignet erscheinen, denn Kanichen sind nun einmal nicht unsterblich, sondern landen üblicherweise im Schmortopf, um beispielsweise als Kaninchen in Rotwein hungrige Esser zu erfreuen. Außerdem treten Kaninchen auch nicht immer paarweise - ein Männchen, ein Weibchen - auf. Trotzdem hat die resultierende Folge eine glanzvolle Karriere gemacht, denn seit 1963 gibt es mit *The Fibonacci Quarterly* ein eigenes Journal dafür und auch heute noch finden regelmäßig Symposien statt, die sich mit Anwendungen befassen.

Fibonacci selbst hat sich nicht weiter mit der Folge beschäftigt. Aber sein *Liber Abaci* hat weitreichende Konsequenzen nicht nur für die Geschichte der Mathematik, sondern auch für die Geistesgeschichte Europas gehabt: Er setzte sich darin für den Gebrauch der Zahlzeichen der Inder einschließlich der Null ein, die in Europa damals noch ziemlich unbekannt waren.

Es wird sich herausstellen, dass die Fibonacci- und die Lucasfolge sehr eng miteinander verbunden sind. Die zweite Folge trägt ihren Namen zu Ehren des französischen Zahlentheoretikers *Édouard Lucas* (1842-1891), der die Eigenschaften beider Folgen studierte und der Fibonaccifolge ihren Namen gab. Auf ihn gehen auch die Verallgemeinerungen der Fibonaccifolge zurück, die wir in Kapitel 8 besprechen werden.

1.2   Einfache Summenformeln

Aus der Rekursionsformel (1.1) für die Fibonaccifolge lassen sich überraschend viele Formeln für Summen von Fibonaccizahlen beweisen. Dabei benötigt man die Rekursionsformel häufig in der Form $f_{n-2} = f_n - f_{n-1}$. Bei den ersten Beweisen werden die einzelnen Beweisschritte noch genau angegeben, später wird die Rekursionsformel aber meist ohne besonderen Hinweis benutzt. Wegen $f_0 = 0$ könnten wir sämtliche Summenformeln für Fibonaccizahlen auch mit $i = 0$ anfangen lassen, ohne dass sich am Wert der Summe etwas änderte.

Wir beginnen mit einigen sehr einfachen Summenformeln für Fibonaccizahlen:

Satz 1.3

Für jedes $n \in \mathbb{N}^*$ erhält man für

(a)   die Summe der ersten n Fibonaccizahlen

$$\sum_{i=1}^{n} f_i = f_{n+2} - 1,$$

(b)   die Summe der ersten n Fibonaccizahlen mit ungeradem Index

$$\sum_{i=1}^{n} f_{2i-1} = f_{2n},$$

(c)   die Summe der ersten n Fibonaccizahlen mit geradem Index

$$\sum_{i=1}^{n} f_{2i} = f_{2n+1} - 1.$$

Beweis: (a)   Aufgrund der Rekursionsformel gilt $f_i = f_{i+2} - f_{i+1}, i = 1, ..., n$. Damit lässt sich die Summe folgendermaßen umschreiben:

$$\sum_{i=1}^{n} f_i = \sum_{i=2}^{n+1} (f_{i+1} - f_i) = \sum_{i=2}^{n+1} f_{i+1} - \sum_{i=2}^{n+1} f_i = f_{n+2} - f_2 = f_{n+2} - 1,$$

was die Behauptung zeigt.

(b)   Mit $f_1 = f_2 = 1$ und $f_{2i-1} = f_{2i} - f_{2i-2}$ für $i \geq 2$ kann man die linke Seite in der Form $f_2 + \sum_{i=2}^{n} (f_{2i} - f_{2i-2}) = f_{2n}$ darstellen, und dies ist gerade die Behauptung.

(c)   Die gesuchte Summe erhält man als Differenz

$$\sum_{i=1}^{n} f_{2i} = \sum_{i=1}^{2n} f_i - \sum_{i=1}^{n} f_{2i-1} = f_{2n+2} - 1 - f_{2n} = f_{2n+1} - 1,$$

wobei (a), (b) und $f_{2n+1} = f_{2n+2} - f_{2n}$ verwendet wurden. $\Diamond$

Mithilfe der Teile (b) und (c) des vorigen Satzes kann man die **alternierende Summe der ersten n Fibonaccizahlen** berechnen.

Satz 1.4

$$\sum_{i=1}^{n}(-1)^{i+1}f_i = (-1)^{n+1}f_{n-1}+1$$

Beweis: Für gerades $n = 2k$ subtrahiert man die Summe der ersten k Fibonaccizahlen mit geradem Index von der Summe der ersten k Fibonaccizahlen mit ungeradem Index:

$$\sum_{i=1}^{k}f_{2i-1} - \sum_{i=1}^{k}f_{2i} = f_{2k} - f_{2k+1} + 1 = -f_{2k-1}+1,$$

Die Aussage für ungerades $n = 2k + 1$ ergibt sich, wenn man auf beiden Seiten der Gleichung $f_{2k+1} = f_{2k} + f_{2k-1}$ addiert:

$$\sum_{i=1}^{2k}(-1)^{i+1}f_i + f_{2k+1} = f_{2k}+1$$

Damit ist der Satz vollständig bewiesen. $\Diamond$

Bisher haben wir mithilfe der Rekursionsformel verschiedene Summen von Fibonaccizahlen bestimmt. Mit einem kleinen Trick gelingt es sogar, die **Summe der Quadrate der ersten n Fibonaccizahlen** zu berechnen.

Satz 1.5

$$\sum_{i=1}^{n}f_i^2 = f_n f_{n+1}$$

Beweis: Der Trick besteht darin, f_i^2 mithilfe der Rekursionsformel geschickt darzustellen. Es gilt nämlich $f_i^2 = f_i f_{i+1} - f_{i-1} f_i$ für $i = 2, ..., n$. Beachtet man $f_1^2 = f_1 f_2$ und setzt dies in $\sum_{i=1}^{n}f_n^2$ ein, ergibt sich $f_1 f_2 + \sum_{i=2}^{n}(f_i f_{i+1} - f_{i-1} f_i) = f_n f_{n+1}$. $\Diamond$

Quadrate von Fibonaccizahlen können als **Summen von Produkten aufeinanderfolgender Fibonaccizahlen** dargestellt werden. Auch bei diesem Beweis wird die Rekursionsformel mehrfach verwendet.

Satz 1.6

$$\sum_{i=1}^{n} f_i f_{i+1} = \begin{cases} f_{n+1}^2 & \text{für ungerades } n \\ f_{n+1}^2 - 1 & \text{für gerades } n \end{cases}$$

Beweis: Sei zunächst n ungerade, $n = 2m + 1$. Es ergibt sich:

$$\sum_{i=1}^{2m+1} f_i f_{i+1} = f_1 f_2 + \sum_{i=1}^{m} (f_{2i} f_{2i+1} + f_{2i+1} f_{2i+2})$$

$$= f_1 f_2 + \sum_{i=1}^{m} f_{2i+1}(f_{2i} + f_{2i+2})$$

$$= f_1 f_2 + \sum_{i=1}^{m} (f_{2i+2} - f_{2i})(f_{2i+2} + f_{2i})$$

$$= f_1 f_2 + \sum_{i=1}^{m} (f_{2i+2}^2 - f_{2i}^2)$$

$$= f_1 f_2 + f_{2m+2}^2 - f_2^2 = f_{2m+2}^2 = f_{n+1}^2$$

Nun sei n gerade, $n = 2m$. Dann erhält man:

$$\sum_{i=1}^{2m} f_i f_{i+1} = \sum_{i=1}^{m} (f_{2i-1} f_{2i} + f_{2i} f_{2i+1}) = \sum_{i=1}^{m} f_{2i}(f_{2i+1} + f_{2i-1})$$

$$= \sum_{i=1}^{m} (f_{2i+1} - f_{2i-1})(f_{2i+1} + f_{2i-1}) = \sum_{i=1}^{m} (f_{2i+1}^2 - f_{2i-1}^2)$$

$$= f_{2m+1}^2 - f_1^2 = f_{n+1}^2 - 1$$

Damit ist der Satz für alle natürlichen Zahlen gezeigt. $\diamond$

Der Beweis der Formel für die **halbarithmetische Summe** erfordert einen tieferen Griff in die Trickkiste. Trotzdem benötigen wir nur Satz 1.3(a) als Hilfsmittel.

Satz 1.7

$$\sum_{k=1}^{n} k f_k = n f_{n+2} - f_{n+3} + 2$$

Beweis: Wir spalten die Summe auf der linken Seite geschickt auf, schreiben sie mithilfe der Formel in Satz 1.3(a) für die Summe der ersten n Fibonaccizahlen um, fassen passend zusammen und wenden Satz 1.3(a) dann nochmals an:

$$\sum_{k=1}^{n} k f_k = \sum_{k=1}^{n} f_k + \sum_{k=2}^{n} f_k + \cdots + \sum_{k=n-1}^{n} f_k + \sum_{k=n}^{n} f_k$$

$$= (f_{n+2} - 1) + (f_{n+2} - 1 - f_1) + \cdots + \left(f_{n+2} - 1 - \sum_{k=1}^{n-1} f_k \right)$$

$$= n(f_{n+2} - 1) - \left(f_1 + \sum_{k=1}^{2} f_k + \cdots + \sum_{k=1}^{n-1} f_k \right)$$

$$= n(f_{n+2} - 1) - [f_1 + (f_4 - 1) + \cdots + (f_{n+1} - 1)]$$

$$= n(f_{n+2} - 1) - \left[\sum_{k=4}^{n+1} f_k - (n-2) \cdot 1 + f_1 \right]$$

$$= n(f_{n+2} - 1) - [(f_{n+3} - 1) - f_3 - f_2 - f_1 - (n-2) + f_1]$$

$$= n f_{n+2} - f_{n+3} + 2;$$

dabei wurden $f_1 = f_2 = 1$ und $f_3 = 2$ benutzt. ◇

Für Lucaszahlen kann man aus der Rekursionsformel (1.1) in ähnlicher Weise verschiedene einfache Summenformeln herleiten. Da die Beweise der Sätze 1.3, 1.4, 1.5 und 1.7 fast wörtlich übernommen werden können, ist der Beweis der entsprechenden Aussagen der Leserin/dem Leser überlassen, s. Aufgabe 1.7.1.

Satz 1.8

Für Lucaszahlen gelten folgende Beziehungen:

(a) Summe der ersten n Lucaszahlen: $\sum_{i=1}^{n} l_i = l_{n+2} - 3$

(b) Summe der ersten n Lucaszahlen mit ungeradem Index: $\sum_{i=1}^{n} l_{2i-1} = l_{2n} - 2$

(c) Summe der ersten n Lucaszahlen mit geradem Index: $\sum_{i=1}^{n} l_{2i} = l_{2n+1} - 1$

(d) Summe der Quadrate der ersten n Lucaszahlen: $\sum_{i=1}^{n} l_i^2 = l_n l_{n+1} - 2$

1.3 Weitere Eigenschaften von Fibonacci- und Lucasfolge

Das Prinzip der vollständigen Induktion ermöglicht den Nachweis weiterer Beziehungen zwischen Fibonacci- oder Lucaszahlen.

1.3.1 Das Prinzip der vollständigen Induktion

Bei vielen Beweisen aus der elementaren Zahlentheorie spielt das Prinzip der **vollständigen Induktion** eine wichtige Rolle. Es nutzt die Tatsache aus, dass man von jeder noch so großen natürlichen Zahl aus stets um eins weiter zählen kann. Damit gelingt es häufig, die Gültigkeit einer Aussage für alle natürlichen Zahlen nachzuweisen. Genauer gesagt nutzt das Prinzp der vollständigen Induktion das fünfte **Peano-Axiom** (nach *Giuseppe Peano*, 1858-1932) aus:

> Enthält eine Menge M die natürliche Zahl 1 (oder 0) und enthält M für jede natürliche Zahl $m \in M$ auch den Nachfolger $m + 1$, so ist $\mathbb{N}^*$ (bzw. $\mathbb{N}$) die kleinste derartige Menge, d. h. es gilt $\mathbb{N}^* \subset M$ (bzw. $\mathbb{N} \subset M$).

Prinzip der vollständigen Induktion:
Es sei $n_0 \in \mathbb{N}^*$ (meist ist $n_0 = 0$ oder $n_0 = 1$) und für jede natürliche Zahl $n \geq n_0$ sei $A(n)$ eine Aussage. Falls $A(n_0)$ wahr ist und für jedes $n \geq n_0$ aus der Richtigkeit von $A(n)$ die Richtigkeit von $A(n + 1)$ folgt, dann gilt $A(n)$ für alle $n \geq n_0$.

Das **Beweisverfahren** gliedert sich also in folgende Schritte:

1. Induktionsanfang (Induktionsverankerung): Es wird gezeigt, dass $A(n_0)$ richtig ist.

2. Induktionsvoraussetzung (Induktionsannahme): $A(n)$ ist richtig.

3. Induktionsschluss (Schluss von n auf $n + 1$): Man weist nach, dass aus der Richtigkeit von $A(n)$ die Richtigkeit von $A(n + 1)$ folgt.

Jedes Folgenglied von Fibonacci- und Lucasfolge hängt von den beiden vorhergehenden Folgengliedern ab. Daher ist für Beweise in diesem Zusammenhang die folgende **modifizierte Version des Beweisverfahrens** besser geeignet:

1. Induktionsanfang: Es wird gezeigt, dass $A(n_0)$ und $A(n_0 + 1)$ richtig sind.

2. Induktionsvoraussetzung: Es seien $A(n)$ und $A(n + 1)$ richtig.

3. Induktionsschritt (Schluss von n und $n + 1$ auf $n + 2$): Man zeigt, dass aus der Richtigkeit von $A(n)$ und $A(n + 1)$ die Richtigkeit von $A(n + 2)$ folgt.

1.3.2   Beziehungen zwischen Fibonaccizahlen

Das Prinzip der vollständigen Induktion gestattet es – meist in seiner modifizierten Form, wo für $n = 1$ und $n = 2$ (oder für $n = 0$ und $n = 1$) verankert werden muss – eine Vielzahl von Beziehungen zwischen Fibonaccizahlen zu beweisen. Viele dieser Formeln werden später bei der Herleitung weiterer Beziehungen nützlich sein.

Satz 1.9

$$f_{n+m} = f_{n-1}f_m + f_n f_{m+1}$$

Beweis durch vollständige Induktion nach m. Die Induktionsverankerung ist für $m = 1$ und $m = 2$ gegeben durch

$$f_{n+1} = f_{n-1}f_1 + f_n f_2 = f_{n-1} \cdot 1 + f_n \cdot 1 = f_{n-1} + f_n,$$
$$f_{n+2} = f_{n-1}f_2 + f_n f_3 = f_{n-1} + 2f_n = (f_{n-1} + f_n) + f_n = f_{n+1} + f_n,$$

was nach der Rekursionsformel der Fibonaccifolge für beliebiges $n \in \mathbb{N}^*$ richtig ist. Als nächstes zeigen wir den Induktionsschritt (Schluss von m und $m + 1$ auf $m + 2$). Nach Induktionsvoraussetzung gilt für ein $m \in \mathbb{N}^*$ und für $m + 1$:

$$f_{n+m} = f_{n-1}f_m + f_n f_{m+1}$$
$$f_{n+m+1} = f_{n-1}f_{m+1} + f_n f_{m+2};$$

durch Addition ergibt sich daraus

$$f_{n+m} + f_{n+m+1} = f_{n+m+2} = f_{n-1}(f_m + f_{m+1}) + f_n(f_{m+1} + f_{m+2})$$
$$= f_{n-1}f_{m+2} + f_n f_{m+3}.$$

Die Behauptung gilt also auch für f_{n+m+2} und damit für alle natürlichen Zahlen m. $\Diamond$

Setzt man in Satz 1.9 $m = n$, so erhält man

$$f_{2n} = f_{n-1}f_n + f_n f_{n+1} = f_n(f_{n-1} + f_{n+1}); \tag{1.2}$$

f_n ist also ein Teiler von f_{2n}. Weiter sieht man aus (1.2), dass die Differenz der Quadrate zweier Fibonaccizahlen f_{n-1} und f_{n+1} wieder eine Fibonaccizahl ist, es gilt nämlich:

$$f_{2n} = f_n(f_{n-1} + f_{n+1}) = (f_{n+1} - f_{n-1})(f_{n-1} + f_{n+1}) = f_{n+1}^2 - f_{n-1}^2 \tag{1.3}$$

Außerdem ist die Summe der Quadrate zweier aufeinanderfolgender Fibonaccizahlen wieder eine Fibonaccizahl. Das sieht man ein, wenn man in Satz 1.9 $m = n+1$ setzt:

$$f_{2n+1} = f_{n+(n+1)} = f_{n-1}f_{n+1} + f_n f_{n+2} \tag{1.4}$$
$$= (f_{n+1} - f_n)f_{n+1} + f_n(f_n + f_{n+1})$$
$$= f_{n+1}^2 - f_n f_{n+1} + f_n^2 + f_n f_{n+1} = f_n^2 + f_{n+1}^2$$

Der nächste Satz liefert eine interessante Beziehung zwischen vier aufeinanderfolgenden Fibonaccizahlen:

Satz 1.10

$$f_{n+1}f_{n+2} - f_n f_{n+3} = (-1)^n$$

Beweis durch vollständige Induktion nach n:
$n = 1$: $f_2 f_3 - f_1 f_4 = 1 \cdot 2 - 1 \cdot 3 = (-1)^1$
Für ein beliebiges $n \in \mathbb{N}^*$ gelte nun die obige Beziehung. Dann erhalten wir für $n+1$ mithilfe der Rekursionsformel (1.1):

$$f_{n+2}f_{n+3} - f_{n+1}f_{n+4} = f_{n+2}f_{n+3} - f_{n+1}(f_{n+2} + f_{n+3})$$
$$= f_{n+2}f_{n+3} - f_{n+1}f_{n+2} - f_{n+1}f_{n+3}$$
$$= (f_{n+2} - f_{n+1})f_{n+3} - f_{n+1}f_{n+2}$$
$$= f_n f_{n+3} - f_{n+1}f_{n+2}$$
$$= (-1)(f_{n+1}f_{n+2} - f_n f_{n+3})$$
$$= (-1)^{n+1},$$

wie behauptet, wobei wir im letzten Schritt die Induktionsvoraussetzung verwendet haben. ◇

Wir zeigen nun die **Identität von d'Ocagne** (nach dem französischen Mathematiker *Maurice d'Ocagne*, 1862-1938). Sie ist eine Verallgemeinerung von Satz 1.10: Setzt man in Satz 1.11 nämlich $m = n+2$, so erhält man die Aussage von Satz 1.10.

Satz 1.11

$$f_m f_{n+1} - f_n f_{m+1} = (-1)^n f_{m-n} \quad (m \geq n)$$

Beweis: Im Spezialfall $m = n$ ergibt sich $f_m f_{m+1} - f_m f_{m+1} = 0 = (-1)^0 f_0$ und die Identität ist richtig.

Nun nehmen wir $m > n$ an und zeigen die Behauptung durch Induktion nach n.

$n = 1$: $\quad f_m f_2 - f_1 f_{m+1} = f_m - f_{m+1} = -f_{m-1} = (-1)^1 f_{m-1}$

$n = 2$: $\quad f_m f_3 - f_2 f_{m+1} = 2f_m - f_{m+1} = f_m + (f_m - f_{m+1}) = f_m - f_{m-1} = f_{m-2}$
$\quad\quad = (-1)^2 f_{m-2}$

Für passende m und n nehmen wir an, dass die Behauptung für $n-1$ und n richtig ist, es gelten also

$$f_m f_n - f_{n-1} f_{m+1} = (-1)^{n-1} f_{m-n+1},$$
$$f_m f_{n+1} - f_n f_{m+1} = (-1)^n f_{m-n}.$$

Damit erhalten wir für $n + 1 < m$:

$$\begin{aligned}
f_m f_{n+2} - f_{n+1} f_{m+1} &= f_m(f_{n+1} + f_n) - (f_n + f_{n-1})f_{m+1} \\
&= f_m f_{n+1} + f_m f_n - f_n f_{m+1} - f_{n-1} f_{m+1} \\
&= (f_m f_n - f_{n-1} f_{m+1}) + (f_m f_{n+1} - f_n f_{m+1}) \\
&= (-1)^{n-1} f_{m-n+1} + (-1)^n f_{m-n} \\
&= (-1)^n (f_{m-n} - f_{m-n+1}) \\
&= (-1)^{n+1} f_{m-(n+1)},
\end{aligned}$$

was zu beweisen war. $\Diamond$

Die nächste Beziehung zeigt, dass sich das Quadrat einer Fibonaccizahl nur um 1 vom Produkt der beiden benachbarten Fibonaccizahlen unterscheidet.

Satz 1.12

$$f_n^2 = f_{n-1} f_{n+1} + (-1)^{n+1}$$

Beweis durch Induktion nach n: Für $n = 2$ gilt $f_2^2 = f_1 f_3 - 1 = 1$. Nun nehmen wir an, dass Satz 1.12 für ein beliebiges, aber festes n richtig ist. Wir addieren auf beiden Seiten der Formel für dieses n den Term $f_n f_{n+1}$ und erhalten:

$$\begin{aligned}
f_n^2 + f_n f_{n+1} &= f_{n-1} f_{n+1} + f_n f_{n+1} + (-1)^{n+1} \\
f_n(f_n + f_{n+1}) &= f_{n+1}(f_{n-1} + f_n) + (-1)^{n+1} \\
f_n f_{n+2} - (-1)^{n+1} &= f_{n+1}^2;
\end{aligned}$$

somit gilt unsere Annahme auch für $n + 1$ und damit für jede natürliche Zahl. $\Diamond$

Satz 1.12 ist ein Spezialfall (mit $k = 1$) der folgenden Identität, die manchmal nach dem belgischen Mathematiker *Eugène Charles Catalan* (1814-1894) benannt wird.

Satz 1.13   *(Identität von Catalan)*

$$f_n^2 = f_{n-k}f_{n+k} + (-1)^{n-k}f_k^2 \quad (n \geq k)$$

Beweis: Wir betrachten den Term auf der rechten Seite der Identität und drücken f_{n-k} und f_{n+k} mithilfe der Sätze 1.11 bzw. 1.9 aus:

$$f_{n-k}f_{n+k} + (-1)^{n-k}f_k^2$$
$$= (-1)^{-k}(f_n f_{k+1} - f_k f_{n+1})(f_{n-1}f_k + f_n f_{k+1}) + (-1)^{n-k}f_k^2$$
$$= (-1)^{-k}(f_k f_{k+1}f_{n-1}f_n - f_k^2 f_{n-1}f_{n+1} + f_{k+1}^2 f_n^2 - f_k f_{k+1}f_n f_{n+1})$$
$$\qquad + (-1)^{n-k}f_k^2$$
$$= (-1)^{-k}[f_k f_{k+1}f_n(f_{n-1} - f_{n+1}) - f_k^2 f_{n-1}f_{n+1} + f_{k+1}^2 f_n^2] + (-1)^{n-k}f_k^2$$

Mit $f_{n-1} - f_{n+1} = -f_n$ und Satz 1.12 ergibt sich weiter:

$$= (-1)^{-k}[-f_k f_{k+1}f_n^2 - f_k^2(f_n^2 + (-1)^n) + f_{k+1}^2 f_n^2] + (-1)^{n-k}f_k^2$$
$$= (-1)^{-k}f_n^2(f_{k+1}^2 - f_k f_{k+1} - f_k^2) - (-1)^{n-k}f_k^2 + (-1)^{n-k}f_k^2$$
$$= (-1)^{-k}f_n^2[f_{k+1}(f_{k+1} - f_k) - f_k^2]$$
$$= (-1)^{-k}f_n^2[f_{k+1}f_{k-1} - f_k^2]$$
$$= (-1)^{-k}f_n^2[f_k^2 + (-1)^k - f_k^2] = f_n^2 \; ,$$

wobei Satz 1.12 im letzten Schritt nochmals angewendet wurde. $\diamond$

Satz 1.12 erweist sich auch beim Beweis der folgenden Summenformel, bei der erstmals Brüche mit Fibonaccizahlen im Nenner auftreten, als wichtiges Hilfsmittel:

Satz 1.14

$$\sum_{i=1}^{n} \frac{f_i + (-1)^i}{(f_{i+2} - 1)(f_{i+3} - 1)} = 2 - \frac{f_{n+4} - 1}{f_{n+3} - 1} \quad (n \in \mathbb{N}^*)$$

Beweis durch vollständige Induktion. Für $n = 1$ ist die linke Seite der obigen Gleichung wegen $f_1 + (-1)^1 = 1 - 1 = 0$ gleich null, und für die rechte Seite gilt $2 - \frac{f_5 - 1}{f_4 - 1} = 2 - \frac{5-1}{3-1} = 2 - \frac{4}{2} = 0$; die Gleichung ist also richtig.

Zum Beweis des Induktionsschritts beachten wir

$$\sum_{i=1}^{n+1} \frac{f_i + (-1)^i}{(f_{i+2} - 1)(f_{i+3} - 1)} \stackrel{\text{Ind.vor.}}{=} 2 - \frac{f_{n+4} - 1}{f_{n+3} - 1} + \frac{f_{n+1} + (-1)^{n+1}}{(f_{n+3} - 1)(f_{n+4} - 1)} \; ;$$

die rechte Seite dieser Gleichung soll dann gleich $2 - \frac{f_{n+5}-1}{f_{n+4}-1}$ sein. Es genügt daher,

$$\frac{f_{n+4}-1}{f_{n+3}-1} - \frac{f_{n+5}-1}{f_{n+4}-1} = \frac{f_{n+1} + (-1)^{n+1}}{(f_{n+3}-1)(f_{n+4}-1)}$$

zu zeigen. Wir bringen die linke Seite dieser Gleichung auf den Hauptnenner und erhalten

$$\frac{(f_{n+4}-1)^2 - (f_{n+5}-1)(f_{n+3}-1)}{(f_{n+3}-1)(f_{n+4}-1)} = \frac{f_{n+1} + (-1)^{n+1}}{(f_{n+3}-1)(f_{n+4}-1)};$$

da die Nenner übereinstimmen, ist es ausreichend, die Gleichheit der Zähler nachzuweisen:

$$
\begin{aligned}
& (f_{n+4}-1)^2 - (f_{n+4}+f_{n+3}-1)(f_{n+3}-1) \\
=\ & (f_{n+4}-1)(f_{n+4}-1-f_{n+3}+1) - f_{n+3}(f_{n+3}-1) \\
=\ & (f_{n+2}+f_{n+3}-1)f_{n+2} - f_{n+3}(f_{n+1}+f_{n+2}-1) \\
=\ & f_{n+2}^2 + f_{n+2}f_{n+3} - f_{n+2} - f_{n+1}f_{n+3} - f_{n+2}f_{n+3} + f_{n+3} \\
\overset{\text{Satz 1.12}}{=}\ & f_{n+1}f_{n+3} + (-1)^{n+3} - f_{n+1}f_{n+3} + (f_{n+3}-f_{n+2}) \\
=\ & f_{n+1} + (-1)^{n+1},
\end{aligned}
$$

wie erwünscht. Damit ist der Satz bewiesen. ◇

1.3.3   Beziehungen zwischen Lucaszahlen

Wie für Fibonaccizahlen bestehen auch für Lucaszahlen viele Beziehungen zwischen Lucaszahlen mit verschiedenen Indizes. Auch hier hilft das Verfahren der vollständigen Induktion weiter.
Zunächst zwei Beziehungen für Quadrate von Lucaszahlen. Zum Vergleich betrachte man Satz 1.12.

Satz 1.15

$$l_n^2 = l_{n-1}l_{n+1} + 5 \cdot (-1)^n = l_{2n} + 2 \cdot (-1)^n$$

Beweis durch vollständige Induktion:
Für $n = 1$ gilt $l_0 l_2 + 5 \cdot (-1) = 2 \cdot 3 - 5 = 1 = l_1^2$ und $l_2 + 2 \cdot (-1) = 3 - 2 = 1 = l_1^2$.
Für $n = 2$ ist $l_1 l_3 + 5 \cdot (-1)^2 = 1 \cdot 4 + 5 = 9 = l_2^2$ sowie $l_4 + 2 \cdot (-1)^2 = 7 + 2 = 9 = l_2^2$.
Wir zeigen nun zuerst den linken Teil der Gleichung und nehmen an, dass $l_{n-1}^2 =$

$l_{n-2}l_n + 5 \cdot (-1)^{n-1}$ und $l_n^2 = l_{n-1}l_{n+1} + 5 \cdot (-1)^n$ gelten. Dann erhalten wir für $n+1$:

$$
\begin{aligned}
l_n l_{n+2} + 5 \cdot (-1)^{n+1} &= l_n(l_n + l_{n+1}) + 5 \cdot (-1)^{n+1} \\
&= l_n^2 + l_n l_{n+1} + 5 \cdot (-1)^{n+1} \\
&\overset{\text{Ind.vor.}}{=} l_{n-1}l_{n+1} + l_n l_{n+1} + 5 \cdot (-1)^n \cdot (1-1) \\
&= l_{n+1}(l_{n-1} + l_n) \\
&= l_{n+1}^2,
\end{aligned}
$$

wie behauptet.

Zum Beweis von $l_n^2 = l_{2n} + 2 \cdot (-1)^n$ nehmen wir an, dass für ein $n \in \mathbb{N}^*$ bereits $l_{n-1}^2 = l_{2(n-1)} + 2 \cdot (-1)^{n-1}$ und $l_n^2 = l_{2n} + 2 \cdot (-1)^n$ bewiesen sind. Für $n+1$ ergibt sich unter mehrfacher Verwendung der Rekursionsformel (1.1):

$$
\begin{aligned}
l_{n+1}^2 &= (l_n + l_{n-1})^2 \\
&= l_n^2 + 2l_n l_{n-1} + l_{n-1}^2 \\
&= l_n^2 + 2(l_{n+1} - l_{n-1})l_{n-1} + l_{n-1}^2 \\
&= l_n^2 + 2l_{n+1}l_{n-1} - l_{n-1}^2 \\
&\overset{\text{Teil 1}}{=} l_n^2 - l_{n-1}^2 + 2l_n^2 - 10 \cdot (-1)^n \\
&\overset{\text{Ind.vor.}}{=} 3l_{2n} + 6 \cdot (-1)^n - l_{2n-2} - 2 \cdot (-1)^{n-1} - 10 \cdot (-1)^n \\
&= 2l_{2n} + (l_{2n} - l_{2n-2}) - 2 \cdot (-1)^n \\
&= l_{2n} + (l_{2n} + l_{2n-1}) + 2 \cdot (-1)^{n+1} \\
&= (l_{2n} + l_{2n+1}) + 2 \cdot (-1)^{n+1} \\
&= l_{2(n+1)} + 2 \cdot (-1)^{n+1};
\end{aligned}
$$

das ist gerade die Behauptung. $\diamondsuit$

Die folgende Identität für Lucaszahlen führt l_{n+m} auf l_m, l_n und l_{m-n} zurück, vgl. die Sätze 1.9 und 1.10.

Satz 1.16

$$
l_{m+n} = l_m l_n - (-1)^n l_{m-n} \quad (m \geq n)
$$

Beweis durch vollständige Induktion nach n.
Für $n=1$ gilt $l_{m+1} = l_m \cdot l_1 - (-1)^1 l_{m-1} = l_m + l_{m+1}$, was nach (1.1) richtig ist.
Wieder mithilfe von (1.1) erhält man für $n=2$ ebenfalls die Richtigkeit der Behauptung:
$l_m l_2 - (-1)^2 l_{m-2} = 3l_m - l_{m-2} = l_m + (l_{m+1} - l_{m-1}) + (l_{m-1} + l_{m-2}) - l_{m-2} = l_m + l_{m+1} = l_{m+2}$.

Sei nun die Gültigkeit der Beziehung für ein $n-1$ und $n \in \mathbb{N}^*$ erwiesen. Dann ergibt sich für $n+1$ mit $n+1 \leq m$:

$$
\begin{aligned}
& l_m l_{n+1} - (-1)^{n+1} l_{m-(n+1)} \\
\overset{(1.1)}{=} \ & l_m (l_n + l_{n-1}) - (-1)^{n+1}(l_{m-n+1} - l_{m-n}) \\
= \ & (l_m l_n - (-1)^n l_{m-n}) + (l_m l_{n-1} - (-1)^{n-1} l_{m-(n-1)}) \\
\overset{\text{Ind.vor.}}{=} \ & l_{m+n} + l_{m+n-1} \\
= \ & l_{m+n+1},
\end{aligned}
$$

was die Behauptung zeigt.
Im Spezialfall $m = n$ ergibt sich für die Behauptung

$$
l_{2n} = l_n^2 - 2 \cdot (-1)^n \quad \text{bzw.} \quad l_n^2 = l_{2n} + 2 \cdot (-1)^n;
$$

dies wurde bereits in Satz 1.15 bewiesen. $\Diamond$

1.4   Lineare Rekursion und die Formel von Binet

Die bisher gefundenen Summenformeln vereinfachen zwar viele Ausdrücke, z. B. reduzieren die Formeln aus Satz 1.3 eine Summe von Fibonaccizahlen auf eine einzige Fibonaccizahl, aber eine explizite Berechnung der Summe gelingt erst, wenn die im Ergebnis vorkommenden Fibonaccizahlen bekannt sind. Bei großen Fibonacci- oder Lucaszahlen kann die Berechnung mithilfe der Rekursion jedoch sehr aufwendig sein. Deshalb benötigt man eine Formel, die die n-te Fibonaccizahl nicht in Abhängigkeit von ihren beiden Vorgängern, sondern von ihrem Index $n \in \mathbb{N}$ darstellt. Dies leistet die Formel von Binet. Obwohl sie bereits *Leonhard Euler* (1707-1783), *Daniel Bernoulli* (1700-1782) und *Abraham de Moivre* (1667-1754) bekannt war, wird sie meist nach dem Franzosen *Jacques Philippe Marie Binet* (1786-1856) benannt, der sie 1843 fand. Im folgenden Abschnitt wird die Formel von Binet angegeben und mithilfe von vollständiger Induktion bewiesen. Für all diejenigen, die wissen wollen, wie man auf die Formel kommt, wird sie in Abschnitt 1.4.2 hergeleitet.

1.4.1   Die Formel von Binet

Hier ist nun die angekündigte explizite Darstellung des n-ten Folgenglieds f_n der Fibonaccifolge:

Satz 1.17 *(Formel von Binet)*

$$f_n = \frac{(\frac{1+\sqrt{5}}{2})^n - (\frac{1-\sqrt{5}}{2})^n}{\sqrt{5}}$$

Setzt man $\Phi = \frac{1+\sqrt{5}}{2}$ und $\Psi = \frac{1-\sqrt{5}}{2}$, so ist $f_n = \frac{\Phi^n - \Psi^n}{\sqrt{5}}$.

Beweis durch Induktion nach n: Wegen

$$f_0 = \frac{1-1}{\sqrt{5}} = 0, \ f_1 = \frac{1+\sqrt{5} - (1-\sqrt{5})}{2\sqrt{5}} = 1$$

ist die Formel für $n = 0$ und $n = 1$ richtig. Also nehmen wir an, dass sie für $n - 2$ und $n - 1$ stimmt. Aufgrund der Rekursionsformel gilt $f_n = f_{n-1} + f_{n-2}$, wir müssen daher

$$\frac{\Phi^{n-1} - \Psi^{n-1}}{\sqrt{5}} + \frac{\Phi^{n-2} - \Psi^{n-2}}{\sqrt{5}} = \frac{\Phi^n - \Psi^n}{\sqrt{5}}$$

zeigen. Dazu genügt es wiederum, $\Phi^{n-1} + \Phi^{n-2} = \Phi^n$ und $\Psi^{n-1} + \Psi^{n-2} = \Psi^n$ nachzuweisen:

$$\Phi^{n-1} + \Phi^{n-2} = \left(\frac{1+\sqrt{5}}{2}\right)^{n-1} + \left(\frac{1+\sqrt{5}}{2}\right)^{n-2}$$

$$= \left(\frac{1+\sqrt{5}}{2}\right)^{n-2} \left[\frac{1+\sqrt{5}}{2} + 1\right] = \left(\frac{1+\sqrt{5}}{2}\right)^{n-2} \left[\frac{3+\sqrt{5}}{2}\right]$$

$$= \left(\frac{1+\sqrt{5}}{2}\right)^{n-2} \left[\left(\frac{1+\sqrt{5}}{2}\right)^2\right] = \left(\frac{1+\sqrt{5}}{2}\right)^n = \Phi^n$$

Analog für $\Psi^{n-1} + \Psi^{n-2} = \Psi^n$. $\diamond$

Mithilfe der Formel von Binet lässt sich nun die Abbildungsvorschrift der Fibonaccifolge wie in der Folgendefinition 1.1 explizit angeben:

$$n \mapsto f_n = \frac{(\frac{1+\sqrt{5}}{2})^n - (\frac{1-\sqrt{5}}{2})^n}{\sqrt{5}} \tag{1.5}$$

Im vorangegangenen Beweis haben wir gesehen, dass $\Phi^2 = \Phi + 1 = \mathbf{1} \cdot \Phi + \mathbf{1}$ gilt. Für die nächsthöheren Potenzen von Φ erhalten wir sukzessive:

$$\Phi^3 = \Phi\Phi^2 = \Phi(\Phi + 1) = \Phi^2 + \Phi = \Phi + 1 + \Phi = \mathbf{2}\Phi + \mathbf{1}$$

$$\Phi^4 = \Phi\Phi^3 = 2\Phi^2 + \Phi = 2\Phi + 2 + \Phi = \mathbf{3}\Phi + \mathbf{2}$$

$$\Phi^5 = \Phi\Phi^4 = \Phi(3\Phi + 2) = 3\Phi^2 + 2\Phi = 3\Phi + 3 + 2\Phi = \mathbf{5}\Phi + \mathbf{3}$$

Entsprechend gilt für Ψ:

$$\Psi^2 = \Psi + 1 = 1\Psi + 1$$
$$\Psi^3 = \Psi\Psi^2 = \Psi(\Psi + 1) = \Psi^2 + \Psi = \Psi + 1 + \Psi = 2\Psi + 1$$

usw.

Das legt folgende Vermutung nahe:

Satz 1.18

$$\Phi^n = f_n\Phi + f_{n-1}, \quad \Psi^n = f_n\Psi + f_{n-1}, \quad n \in \mathbb{N}^*$$

Beweis durch Induktion nach n: Für $n = 1$ gilt $\Phi^1 = f_1\Phi + f_0 = 1 \cdot \Phi + 0 = \Phi$, für die Fälle $n = 2, 3, 4, 5$ ist Satz 1.18 nach Obigem richtig. Es bleibt also nur der Induktionsschritt zu zeigen. Nach Induktionsvoraussetzung gilt $\Phi^k = f_k\Phi + f_{k-1}$, $\Phi^{k+1} = f_{k+1}\Phi + f_k$. Addition der beiden Gleichungen liefert:

$$\Phi^k + \Phi^{k+1} = (f_k + f_{k+1})\Phi + (f_{k-1} + f_k)$$
$$\Phi^{k+2} = \Phi^k(\Phi + 1) = f_{k+2}\Phi + f_{k+1}$$

Die Formel für Ψ zeigt man ebenfalls durch Induktion nach n. $\diamond$

Bemerkungen:

- Zwischen Φ und Ψ bestehen folgende Beziehungen, die wir im Folgenden häufig benutzen werden:

$$\Phi + \Psi = 1, \tag{1.6}$$
$$\Phi - \Psi = \sqrt{5}, \tag{1.7}$$
$$\Phi\Psi = -1 \tag{1.8}$$

- $\Phi \approx 1{,}618033988$ und $\Psi \approx -0{,}618033988$ sind Wurzeln des Polynoms

$$x^2 - x - 1, \tag{1.9}$$

vgl. (1.13) in Abschnitt 1.4.2.

Die Formel von Binet zeigt auch, wie schnell die Fibonaccizahlen wachsen:

Satz 1.19

Für $n > 1$ ist die n-te Fibonaccizahl f_n diejenige natürliche Zahl, die am nächsten bei $\frac{1}{\sqrt{5}}\Phi^n = \frac{1}{\sqrt{5}} \cdot (\frac{1+\sqrt{5}}{2})^n$ liegt. Insbesondere gilt $f_n \leq \frac{1}{\sqrt{5}}\Phi^n + 1$.

Beweis: Nach der Formel von Binet gilt $f_n = \frac{1}{\sqrt{5}}[\Phi^n - \Psi^n] = \frac{1}{\sqrt{5}}[(\frac{1+\sqrt{5}}{2})^n - (\frac{1-\sqrt{5}}{2})^n]$. Weiter ist $|\Psi| = \left|\frac{1-\sqrt{5}}{2}\right| = \frac{\sqrt{5}-1}{2} < \frac{2,3-1}{2} = 0,65$ und für $n \geq 2$ ist $|\Psi^n| = \left|(\frac{1-\sqrt{5}}{2})^n\right| < \frac{1}{2}$ und erst recht $\frac{1}{\sqrt{5}}\left|(\frac{1-\sqrt{5}}{2})^n\right| < \frac{1}{2}$. Somit gilt für jedes $n > 1$ auch $\left|\frac{1}{\sqrt{5}} \cdot (\frac{1+\sqrt{5}}{2})^n - f_n\right| = \frac{1}{\sqrt{5}}\left|(\frac{1-\sqrt{5}}{2})^n\right| < \frac{1}{2}$, was die erste Behauptung zeigt.

Aus den Abschätzungen für Ψ und Ψ^n ergibt sich weiter $f_n = \frac{1}{\sqrt{5}}\Phi^n - \frac{1}{\sqrt{5}}\Psi^n \leq \left|\frac{1}{\sqrt{5}}\Phi^n\right| + \left|\frac{1}{\sqrt{5}}\Psi^n\right| \leq \frac{1}{\sqrt{5}}\Phi^n + 1$, wie behauptet. $\diamond$

Für nicht zu große n kann man damit f_n mithilfe eines Taschenrechners leicht bestimmen. So ist z. B. $\frac{1}{\sqrt{5}}\Phi^{15} \approx 609,9996721$, daher ist $f_{15} = 610$, oder $\frac{1}{\sqrt{5}}\Phi^{20} \approx 6765,000027$, also $f_{20} = 6765$. Ferner zeigt Satz 1.19, dass die Fibonaccizahlen exponentiell wachsen.

Die Folgenglieder der Lucasfolge kann man ebenfalls explizit angeben. Der folgende Satz zeigt, wie nah Fibonacci- und Lucasfolge verwandt sind:

Satz 1.20   *(Formel von Binet für Lucaszahlen)*

$$l_n = \left(\frac{1+\sqrt{5}}{2}\right)^n + \left(\frac{1-\sqrt{5}}{2}\right)^n = \Phi^n + \Psi^n$$

Zum **Beweis** beachte man $\Phi^0 + \Psi^0 = 2 = l_0$ und (1.6) und führe eine vollständige Induktion durch (Aufgabe 1.7.4). $\diamond$

Die Abbildungsvorschrift der Lucasfolge ist also

$$n \mapsto l_n = \left(\frac{1+\sqrt{5}}{2}\right)^n + \left(\frac{1-\sqrt{5}}{2}\right)^n. \tag{1.10}$$

1.4.2   Lineare Rekursion –
die Herleitung der Formel von Binet

Fibonacci- und Lucasfolge gehorchen der linearen Rekursionsgleichung

$$x_{n+1} = x_n + x_{n-1}. \tag{1.11}$$

Unser Ziel ist es, eine explizite Darstellung für das n-te Folgenglied zu finden. Da die Glieder von Fibonacci- und Lucasfolge rasch sehr groß werden, liegt die Vermutung nahe, dass die Folgenglieder exponentiell wachsen. Ist die Folge $\{a_n\}$ eine Lösung der Rekursionsformel (1.11), so versuchen wir es daher mit dem Ansatz

$$a_n = \lambda^n, \tag{1.12}$$

wobei λ eine noch zu bestimmende reelle oder komplexe Zahl ist. Setzen wir (1.12) in die Rekursionsgleichung ein, so ergibt sich

$$\lambda^{n+1} = \lambda^n + \lambda^{n-1}$$

und nach Division durch λ^{n-1} und Umstellen

$$\lambda^2 - \lambda - 1 = 0; \tag{1.13}$$

diese quadratische Gleichung heißt die **charakteristische Gleichung** der durch (1.11) gegebenen Rekursion. Somit erfüllen Folgen der Form $\{a_n = \lambda^n\}$, wobei λ eine Lösung der Gleichung (1.13) ist, die Rekursionsgleichung (1.11). In unserem Fall hat die charakteristische Gleichung (1.13) die Lösungen

$$\lambda_1 = \frac{1+\sqrt{5}}{2}, \; \lambda_2 = \frac{1-\sqrt{5}}{2}. \tag{1.14}$$

Noch eine Beobachtung ist wesentlich: Sind $\{a_n\}$ und $\{b_n\}$ Folgen, welche die Rekursionsgleichung (1.11) erfüllen, so ist dies auch für jede Folge $\{c_n\}$ mit

$$c_n = ra_n + sb_n \tag{1.15}$$

richtig, wobei r und s beliebige reelle oder komplexe Zahlen sind. (Für diejenigen Leser/innen, die bereits mit der Linearen Algebra vertraut sind: Die Menge aller Folgen, die der Rekursionsgleichung (1.11) genügen, bildet einen $\mathbb{R}$- oder $\mathbb{C}$-Vektorraum, s. Aufgabe 1.7.5.)

Sind nun Anfangswerte a_0 und a_1 gegeben, so erhält man die Koeffizienten r und s aus (1.15) durch Lösen des linearen Gleichungssystems

$$a_0 = r + s$$
$$a_1 = r\lambda_1 + s\lambda_2.$$

Für die Fibonaccifolge ist $f_0 = 0$, $f_1 = 1$ und wir erhalten

$$0 = r + s$$
$$1 = r\frac{1+\sqrt{5}}{2} + s\frac{1-\sqrt{5}}{2},$$

also $s = -r$; dies in die zweite Gleichung eingesetzt liefert

$$1 = r\frac{1+\sqrt{5}}{2} - r\frac{1-\sqrt{5}}{2}$$

oder

$$1 = r\sqrt{5},$$

also

$$r = \frac{1}{\sqrt{5}}, \quad s = -\frac{1}{\sqrt{5}}.$$

Damit gilt für die Glieder der Fibonaccifolge

$$f_n = \frac{1}{\sqrt{5}}\left[\left(\frac{1+\sqrt{5}}{2}\right)^n - \left(\frac{1-\sqrt{5}}{2}\right)^n\right],$$

wie in Satz 1.17 bereits gezeigt.

Für die Lucasfolge haben wir die Startwerte $l_0 = 2$, $l_1 = 1$; wir müssen also das Gleichungssystem

$$2 = r + s$$
$$1 = r\frac{1+\sqrt{5}}{2} + s\frac{1-\sqrt{5}}{2}$$

lösen. Aus der ersten Gleichung erhalten wir $s = 2 - r$; dies setzen wir in die zweite Gleichung ein und erhalten

$$1 = r\frac{1+\sqrt{5}}{2} + 1 - \sqrt{5} - r\frac{1-\sqrt{5}}{2}$$

und weiter

$$0 = r\sqrt{5} - \sqrt{5},$$

also

$$r = s = 1.$$

Die Folgenglieder der Lucasfolge haben daher die Gestalt

$$l_n = \left(\frac{1+\sqrt{5}}{2}\right)^n + \left(\frac{1-\sqrt{5}}{2}\right)^n,$$

vgl. Satz 1.20.

Fibonacci- und Lucasfolge sind durch dieselbe Rekursionsgleichung und dieselbe charakteristische Gleichung miteinander verbunden, sie sind sozusagen Geschwister. Die Lucasfolge wird daher auch die Begleitfolge der Fibonaccifolge genannt.

1.5   Folgerungen aus der Formel von Binet

Die Formel von Binet erlaubt es, weiterführende Berechnungen anzustellen. Dies betrifft sowohl Summen von Fibonacci- oder Lucaszahlen als auch Beziehungen zwischen Fibonacci- und Lucaszahlen.

1.5.1 Folgerungen für die Fibonaccifolge

Mithilfe der Formel von Binet kann man beispielsweise Summen von Fibonaccizahlen berechnen, deren Indizes Vielfache einer natürlichen Zahl k sind. Dazu benötigen wir den Begriff der geometrischen Folge.

Definition 1.21

Sei $q \in \mathbb{R}$. Die durch

$$a_0 = a_0 q^0, a_1 = a_0 q^1, a_2 = a_0 q^2, ..., a_n = a_0 q^n, ...$$

definierte Folge heißt **geometrische Folge**.
Daraus kann man durch die Festlegung

$$s_n = \sum_{k=0}^{n} a_n = \sum_{k=0}^{n} a_0 q^k \tag{1.16}$$

eine neue Zahlenfolge definieren, die **Teilsummenfolge** oder **Partialsummenfolge** $\{s_n\}$.
Für die Glieder der Teilsummenfolge ergibt sich:

$$s_n = \sum_{k=0}^{n} a_0 q^k = a_0 \frac{1 - q^{n+1}}{1 - q}. \tag{1.17}$$

Bemerkungen:

- Die Aussage (1.17) über die Teilsummenfolge kann man leicht durch vollständige Induktion beweisen, s. Aufgabe 1.7.6.

- Geometrische Folgen und ihre Teilsummenfolgen treten bei der Zinseszinsrechnung auf.

Wir zeigen nun exemplarisch zwei Aussagen über Summen von Fibonaccizahlen, deren Indizes die Form $3n$ bzw. $6n$ haben. In Satz 1.3(c) hatten wir bereits die Summe der ersten n Fibonaccizahlen mit geradem Index berechnet.

Satz 1.22

$$\sum_{i=1}^{n} f_{3i} = \frac{1}{2}(f_{3n+2} - 1)$$

Beweis: Mit den in Satz 1.17 eingeführten Bezeichnungen ist

$$f_n = \frac{1}{\sqrt{5}}(\Phi^n - \Psi^n)$$

und wir erhalten:

$$\sum_{i=1}^{n} f_{3i} = \sum_{i=1}^{n} \frac{1}{\sqrt{5}} (\Phi^{3i} - \Psi^{3i}) = \frac{1}{\sqrt{5}} \left[\sum_{i=1}^{n} (\Phi^3)^i - \sum_{i=1}^{n} (\Psi^3)^i \right]$$

Mithilfe der Formel (1.17) für die n-te Teilsumme einer geometrischen Folge ergibt sich weiter (Vorsicht, die Summation beginnt hier bei 1):

$$= \frac{1}{\sqrt{5}} \left[\frac{1 - \Phi^{3(n+1)}}{1 - \Phi^3} - 1 - \left(\frac{1 - \Psi^{3(n+1)}}{1 - \Psi^3} - 1 \right) \right]$$

Unter Verwendung von $\Phi^3 = 2\Phi + 1$ und $\Psi^3 = 2\Psi + 1$ (Satz 1.18) vereinfacht sich dieser Term zu:

$$= -\frac{1}{2\sqrt{5}} \left(\frac{1 - \Phi^{3(n+1)}}{\Phi} - \frac{1 - \Psi^{3(n+1)}}{\Psi} \right)$$

Beachten wir noch $\Phi\Psi = -1$, so folgt

$$= \frac{1}{2\sqrt{5}} \left(\Psi - \Psi\Phi^{3(n+1)} - \Phi + \Phi\Psi^{3(n+1)} \right)$$

und mit $\Psi - \Phi = -\sqrt{5}$ ergibt sich

$$= \frac{1}{2\sqrt{5}} \left[-\sqrt{5} + \Phi\Psi(-\Phi^{3n+2} + \Psi^{3n+2}) \right] = \frac{1}{2\sqrt{5}} \left[-\sqrt{5} + (\Phi^{3n+2} - \Psi^{3n+2}) \right] = \frac{1}{2} \left(f_{3n+2} - 1 \right),$$

wie behauptet. $\diamondsuit$

Für durch 6 teilbare Indizes gilt

Satz 1.23

$$\sum_{i=1}^{n} f_{6i} = \frac{1}{4} (f_{6n+3} - 2)$$

Beweis: Wir gehen ähnlich vor wie beim Beweis von Satz 1.22 und schreiben:

$$\sum_{i=1}^{n} f_{6i} = \frac{1}{\sqrt{5}} \left[\sum_{i=1}^{n} (\Phi^6)^i - \sum_{i=1}^{n} (\Psi^6)^i \right] = \frac{1}{\sqrt{5}} \left(\frac{1 - \Phi^{6(n+1)}}{1 - \Phi^6} - \frac{1 - \Psi^{6(n+1)}}{1 - \Psi^6} \right)$$

Mit $\Phi^6 = f_6\Phi + f_5$ und $\Psi^6 = f_6\Psi + f_5$ erhalten wir $1 - \Phi^6 = 1 - 8\Phi - 5 = -4 \cdot (1 + 2\Phi)$ und $1 - \Psi^6 = -4 \cdot (1 + 2\Psi)$ und damit weiter

$$= -\frac{1}{4\sqrt{5}} \left[\frac{1 - \Phi^{6(n+1)}}{1 + 2\Phi} - \frac{1 - \Psi^{6(n+1)}}{1 + 2\Psi} \right]$$

$$= -\frac{1}{4\sqrt{5}} \cdot \frac{1}{(1+2\Phi)(1+2\Psi)} \left(1-\Phi^{6(n+1)}+2\Psi-2\Psi\Phi^{6(n+1)}-1-2\Phi+\Psi^{6(n+1)}+2\Phi\Psi^{6(n+1)}\right)$$

Wegen $(1+2\Phi)(1+2\Psi) = \Phi^3\Psi^3 = (\Phi\Psi)^3 = -1$ gilt weiter

$$= \frac{1}{4\sqrt{5}} \left(\Psi^{6(n+1)} - \Phi^{6(n+1)} + 2(\Psi - \Phi) + 2\Phi\Psi(-\Phi^{6n+5} + \Psi^{6n+5})\right)$$

$$= \frac{1}{4}\left(-f_{6(n+1)} - 2 + 2f_{6n+5}\right) = \frac{1}{4}\left[(-f_{6n+6} + f_{6n+5}) + f_{6n+5} - 2\right]$$

$$= \frac{1}{4}\left(-f_{6n+4} + f_{6n+5} - 2\right) = \frac{1}{4}\left(f_{6n+3} - 2\right)$$

Damit ist der Satz gezeigt. $\diamondsuit$

Die Formel von Binet erlaubt es nun auch, die **Summe der dritten Potenzen der** n **ersten Fibonaccizahlen** zu berechnen.

Satz 1.24

$$\sum_{i=1}^{n} f_i^3 = \frac{1}{10}\left(f_{3n+2} - 6 \cdot (-1)^n f_{n-1} + 5\right) = \frac{1}{2}\left(f_n f_{n+1}^2 - (-1)^n f_{n-1} + 1\right)$$

Beweis: Wir zeigen zunächst

$$f_n^3 = \frac{1}{5}(f_{3n} - 3 \cdot (-1)^n f_n).$$

Es gilt nämlich:

$$f_n^3 = \frac{1}{5\sqrt{5}}(\Phi^n - \Psi^n)^3 = \frac{1}{5\sqrt{5}}\left(\Phi^{3n} + 3\Phi^n\Psi^{2n} - 3\Phi^{2n}\Psi^n - \Psi^{3n}\right)$$

$$= \frac{1}{5\sqrt{5}}\left[(\Phi^{3n} - \Psi^{3n}) + 3\Phi^n\Psi^n(\Psi^n - \Phi^n)\right]$$

$$= \frac{1}{5}\left[\frac{1}{\sqrt{5}}(\Phi^{3n} - \Psi^{3n}) - \frac{3}{\sqrt{5}}(-1)^n(\Phi^n - \Psi^n)\right]$$

$$= \frac{1}{5}(f_{3n} - 3 \cdot (-1)^n f_n).$$

Damit können wir schreiben:

$$\sum_{i=1}^{n} f_i^3 = \frac{1}{5}\sum_{i=1}^{n}\left(f_{3i} - 3 \cdot (-1)^i f_i\right) = \frac{1}{5}\sum_{i=1}^{n} f_{3i} - \frac{3}{5}\sum_{i=1}^{n}(-1)^i f_i$$

Mit den Sätzen 1.22 und 1.4 folgt:

$$= \frac{1}{5} \cdot \frac{1}{2}\left(f_{3n+2} - 1\right) + \frac{3}{5}\left((-1)^{n+1}f_{n-1} + 1\right) = \frac{1}{10}\left(f_{3n+2} - 6 \cdot (-1)^n f_{n-1} + 5\right);$$

somit ist der erste Teil der Gleichung gezeigt.

Den zweiten Teil der Gleichung beweisen wir durch vollständige Induktion.

$n = 1$: $\frac{1}{2}(f_1 f_2^2 - (-1)^1 f_0 + 1) = \frac{1}{2}(1 + 1) = 1 = f_1^3$

$n = 2$: $\frac{1}{2}(f_2 f_3^2 - (-1)^2 f_1 + 1) = \frac{1}{2}(4 - 1 + 1) = 2 = f_1^3 + f_2^3$

Als Induktionsvoraussetzung nehmen wir an, dass die Behauptung für ein $n \in \mathbb{N}^*$ gültig ist und betrachten

$$\sum_{i=1}^{n+1} f_i^3 = \sum_{i=1}^{n} f_i^3 + f_{n+1}^3 = \frac{1}{2}\left(f_n f_{n+1}^2 - (-1)^n f_{n-1} + 1 + 2f_{n+1}^3\right)$$

$$= \frac{1}{2}\left[f_{n+1}^2(f_n + f_{n+1}) + f_{n+1}^3 - (-1)^n(f_{n+1} - f_n) + 1\right]$$

$$= \frac{1}{2}\left[f_{n+1}^2 f_{n+2} + f_{n+1}^3 - (-1)^n f_{n+1} - (-1)^{n+1} f_n + 1\right]$$

Mit Satz 1.12, angewandt auf $f_{n+1}^3 = f_{n+1}^2 f_{n+1}$, folgt weiter:

$$= \frac{1}{2}\left[f_{n+1}^2 f_{n+2} + f_{n+1}\left(f_n f_{n+2} + (-1)^{n+2} - (-1)^n\right) - (-1)^{n+1} f_n + 1\right]$$

$$= \frac{1}{2}\left[f_{n+1} f_{n+2}(f_{n+1} + f_n) - (-1)^{n+1} f_n + 1\right]$$

$$= \frac{1}{2}\left(f_{n+1} f_{n+2}^2 - (-1)^{n+1} f_n + 1\right);$$

dies ist gerade die Behauptung für $n + 1$. Damit ist Satz 1.24 vollständig gezeigt. $\Diamond$

Abschließend zeigen wir noch eine Formel für die **Summe der 3. Potenzen der n ersten Fibonaccizahlen mit geradem Index**. Beim Beweis spielen die Formel von Binet und außerdem die Formel (1.17) für Teilsummen geometrischer Folgen eine wichtige Rolle.

Satz 1.25

$$\sum_{i=1}^{n} f_{2i}^3 = \frac{1}{20}(f_{6n+3} - 12f_{2n+1} + 10) = \frac{1}{4}(f_{2n+1} - 1)^2(f_{2n+1} + 2)$$

Beweis: Den ersten Teil der Gleichung zeigen wir mithilfe der Formel von Binet, der Beziehungen (1.6) bis (1.8) und Satz 1.18. Die Vorgehensweise ist ähnlich wie beim Beweis von Satz 1.24; daher werden nicht mehr alle Zwischenschritte ausführlich aufgeschrieben.

$$\sum_{i=1}^{n} f_{2i}^3 = \sum_{i=1}^{n} \frac{1}{5\sqrt{5}}(\Phi^{2i} - \Psi^{2i})^3$$

$$= \frac{1}{5\sqrt{5}} \sum_{i=1}^{n} \left[(\Phi^{6i} - \Psi^{6i}) + 3(\Phi\Psi)^{2i}(\Psi^{2i} - \Phi^{2i}) \right]$$

$$= \frac{1}{5\sqrt{5}} \left[\sum_{i=1}^{n}(\Phi^6)^i - \sum_{i=1}^{n}(\Psi^6)^i \right] - \frac{3}{5\sqrt{5}} \left[\sum_{i=1}^{n}(\Phi^2)^i - \sum_{i=1}^{n}(\Psi^2)^i \right]$$

Die Formel (1.17) für die Partialsummen geometrischer Folgen und (1.6) bis (1.8) liefern:

$$= \frac{1}{5\sqrt{5}} \left[\frac{1 - \Phi^{6n+6}}{1 - \Phi^6} - \frac{1 - \Psi^{6n+6}}{1 - \Psi^6} \right] - \frac{3}{5\sqrt{5}} \left[\frac{1 - \Phi^{2n+2}}{1 - \Phi^2} - \frac{1 - \Psi^{2n+2}}{1 - \Psi^2} \right]$$

$$= -\frac{1}{20\sqrt{5}} \left[\frac{1 - \Phi^{6n+6}}{1 + 2\Phi} - \frac{1 - \Psi^{6n+6}}{1 + 2\Psi} \right] + \frac{3}{5\sqrt{5}} \left[\frac{1 - \Phi^{2n+2}}{\Phi} - \frac{1 - \Psi^{2n+2}}{\Psi} \right]$$

$$= \frac{1}{20\sqrt{5}} \left[2(\Psi - \Phi) - (\Phi^{6n+6} - \Psi^{6n+6}) + 2\Phi\Psi(\Psi^{6n+5} - \Phi^{6n-5}) \right]$$

$$\qquad - \frac{3}{5\sqrt{5}} \left[(\Psi - \Phi) + \Phi\Psi(\Psi^{2n+1} - \Phi^{2n+1}) \right]$$

$$= \frac{1}{20} \left[-2 - f_{6n+6} + 2f_{6n+5} \right] - \frac{3}{5} \left[-1 + f_{2n+1} \right]$$

$$= \frac{1}{20} \left[-2 + (f_{6n+5} - f_{6n+6}) + f_{6n+5} + 12 - 12f_{2n+1} \right]$$

$$= \frac{1}{20} \left[(-f_{6n+4} + f_{6n+5}) - 12f_{2n+1} + 10 \right]$$

$$= \frac{1}{20} \left(f_{6n+3} - 12f_{2n+1} + 10 \right)$$

Damit ist der erste Teil der Gleichung gezeigt.

Zum Beweis des zweiten Teils der Gleichung rechnen wir nach, dass der Term ganz rechts gleich dem Term in der Mitte ist und verwenden wieder die Formel von Binet.

$$\frac{1}{4}(f_{2n+1} - 1)^2(f_{2n+1} + 2)$$

$$= \frac{1}{4}(f_{2n+1}^2 - 2f_{2n+1} + 1)(f_{2n+1} + 2)$$

$$= \frac{1}{4}(f_{2n+1}^3 - 3f_{n+1} + 2)$$

$$= \frac{1}{4}\left[\frac{1}{5\sqrt{5}}(\Phi^{2n+1} - \Psi^{2n+1})^3 - 3f_{n+1} + 2\right]$$

$$= \frac{1}{4}\left[\frac{1}{5\sqrt{5}}\left(\Phi^{6n+3} - \Psi^{6n+3} + 3(\Phi\Psi)^{2n+1}(\Psi^{2n+1} - \Phi^{2n+1})\right) - 3f_{2n+1} + 2\right]$$

$$= \frac{1}{20}(f_{6n+3} + 3f_{2n+1} - 15f_{2n+1} + 10)$$

$$= \frac{1}{20}(f_{6n+3} - 12f_{2n+1} + 10)$$

Damit haben wir die Formel vollständig bewiesen. $\diamond$

1.5.2 Beziehungen zwischen Fibonacci- und Lucaszahlen

Aus den Sätzen 1.17 und 1.20 ergeben sich interessante Beziehungen zwischen Fibonacci- und Lucaszahlen. Die einfachste Beziehung dieser Art dürfte die folgende sein:

Satz 1.26

$$l_n = f_{n-1} + f_{n+1}$$

Beweis: Wir setzen die Ausdrücke für f_{n-1} und f_{n+1} in die rechte Seite der Gleichung ein und erhalten:

$$f_{n-1} + f_{n+1} = \frac{1}{\sqrt{5}}(\Phi^{n-1} - \Psi^{n-1} + \Phi^{n+1} - \Psi^{n+1})$$

$$= \frac{1}{\sqrt{5}}[\Phi^{n-1}(1 + \Phi^2) - \Psi^{n-1}(1 + \Psi^2)]$$

$$= \frac{1}{\sqrt{5}}\left[\Phi^{n-1}\frac{5 + \sqrt{5}}{2} - \Psi^{n-1}\frac{5 - \sqrt{5}}{2}\right]$$

$$= \Phi^{n-1} \cdot \frac{\sqrt{5} + 1}{2} - \Psi^{n-1} \cdot \frac{\sqrt{5} - 1}{2}$$

$$= \Phi^n + \Psi^n = l_n \qquad\qquad \diamond$$

Die beiden folgenden Sätze zeigen Zusammenhänge zwischen Produkten von Lucas- und Fibonaccizahlen auf.

Satz 1.27

(a) $\quad 2l_{m+n} = l_m l_n + 5 f_m f_n$

(b) $\quad l_{m+n} = f_{n+1} l_m + f_n l_{m-1}$

Beweis:
(a) Einsetzen der expliziten Ausdrücke für Fibonacci- und Lucaszahlen sowie Ausmultiplizieren liefern $\quad l_m l_n + 5 f_m f_n = (\Phi^m + \Psi^m)(\Phi^n + \Psi^n) + (\Phi^m - \Psi^m)(\Phi^n - \Psi^n) = 2(\Phi^{m+n} + \Psi^{m+n}) = 2l_{m+n}$.

(b) Wir setzen wieder ein, multiplizieren aus und beachten die Beziehung $\Phi\Psi = -1$:

$$
\begin{aligned}
&f_{n+1} l_m + f_n l_{m-1} \\
&= \frac{1}{\sqrt{5}}[(\Phi^{n+1} - \Psi^{n+1})(\Phi^m + \Psi^m) + (\Phi^n - \Psi^n)(\Phi^{m-1} + \Psi^{m-1})] \\
&= \frac{1}{\sqrt{5}}[\Phi^{m+n+1} - \Phi^m \Psi^{n+1} + \Phi^{n+1}\Psi^m - \Psi^{m+n+1} \\
&\quad + \Phi^{m+n-1} - \Phi^{m-1}\Psi^n + \Phi^n\Psi^{m-1} - \Psi^{m+n-1}] \\
&= \frac{1}{\sqrt{5}}[\Phi^{m+n-1}(\Phi^2 + 1) - \Phi^{m-1}\Psi^n(\Phi\Psi + 1) \\
&\quad + \Phi^n\Psi^{m-1}(\Phi\Psi + 1) - \Psi^{m+n-1}(\Psi^2 + 1)] \\
&= \frac{1}{\sqrt{5}}\left[\Phi^{m+n-1} \cdot \frac{5+\sqrt{5}}{2} - \Psi^{m+n-1} \cdot \frac{5-\sqrt{5}}{2}\right] \\
&= \Phi^{m+n-1} \cdot \frac{1+\sqrt{5}}{2} - \Psi^{m+n-1} \cdot \frac{\sqrt{5}-1}{2} \\
&= \Phi^{m+n} + \Psi^{m+n} = l_{m+n} \qquad \diamond
\end{aligned}
$$

Der Beweis der folgenden Beziehungen zwischen Fibonacci- und Lucaszahlen gelingt mithilfe der bisher entwickelten Methoden und sei daher der Leserin/dem Leser zur Übung empfohlen (Aufgabe 1.7.7).

Satz 1.28

(a) $\quad 2f_{m+n} = f_m l_n + f_n l_m$

(b) $\quad f_{m+n} = f_m l_n - (-1)^n f_{m-n} \quad (m \geq n)$

Aus Satz 1.28(a) folgt für $m = n$ speziell

$$f_{2n} = f_n l_n.$$

(1.18)

Die grundlegende quadratische Beziehung zwischen Fibonacci- und Lucaszahlen ist

Satz 1.29

$$l_n^2 - 5f_n^2 = 4 \cdot (-1)^n$$

Der Beweis ist offensichtlich, wenn man $\Phi\Psi = -1$ bedenkt, vgl. Aufgabe 1.7.8.

Es gibt noch viele weitere derartige Formeln, die man z. B. in den Internet-Quellen finden kann. Die hier erwähnten Beispiele zeigen jedoch recht gut die Anwendung der verschiedenen Methoden, sodass wir es dabei bewenden lassen wollen.

1.6   Fibonacci- und Lucaszahlen mit negativen Indizes

Die Rekursionsformel der Fibonaccifolge

$$f_n = f_{n-1} + f_{n-2}$$

kann man umschreiben zu

$$f_{n-2} = f_n - f_{n-1}.$$

(1.19)

Beginnend mit den Startwerten $f_0 = 0$ und $f_1 = 1$ können wir die Fibonaccizahlen mit negativen Indizes „rückwärts" berechnen und erhalten $f_{-1} = f_1 - f_0 = 1 - 0 = 1, f_{-2} = f_0 - f_{-1} = 0 - 1 = -1$ und allgemein

$$f_{-n} = (-1)^{n+1} f_n \quad \text{für} \quad n \in \mathbb{N}^*;$$

(1.20)

dies kann man durch vollständige Induktion „nach rückwärts" leicht zeigen:
Für $n = -1$ und $n = -2$ ist die Behauptung richtig. Angenommen, es gilt bereits $f_{-(n-1)} = (-1)^n f_{n-1}$ und $f_{-n} = (-1)^{n+1} f_n$. Aus der Rekursionsformel (1.19) ergibt sich dann $f_{-(n+1)} = f_{-(n-1)} - f_{-n} = (-1)^n f_{n-1} - (-1)^{n+1} f_n = (-1)^{n+2}(f_{n-1} + f_n) = (-1)^{n+2} f_{n+1}$, wie behauptet. $\Diamond$

Mithilfe von (1.20) hat man die Fibonaccifolge zu einer auf $\mathbb{Z}$ definierten Zahlenfolge $\mathbb{Z} \to \mathbb{Z}$ erweitert.

Als nächstes zeigen wir, dass die Formel von Binet auch für negative Exponenten richtig ist, es gilt also mit den Bezeichnungen von Satz 1.17 der folgende Satz:

Satz 1.30

$$f_n = \frac{1}{\sqrt{5}}(\Phi^n - \Psi^n) \quad \text{für} \quad n \in \mathbb{Z}$$

Beweis: Im Beweis von Satz 1.17 haben wir gezeigt, dass $\Phi^{n+2} = \Phi^n + \Phi^{n+1}$ und $\Psi^{n+2} = \Psi^n + \Psi^{n+1}$. Nach (1.8) gilt $\Psi = (-1)\Phi^{-1}$, also liefert die Formel für Ψ damit $(-1)^{n+2}\Phi^{-(n+2)} = (-1)^n\Phi^{-n} + (-1)^{n+1}\Phi^{-(n+1)}$ und weiter $\Phi^{-(n+2)} = \Phi^{-n} - \Phi^{-(n+1)}$ oder $\Phi^{-n} = \Phi^{-(n+2)} + \Phi^{-(n+1)}$. Analog zeigt man $\Psi^{-(n+2)} = \Psi^{-n} - \Psi^{-(n+1)}$. Die Rekursionsformel (1.19) und vollständige Induktion nach rückwärts zeigen jetzt die Richtigkeit der Behauptung. $\diamondsuit$

Aus Satz 1.4 erhalten wir unmittelbar die Formel für die Summe der n ersten Fibonaccizahlen mit negativen Indizes:

$$\sum_{i=-n}^{-1} f_i = \sum_{i=1}^{n}(-1)^{i+1}f_i = (-1)^{n+1}f_{n-1} + 1 = -f_{-n+1} + 1 \tag{1.21}$$

Außerdem kann man die wichtige Identität aus Satz 1.9

$$f_{n+m} = f_{n-1}f_m + f_n f_{m+1} \quad \text{für beliebige } m, n \in \mathbb{Z} \tag{1.22}$$

beweisen, für negative m, n durch Induktion nach rückwärts, s. Aufgabe 1.7.9.

Mithilfe der Formel von Binet lassen sich die Fibonaccizahlen sogar für reelle Indizes r definieren, da ja die Potenzen Φ^r und Ψ^r der reellen Zahlen Φ und Ψ in $\mathbb{R}$ erklärt sind. Für $r \in \mathbb{R}$ setzt man dann

$$f_r = \frac{1}{\sqrt{5}}(\Phi^r - \Psi^r). \tag{1.23}$$

Auf diese Verallgemeinerung der Fibonaccizahlen wollen wir jedoch nicht näher eingehen.

Für die Lucasfolge setzt man entsprechend

$$l_{-n} = (-1)^n l_n, \tag{1.24}$$

und es gilt

$$l_n = \Phi^n + \Psi^n \quad \text{für} \quad n \in \mathbb{Z}. \tag{1.25}$$

Die bisher bewiesenen Formeln für Fibonacci- und Lucaszahlen gelten somit alle auch für ganzzahlige Indizes. Davon werden wir besonders in Abschnitt 2.4 Gebrauch machen.

1.7   Aufgaben

1. Beweisen Sie Satz 1.8 für Lucaszahlen.

2. Zeigen Sie die Gültigkeit der Beziehung $\Psi^n = \Psi^{n-2} + \Psi^{n-1}$ aus dem Beweis von Satz 1.17.

3. Verwenden Sie Satz 1.19, um mithilfe eines Taschenrechners einige Fibonaccizahlen explizit zu berechnen. Vergleichen Sie mit der Liste im Anhang A.

4. Beweisen Sie die Formel von Binet für Lucaszahlen (Satz 1.20) mittels vollständiger Induktion.

5. Überprüfen Sie, dass es sich bei den Lösungen der Rekursionsgleichung (1.11) tatsächlich um einen Vektorraum handelt und geben Sie eine Basis dieses Vektorraums an.

6. Zeigen Sie die Formel (1.17) für die Partialsummen einer geometrischen Folge.

7. Beweisen Sie Satz 1.28.

8. Beweisen Sie Satz 1.29.

9. Verifizieren Sie (1.22) für ganzzahliges m und n.

Literatur zu Kapitel 1

Viele der angegebenen Formeln finden sich bei [V]; die Darstellung folgt allerdings [Az08]. Eine wahre Fundgrube ist [wBe]; jedoch wird dort vieles ohne Beweis angegeben. Auch bei [wWF] finden sich viele Informationen.

2 Fibonaccizahlen und Lineare Algebra

In diesem Kapitel setzen wir voraus, dass der Leser mit den Grundzügen der Linearen Algebra vertraut ist, insbesondere mit der Darstellung linearer Abbildungen durch Matrizen sowie dem Rechnen mit Matrizen und Determinanten. Diese Grundlagen finden sich in jedem Buch über Lineare Algebra, beispielsweise in [Bo1]. Zunächst geben wir eine weitere Herleitung der Formel von Binet mithilfe der Eigenwertrechnung; davon wird später lediglich die Abbildungsvorschrift (2.2) benötigt. In den weiteren Abschnitten wird aufgezeigt, wie die Matrizenrechnung elegant dazu genutzt werden kann, Fibonacci-Identitäten herzuleiten. Dieses Kapitel ist nicht wesentlich für das Verständnis der restlichen Kapitel, sodass es unbeschadet übergangen werden kann.

2.1 Die Herleitung der Formel von Binet mithilfe der Eigenwertrechnung

Was hat eine Zahlenfolge mit Linearer Algebra zu tun? Auf den ersten Blick scheint kein Zusammenhang zu bestehen. Aber schauen wir uns das Bildungsgesetz der Fibonaccifolge doch etwas genauer an: Jedes Glied der Folge entsteht als Summe der beiden vorhergehenden Glieder: $f_{n+2} = 1 \cdot f_n + 1 \cdot f_{n+1}$ – das ist eine Beziehung, die einer linearen Abbildung in einem zweidimensionalen Vektorraum schon recht ähnlich sieht. Versuchen wir es also einmal mit folgendem Ansatz: Im zweidimensionalen reellen Vektorraum $\mathbb{R}^2$ wollen wir den Vektor $\binom{f_n}{f_{n+1}}$ auf den Vektor $\binom{f_{n+1}}{f_{n+2}} = \binom{f_{n+1}}{f_n + f_{n+1}}$ abbilden. Das gelingt, indem wir den Vektor $\binom{f_n}{f_{n+1}}$ (von links) mit der Matrix

$$F = \begin{pmatrix} 0 & 1 \\ 1 & 1 \end{pmatrix}$$

multiplizieren, also

$$F \begin{pmatrix} f_n \\ f_{n+1} \end{pmatrix} = \begin{pmatrix} 0 & 1 \\ 1 & 1 \end{pmatrix} \begin{pmatrix} f_n \\ f_{n+1} \end{pmatrix} = \begin{pmatrix} f_{n+1,} \\ f_n + f_{n+1} \end{pmatrix} = \begin{pmatrix} f_{n+1} \\ f_{n+2} \end{pmatrix}$$

Wenn wir mit dem Vektor $\binom{f_0}{f_1}$ beginnen, erhalten wir

$$F \begin{pmatrix} f_0 \\ f_1 \end{pmatrix} = \begin{pmatrix} 0 & 1 \\ 1 & 1 \end{pmatrix} \begin{pmatrix} f_0 \\ f_1 \end{pmatrix} = \begin{pmatrix} f_1 \\ f_0 + f_1 \end{pmatrix} = \begin{pmatrix} f_1 \\ f_2 \end{pmatrix} \tag{2.1}$$

und weiter

$$F^2 \begin{pmatrix} f_0 \\ f_1 \end{pmatrix} = F \begin{pmatrix} f_1 \\ f_2 \end{pmatrix} = \begin{pmatrix} 0 & 1 \\ 1 & 1 \end{pmatrix} \begin{pmatrix} f_1 \\ f_2 \end{pmatrix} = \begin{pmatrix} f_2 \\ f_3 \end{pmatrix}$$

Durch fortgesetztes Anwenden von F (vollständige Induktion!) ergibt sich schließlich für alle $n \in \mathbb{N}$

$$F^n \begin{pmatrix} f_0 \\ f_1 \end{pmatrix} = F \begin{pmatrix} f_{n-1} \\ f_n \end{pmatrix} = \begin{pmatrix} f_n \\ f_{n-1} + f_n \end{pmatrix} = \begin{pmatrix} f_n \\ f_{n+1} \end{pmatrix}; \qquad (2.2)$$

insbesondere gilt für $n = 0$:

$$F^0 \begin{pmatrix} f_0 \\ f_1 \end{pmatrix} = E \begin{pmatrix} f_0 \\ f_1 \end{pmatrix} = \begin{pmatrix} f_0 \\ f_1 \end{pmatrix},$$

wobei $E = \begin{pmatrix} 1 & 0 \\ 0 & 1 \end{pmatrix}$ die 2×2-Einheitsmatrix ist.

Bezogen auf den gesamten Vektorraum $\mathbb{R}^2$ betrachten wir also die durch

$$\vec{x} \mapsto F\vec{x} \quad \text{mit} \quad \vec{x} = \begin{pmatrix} x_1 \\ x_2 \end{pmatrix} \in \mathbb{R}^2$$

definierte lineare Abbildung des $\mathbb{R}^2$ auf sich. Da F invertierbar ist – die Inverse ist $F^{-1} = \begin{pmatrix} -1 & 1 \\ 1 & 0 \end{pmatrix}$ – ist diese lineare Abbildung sogar ein Isomorphimus des $\mathbb{R}^2$.

Die Matrix F^{-1} bietet übrigens ebenfalls eine Möglichkeit, die Fibonaccifolge auf negative Indizes fortzusetzen: Aus (2.1) folgt ja

$$\begin{pmatrix} f_0 \\ f_1 \end{pmatrix} = F^{-1} \begin{pmatrix} f_1 \\ f_2 \end{pmatrix}$$

und weiter

$$\begin{pmatrix} f_{-1} \\ f_0 \end{pmatrix} = F^{-1} \begin{pmatrix} f_0 \\ f_1 \end{pmatrix} = \begin{pmatrix} -1 & 1 \\ 1 & 0 \end{pmatrix} \begin{pmatrix} 0 \\ 1 \end{pmatrix} = \begin{pmatrix} 1 \\ 0 \end{pmatrix},$$

$$\begin{pmatrix} f_{-2} \\ f_{-1} \end{pmatrix} = F^{-1} \begin{pmatrix} f_{-1} \\ f_0 \end{pmatrix} = \begin{pmatrix} -1 & 1 \\ 1 & 0 \end{pmatrix} \begin{pmatrix} 1 \\ 0 \end{pmatrix} = \begin{pmatrix} -1 \\ 1 \end{pmatrix},$$

usw.

Doch geht es uns jetzt nicht um Folgenglieder mit negativen Indizes, sondern um eine Formel, die es uns gestattet, f_n und f_{n+1} explizit zu berechnen. Eine solche Darstellung hätten wir, wenn es uns gelingt, die Potenzen F^n der Matrix F zu berechnen. Hier hilft uns jetzt ein Satz aus der Linearen Algebra weiter (vgl. etwa [Bo1], S. 201, Satz 7):

> Eine Matrix F mit lauter verschiedenen Eigenwerten lässt sich auf Diagonalgestalt D transformieren und es gilt $D = T^{-1}FT$, wobei auf der Diagonalen der Diagonalmatrix D die Eigenwerte von F stehen und die Spaltenvektoren der Transformationsmatrix T die Eigenvektoren von F sind.

Mit einer solchen Diagonalmatrix D gilt

$$D = T^{-1}FT, \text{ also } F = TDT^{-1}$$

und weiter

$$F^n = (TDT^{-1})^n = TDT^{-1}TDT^{-1}\cdots TDT^{-1} = TD^nT^{-1};$$

die Diagonalmatrix D^n lässt sich leicht berechnen: Auf der Diagonalen stehen gerade die n-ten Potenzen der Diagonaleinträge von D.
Damit ist unser Programm klar: Wir berechnen zunächst charakteristisches Polynom, Eigenwerte und Eigenvektoren von F und erhalten so die Diagonalmatrix D sowie die Transformationsmatrix T.

Das **charakteristische Polynom** $\chi(\lambda)$ ergibt sich zu

$$\chi(\lambda) = \begin{vmatrix} 0-\lambda & 1 \\ 1 & 1-\lambda \end{vmatrix} = \lambda^2 - \lambda - 1,$$

die Nullstellen des charakteristischen Polynoms sind die beiden **Eigenwerte**

$$\lambda_1 = \Phi = \frac{1+\sqrt{5}}{2} \quad \text{und} \quad \lambda_2 = \Psi = \frac{1-\sqrt{5}}{2}.$$

Die **Diagonalmatrix** D hat also die Gestalt

$$D = \begin{pmatrix} \Phi & 0 \\ 0 & \Psi \end{pmatrix}.$$

Nun bestimmen wir den **Eigenvektor** von F zum Eigenwert Φ:

$$F\begin{pmatrix} x_1 \\ x_2 \end{pmatrix} = \Phi\begin{pmatrix} x_1 \\ x_2 \end{pmatrix},$$

also

$$\begin{pmatrix} 0 & 1 \\ 1 & 1 \end{pmatrix}\begin{pmatrix} x_1 \\ x_2 \end{pmatrix} = \frac{1+\sqrt{5}}{2}\begin{pmatrix} x_1 \\ x_2 \end{pmatrix}$$

Daraus erhalten wir die Gleichungen:

$$x_2 = \frac{1+\sqrt{5}}{2}x_1$$

$$x_1 + x_2 = \frac{1+\sqrt{5}}{2}x_2$$

Wählen wir $x_1 = 1$, so ergibt sich $x_2 = \frac{1+\sqrt{5}}{2} = \Phi$.
Der zugehörige Eigenvektor ist also $\begin{pmatrix} 1 \\ \Phi \end{pmatrix}$.
Entsprechend bekommen wir den Eigenvektor $\begin{pmatrix} 1 \\ \Psi \end{pmatrix}$ zum Eigenwert Ψ.

Damit erhalten wir die **Transformationsmatrix** T und ihre Inverse T^{-1}:

$$T = \begin{pmatrix} 1 & 1 \\ \Phi & \Psi \end{pmatrix}, \quad T^{-1} = \frac{1}{\Psi - \Phi} \begin{pmatrix} \Psi & -1 \\ -\Phi & 1 \end{pmatrix} = \frac{1}{\sqrt{5}} \begin{pmatrix} -\Psi & 1 \\ \Phi & -1 \end{pmatrix}$$

Damit gilt

$$D = T^{-1} F T \quad \Rightarrow \quad F = T D T^{-1},$$

also

$$\begin{pmatrix} \Phi & 0 \\ 0 & \Psi \end{pmatrix} = \frac{1}{\sqrt{5}} \begin{pmatrix} -\Psi & 1 \\ \Phi & -1 \end{pmatrix} \begin{pmatrix} 0 & 1 \\ 1 & 1 \end{pmatrix} \begin{pmatrix} 1 & 1 \\ \Phi & \Psi \end{pmatrix}$$

Somit ist:

$$\begin{aligned}
\begin{pmatrix} f_n \\ f_{n+1} \end{pmatrix} &= F^n \begin{pmatrix} f_0 \\ f_1 \end{pmatrix} = (TDT^{-1})^n \begin{pmatrix} f_0 \\ f_1 \end{pmatrix} = TD^n T^{-1} \begin{pmatrix} f_0 \\ f_1 \end{pmatrix} \\
&= \frac{1}{\sqrt{5}} \begin{pmatrix} 1 & 1 \\ \Phi & \Psi \end{pmatrix} \begin{pmatrix} \Phi^n & 0 \\ 0 & \Psi^n \end{pmatrix} \begin{pmatrix} -\Psi & 1 \\ \Phi & -1 \end{pmatrix} \begin{pmatrix} 0 \\ 1 \end{pmatrix} \\
&= \frac{1}{\sqrt{5}} \begin{pmatrix} \Phi^n & \Psi^n \\ \Phi^{n+1} & \Psi^{n+1} \end{pmatrix} \begin{pmatrix} -\Psi & 1 \\ \Phi & -1 \end{pmatrix} \begin{pmatrix} 0 \\ 1 \end{pmatrix} \\
&= \frac{1}{\sqrt{5}} \begin{pmatrix} \Phi\Psi^n - \Phi^n\Psi & \Phi^n - \Psi^n \\ \Phi\Psi^{n+1} - \Phi^{n+1}\Psi & \Phi^{n+1} - \Psi^{n+1} \end{pmatrix} \begin{pmatrix} 0 \\ 1 \end{pmatrix} \\
&= \frac{1}{\sqrt{5}} \begin{pmatrix} \Phi^n - \Psi^n \\ \Phi^{n+1} - \Psi^{n+1} \end{pmatrix}
\end{aligned} \tag{2.3}$$

Vergleichen wir jeweils die erste Komponente auf der linken und der rechten Seite der Gleichung (2.3), so haben wir wieder die Formel von Binet erhalten:

$$f_n = \frac{1}{\sqrt{5}}(\Phi^n - \Psi^n) = \frac{1}{\sqrt{5}}\left[\left(\frac{1+\sqrt{5}}{2}\right)^n - \left(\frac{1-\sqrt{5}}{2}\right)^n\right] \tag{2.4}$$

Als zusätzliches Ergebnis haben wir ganz nebenbei die Potenzen der Matrix $F = \begin{pmatrix} 0 & 1 \\ 1 & 1 \end{pmatrix}$ berechnet. Es stellt sich heraus, dass die Fibonaccizahlen als Einträge von F^n vorkommen.

Satz 2.1

$$F^n = \begin{pmatrix} 0 & 1 \\ 1 & 1 \end{pmatrix}^n = \begin{pmatrix} f_{n-1} & f_n \\ f_n & f_{n+1} \end{pmatrix}, \quad n \in \mathbb{N}$$

Beweis: Laut (2.3) gilt:

$$F^n = \frac{1}{\sqrt{5}} \begin{pmatrix} \Phi\Psi^n - \Phi^n\Psi & \Phi^n - \Psi^n \\ \Phi\Psi^{n+1} - \Phi^{n+1}\Psi & \Phi^{n+1} - \Psi^{n+1} \end{pmatrix}$$

Wir betrachten die einzelnen Einträge der Matrix und beachten dabei die Formeln (1.6) bis (1.8) und (2.4):

$$\frac{1}{\sqrt{5}}(\Phi\Psi^n - \Phi^n\Psi) = \frac{1}{\sqrt{5}}\Phi\Psi(\Psi^{n-1} - \Phi^{n-1}) = \frac{1}{\sqrt{5}}(\Phi^{n-1} - \Psi^{n-1}) = f_{n-1};$$

$$\frac{1}{\sqrt{5}}(\Phi^n - \Psi^n) = f_n;$$

$$\frac{1}{\sqrt{5}}(\Phi\Psi^{n+1} - \Phi^{n+1}\Psi) = \frac{1}{\sqrt{5}}\Phi\Psi(\Psi^n - \Phi^n) = \frac{1}{\sqrt{5}}(\Phi^n - \Psi^n) = f_n;$$

$$\frac{1}{\sqrt{5}}(\Phi^{n+1} - \Psi^{n+1}) = f_{n+1};$$

somit ist $F^n = \left(\begin{smallmatrix} f_{n-1} & f_n \\ f_n & f_{n+1} \end{smallmatrix}\right)$, wie behauptet. $\diamond$

Für die Lucasfolge kann man ganz ähnlich vorgehen: Man verwendet ebenfalls die Matrix F, nimmt aber $\left(\begin{smallmatrix} l_0 \\ l_1 \end{smallmatrix}\right) = \left(\begin{smallmatrix} 2 \\ 1 \end{smallmatrix}\right)$ als Startvektor in (2.1). Charakteristisches Polynom, Eigenwerte, Eigenvektoren und Transformationsmatrix bleiben die gleichen wie für die Fibonaccifolge. Nur im letzten Schritt (bei (2.3) und (2.4)) ändert sich das Ergebnis und man erhält die Formel von Binet für die Lucasfolge. Der Leserin/dem Leser sei es ans Herz gelegt, diese Behauptung durch Nachrechnen zu verifizieren, s. Aufgabe 2.5.1.1.

Das gleiche Konzept kann man für die in Kapitel 8 behandelten Verallgemeinerungen von Fibonacci- und Lucasfolge, die sogenannten (verallgemeinerten) Lucasfolgen, verwenden und mithilfe der Eigenwertrechnung eine der Formel von Binet entsprechende Beziehung für die Folgenglieder von Lucasfolgen herleiten.

2.2 Die Darstellung der Fibonaccizahlen als Determinanten von Matrizen

Die Fibonaccizahlen kommen auch als Determinanten geeigneter Matrizen vor. Dies zeigen wir an zwei Beispielen.

Satz 2.2

Die $(n+1)$-te Fibonaccizahl lässt sich für $n \in \mathbb{N}$ als Determinante einer $n \times n$-Matrix F_n darstellen:

$$f_{n+1} = \begin{vmatrix} 1 & 1 & 0 & \cdots & \cdots & 0 \\ -1 & 1 & 1 & \ddots & & \vdots \\ 0 & -1 & \ddots & \ddots & \ddots & \vdots \\ \vdots & \ddots & \ddots & \ddots & \ddots & 0 \\ \vdots & & \ddots & \ddots & \ddots & 1 \\ 0 & \cdots & \cdots & 0 & -1 & 1 \end{vmatrix} = \det F_n$$

Beweis mit vollständiger Induktion:

$n = 1$: $\det F_1 = \det (1) = 1 = f_2$

$n = 2$: $\det F_2 = \det \left(\begin{smallmatrix} 1 & 1 \\ -1 & 1 \end{smallmatrix}\right) = 2 = f_3$

$n = 3$: $\det F_3 = \det \left(\begin{smallmatrix} 1 & 1 & 0 \\ -1 & 1 & 1 \\ 0 & -1 & 1 \end{smallmatrix}\right) = 3 = f_4$

Nun sei die Behauptung für n und $n-1$ richtig. Wir betrachten die Determinante der $(n+1) \times (n+1)$-Matrix F_{n+1} und entwickeln sie nach der ersten Zeile:

$$\det F_{n+1} = \begin{vmatrix} 1 & 1 & 0 & \cdots & \cdots & 0 \\ -1 & 1 & 1 & \ddots & & \vdots \\ 0 & -1 & \ddots & \ddots & \ddots & \vdots \\ \vdots & \ddots & \ddots & \ddots & \ddots & 0 \\ \vdots & & \ddots & \ddots & \ddots & 1 \\ 0 & \cdots & \cdots & 0 & -1 & 1 \end{vmatrix}$$

$$= \begin{vmatrix} 1 & 1 & 0 & \cdots & \cdots & 0 \\ -1 & 1 & 1 & \ddots & & \vdots \\ 0 & -1 & \ddots & \ddots & \ddots & \vdots \\ \vdots & \ddots & \ddots & \ddots & \ddots & 0 \\ \vdots & & \ddots & \ddots & \ddots & 1 \\ 0 & \cdots & \cdots & 0 & -1 & 1 \end{vmatrix} - \begin{vmatrix} -1 & 1 & 0 & \cdots & \cdots & 0 \\ 0 & 1 & 1 & \ddots & & \vdots \\ \vdots & -1 & \ddots & \ddots & \ddots & \vdots \\ \vdots & & & \ddots & \ddots & 0 \\ \vdots & & & & \ddots & 1 \\ 0 & \cdots & \cdots & 0 & -1 & 1 \end{vmatrix}$$

$$= 1 \cdot \det F_n \quad - \quad 1 \cdot \det G_n$$

Nach der Induktionsvoraussetzung ist die erste Determinante $\det F_n = f_{n+1}$. Die zweite Determinante $\det G_n$ entwickeln wir nach der ersten Spalte und erhalten aus der Induktionsvoraussetzung

$$\det G_n = (-1) \cdot \begin{vmatrix} 1 & 1 & 0 & \cdots & \cdots & 0 \\ -1 & 1 & 1 & \ddots & & \vdots \\ 0 & -1 & \ddots & \ddots & \ddots & \vdots \\ \vdots & \ddots & \ddots & \ddots & \ddots & 0 \\ \vdots & & \ddots & \ddots & \ddots & 1 \\ 0 & \cdots & \cdots & 0 & -1 & 1 \end{vmatrix} = -\det F_{n-1}.$$

Insgesamt gilt also

$$\det F_{n+1} = \det F_n - \det G_n = \det F_n + \det F_{n-1} = f_{n+1} + f_n = f_{n+2}$$

und die Behauptung ist gezeigt. $\Diamond$

Außerdem kann man die Fibonaccizahlen noch mithilfe von Determinanten der folgenden Gestalt erhalten:

Satz 2.3

Die n-te Fibonaccizahl kann man als Determinante einer komplexen $n \times n$-Matrix H_n darstellen; dabei ist $i = \sqrt{-1}$.

$$f_{n+1} = \begin{vmatrix} 1 & i & 0 & \cdots & \cdots & 0 \\ i & 1 & i & \ddots & & \vdots \\ 0 & i & \ddots & \ddots & \ddots & \vdots \\ \vdots & \ddots & \ddots & \ddots & \ddots & 0 \\ \vdots & & \ddots & \ddots & \ddots & i \\ 0 & \cdots & \cdots & 0 & i & 1 \end{vmatrix} = \det H_n$$

Beweis mit vollständiger Induktion:

$n = 1$: $\det H_1 = \det(1) = 1 = f_2$

$n = 2$: $\det H_2 = \det \begin{pmatrix} 1 & i \\ i & 1 \end{pmatrix} = 2 = f_3$

$n = 3$: $\det H_3 = \det \begin{pmatrix} 1 & i & 0 \\ i & 1 & i \\ 0 & i & 1 \end{pmatrix} = 3 = f_4$

Nun sei die Behauptung für n und $n-1$ bereits gezeigt. Wir betrachten die Determinante der $(n+1) \times (n+1)$-Matrix H_{n+1} und entwickeln sie nach der ersten Zeile:

$$\det H_{n+1} = \begin{vmatrix} 1 & i & 0 & \cdots & \cdots & 0 \\ i & 1 & i & \ddots & & \vdots \\ 0 & i & \ddots & \ddots & \ddots & \vdots \\ \vdots & \ddots & \ddots & \ddots & \ddots & 0 \\ \vdots & & \ddots & \ddots & \ddots & i \\ 0 & \cdots & \cdots & 0 & i & 1 \end{vmatrix}$$

$$= \begin{vmatrix} 1 & i & 0 & \cdots & \cdots & 0 \\ i & 1 & i & \ddots & & \vdots \\ 0 & i & \ddots & \ddots & \ddots & \vdots \\ \vdots & \ddots & \ddots & \ddots & \ddots & 0 \\ \vdots & & \ddots & \ddots & \ddots & i \\ 0 & \cdots & \cdots & 0 & i & 1 \end{vmatrix} - i \cdot \begin{vmatrix} i & i & 0 & \cdots & \cdots & 0 \\ 0 & 1 & i & \ddots & & \vdots \\ \vdots & i & 1 & \ddots & \ddots & \vdots \\ \vdots & & i & \ddots & \ddots & 0 \\ \vdots & & & \ddots & \ddots & i \\ 0 & \cdots & \cdots & 0 & i & 1 \end{vmatrix}$$

$$= 1 \cdot \det H_n - i \cdot \det K_n$$

Die Determinante der $n \times n$-Matrix K_n entwickeln wir nach der ersten Spalte und erhalten

$$\det K_n = i \cdot \begin{vmatrix} 1 & i & 0 & \cdots & \cdots & 0 \\ i & 1 & i & \ddots & & \vdots \\ 0 & i & \ddots & \ddots & \ddots & \vdots \\ \vdots & \ddots & \ddots & \ddots & \ddots & 0 \\ \vdots & & \ddots & \ddots & \ddots & i \\ 0 & \cdots & \cdots & 0 & i & 1 \end{vmatrix} = i \cdot \det H_{n-1}.$$

Damit ergibt sich aus der Induktionsvoraussetzung

$$\begin{aligned} \det H_{n+1} &= 1 \cdot \det H_n - i \cdot \det K_n \\ &= 1 \cdot \det H_n - i \cdot i \cdot \det H_{n-1} \\ &= \det H_n + \det H_{n-1} \\ &= f_{n+1} + f_n = f_{n+2}, \end{aligned}$$

was die Behauptung zeigt. $\Diamond$

2.3 Herleitung von Fibonacci-Identitäten mithilfe der Matrizenrechnung

Bisher haben wir mithilfe der Linearen Algebra nur einzelne Fibonaccizahlen dargestellt. Doch bietet die Lineare Algebra auch sehr viel mächtigere Werkzeuge, die es erlauben, Beziehungen zwischen Fibonaccizahlen, wie wir sie in Kapitel 1 gezeigt haben, mit verhältnismäßig geringem Aufwand nachzuweisen.

In diesem Abschnitt betrachten wir eine spezielle 3×3-Matrix und führen vor, wie mithilfe dieser Matrix Summenformeln für Fibonaccizahlen hergeleitet werden können. Dabei stützen wir uns auf die Arbeit [HBi64] von *V. E. Hoggatt Jr.* und *M. Bicknell* aus dem Jahr 1964. Die Matrix

$$R = \begin{pmatrix} 0 & 0 & 1 \\ 0 & 1 & 2 \\ 1 & 1 & 1 \end{pmatrix}$$

besitzt das charakteristische Polynom $\lambda^3 - 2\lambda^2 - 2\lambda + 1$; da die Matrix R ihr charakteristisches Polynom annulliert, gilt

$$R^3 - 2R^2 - 2R + E = 0,$$

wobei E die 3×3-Einheitsmatrix und 0 die Nullmatrix sind. Multipliziert man diese Gleichung mit R^n, so ergibt sich

$$R^{n+3} - 2R^{n+2} - 2R^{n+1} + R^n = 0. \tag{2.5}$$

Die Potenzen der Matrix R haben eine bemerkenswerte Eigenschaft: Ihre Einträge sind sämtlich Produkte von Fibonaccizahlen; genauer gilt

Satz 2.4

$$R^n = \begin{pmatrix} f_{n-1}^2 & f_{n-1}f_n & f_n^2 \\ 2f_nf_{n-1} & f_{n+1}^2 - f_{n-1}f_n & 2f_nf_{n+1} \\ f_n^2 & f_nf_{n+1} & f_{n+1}^2 \end{pmatrix}$$

Beweis   durch vollständige Induktion:
$n = 1$: Es gilt

$$R = R^1 = \begin{pmatrix} 0 & 0 & 1 \\ 0 & 1 & 2 \\ 1 & 1 & 1 \end{pmatrix} = \begin{pmatrix} f_0^2 & f_0f_1 & f_1^2 \\ 2f_1f_0 & f_2^2 - f_0f_1 & 2f_1f_2 \\ f_1^2 & f_1f_2 & f_2^2 \end{pmatrix}$$

wegen $f_0 = 0$ und $f_1 = f_2 = 1$.

Sei die Behauptung bereits für ein n bewiesen. Dann gilt:

$$R^{n+1} = R^n R = \begin{pmatrix} f_{n-1}^2 & f_{n-1}f_n & f_n^2 \\ 2f_nf_{n-1} & f_{n+1}^2 - f_{n-1}f_n & 2f_nf_{n+1} \\ f_n^2 & f_nf_{n+1} & f_{n+1}^2 \end{pmatrix} \begin{pmatrix} 0 & 0 & 1 \\ 0 & 1 & 2 \\ 1 & 1 & 1 \end{pmatrix}$$

$$= \begin{pmatrix} f_n^2 & f_{n-1}f_n + f_n^2 & f_{n-1}^2 + 2f_{n-1}f_n + f_n^2 \\ 2f_nf_{n+1} & f_{n+1}^2 - f_{n-1}f_n + 2f_nf_{n+1} & 2f_{n+1}^2 + 2f_nf_{n+1} \\ f_{n+1}^2 & f_nf_{n+1} + f_{n+1}^2 & f_n^2 + 2f_nf_{n+1} + f_{n+1}^2 \end{pmatrix}$$

$$= \begin{pmatrix} f_n^2 & f_nf_{n+1} & (f_{n-1} + f_n)^2 \\ 2f_{n+1}f_n & (f_{n+1} + f_n)^2 - f_n(f_n + f_{n-1}) & 2f_{n+1}f_{n+2} \\ f_{n+1}^2 & f_{n+1}f_{n+2} & (f_n + f_{n+1})^2 \end{pmatrix}$$

$$= \begin{pmatrix} f_n^2 & f_nf_{n+1} & f_{n+1}^2 \\ 2f_{n+1}f_n & f_{n+2}^2 - f_nf_{n+1} & 2f_{n+1}f_{n+2} \\ f_{n+1}^2 & f_{n+1}f_{n+2} & f_{n+2}^2 \end{pmatrix}.$$

Damit hat auch R^{n+1} die behauptete Gestalt. $\Diamond$

Da einander entsprechende Einträge der Matrizen R^{n+3}, R^{n+2}, R^{n+1} und R gemäß den Regeln der Matrizenaddition der Formel (2.5) genügen müssen, gilt etwa, wenn man den Eintrag in der 1. Spalte der 3. Zeile betrachtet

$$f_{n+3}^2 - 2f_{n+2}^2 - 2f_{n+1}^2 + f_n^2 = 0, \tag{2.6}$$

oder, betrachtet man den Eintrag in der 2. Spalte der 3. Zeile,

$$f_{n+3}f_{n+4} - 2f_{n+2}f_{n+3} - 2f_{n+1}f_{n+2} + f_nf_{n+1} = 0. \tag{2.7}$$

Für die Matrix R können wir noch eine weitere Beziehung zeigen:

Satz 2.5

$$R^m(R+E)^{2n+1} = 5^n R^{n+m}(R+E)$$

Beweis   durch vollständige Induktion nach n:
$n = 1$: Unter Benutzung von (2.5) ergibt sich $(R+E)^3 = R^3 + 3R^2 + 3R + E = (R^3 - 2R^2 - 2R + E) + 5R^2 + 5R = 5(R^2 + R) = 5R(R+E)$; Multiplikation mit R^m liefert $R^m(R+E)^3 = 5R^{m+1}(R+E)$, also gerade die Behauptung für $n = 1$.

Nun sei für ein $n \in \mathbb{N}$ bereits $R^m(R+E)^{2n+1} = 5^n R^{n+m}(R+E)$ gezeigt. Dann ist

$$
\begin{aligned}
R^m(R+E)^{2(n+1)+1} &= R^m(R+E)^{2n+1}(R+E)^2 \\
&= 5^n R^{n+m}(R+E)^3 \\
&= 5^n R^{n+m}(R^3 + 3R^2 + 3R + E) \\
&= 5^n R^{n+m}[5R(R+E)] \\
&= 5^{n+1} R^{(n+1)+m}(R+E),
\end{aligned}
$$

das ist die Behauptung. $\Diamond$

Betrachtet man die Einträge der Matrizen aus Satz 2.5 in der 3. Spalte der 1. Zeile und entwickelt die linke Seite mithilfe des binomischen Satzes (vgl. auch Satz 3.9), so ergibt sich unter Verwendung von (1.4)

$$\sum_{k=0}^{2n+1} \binom{2n+1}{k} f_{k+m}^2 = 5^n(f_{n+m+1}^2 + f_{n+m}^2) \stackrel{(1.4)}{=} 5^n f_{2(n+m)+1}. \tag{2.8}$$

In Satz 3.68 werden wir dieses Ergebnis auf andere Weise herleiten.

Nimmt man jeweils die Einträge in der 2. Spalte der 1. Zeile der Matrizen aus Satz 2.5, so erhält man mithilfe von (1.2)

$$\sum_{k=0}^{2n+1} \binom{2n+1}{k} f_{k-1+m} f_{k+m} = 5^n(f_{n+m} f_{n+m+1} + f_{n+m-1} f_{n+m}) \tag{2.9}$$

$$\stackrel{(1.2)}{=} 5^n f_{2(n+m)}.$$

In der zitierten Arbeit [HBi64] werden auf ähnliche Weise noch andere Identitäten für Fibonacci- und Lucaszahlen bewiesen. Die Stärke dieser Vorgehensweise liegt darin, dass man mit einer einzigen Rechnung nicht nur eine Formel, sondern eine Vielzahl von Beziehungen zwischen Fibonaccizahlen bekommt. Mithilfe von (2.5) oder auch mithilfe von Satz 2.5 kann jede Leserin/jeder Leser selbst einige weitere Identitäten gewinnen.

2.4   Fibonacci- und Lucasvektoren

Brian Curtin, *Ena Salter* und *David Stone* beschreiten in der 2007 veröffentlichten Arbeit [CSSt07] einen ganz anderen Weg, um Formeln für Fibonacci- und Lucaszahlen herzuleiten. Sie definieren nämlich für alle ganzen Zahlen n die Vektoren

$$\vec{f_n} = \begin{pmatrix} f_n \\ f_{n+1} \\ \vdots \\ f_{n+d-1} \end{pmatrix} \quad \text{und} \quad \vec{l_n} = \begin{pmatrix} l_n \\ l_{n+1} \\ \vdots \\ l_{n+d-1} \end{pmatrix}$$

als den **n-ten Fibonaccivektor** bzw. den **n-ten Lucasvektor der Länge** d, wobei d eine feste positive ganze Zahl ist. Außerdem werden für dieses feste d noch die Vektoren $\vec{\Phi}$ und $\vec{\Psi}$ definiert durch

$$\vec{\Phi} = \begin{pmatrix} 1 \\ \Phi \\ \Phi^2 \\ \vdots \\ \Phi^{d-1} \end{pmatrix} \quad \text{und} \quad \vec{\Phi} = \begin{pmatrix} 1 \\ \Psi \\ \Psi^2 \\ \vdots \\ \Psi^{d-1} \end{pmatrix} .$$

Damit lässt sich die folgende Verallgemeinerung der Formeln von Binet zeigen:

Satz 2.6

Für alle ganzen Zahlen n gilt

(a) für Fibonaccivektoren

$$\vec{f_n} = \frac{1}{\sqrt{5}}(\Phi^n \vec{\Phi} - \Psi^n \vec{\Psi}),$$

(b) für Lucasvektoren

$$\vec{l_n} = \Phi^n \vec{\Phi} + \Psi^n \vec{\Psi}.$$

Beweis: Verwendet man $\Phi - \Psi = \sqrt{5}$ sowie die Formel von Binet (Satz 1.17 bzw. Satz 1.20), so liefert komponentenweises Vergleichen der linken und der rechten Seiten der Gleichungen die Behauptung. $\diamondsuit$

Geometrisch bedeutet Satz 2.6, dass alle Fibonaci- und Lucasvektoren der Länge d in einer Ebene liegen, nämlich in der von den Vektoren $\vec{\Phi}$ und $\vec{\Psi}$ aufgespannten Ebene.

Für die Vektoren $\vec{\Phi}$ und $\vec{\Psi}$ kann man nun wie üblich Skalarprodukte berechnen. Wir stellen die Ergebnisse im folgenden Lemma zusammen:

Lemma 2.7

$$\vec{\Phi} \cdot \vec{\Phi} = \begin{cases} \sqrt{5}\, f_d\, \Phi^{d-1} & \text{für gerades } d, \\ l_d\, \Phi^{d-1} & \text{für ungerades } d \end{cases}$$

$$\vec{\Psi} \cdot \vec{\Psi} = \begin{cases} -\sqrt{5}\, f_d\, \Psi^{d-1} & \text{für gerades } d, \\ l_d\, \Psi^{d-1} & \text{für ungerades } d \end{cases}$$

$$\vec{\Phi} \cdot \vec{\Psi} = \begin{cases} 0 & \text{für gerades } d, \\ 1 & \text{für ungerades } d \end{cases}$$

Beweis: Wegen $\Phi\Psi = -1$ gilt $\Phi = -\frac{1}{\Psi}$, also $\Phi^2 = -\frac{\Phi}{\Psi}$. Mithilfe der Summenformel (1.17) für geometrische Folgen ergibt sich

$$\begin{aligned}
\vec{\Phi} \cdot \vec{\Phi} &= \sum_{i=0}^{d-1} \Phi^{2i} = \sum_{i=0}^{d-1} \left(-\frac{\Phi}{\Psi}\right)^i \\[2mm]
&\overset{(1.17)}{=} \frac{1 - \left(-\frac{\Phi}{\Psi}\right)^d}{1 - \left(-\frac{\Phi}{\Psi}\right)} = \frac{1 - \frac{(-1)^d \Phi^d}{\Psi^d}}{1 + \frac{\Phi}{\Psi}} \\[2mm]
&\overset{(1.6)}{=} \frac{\Psi^d - (-1)^d \Phi^d}{\Psi^{d-1}} \\[2mm]
&= (-1)^{d-1} \Phi^{d-1} [\Psi^d - (-1)^d \Phi^d] \\[2mm]
&= \Phi^{d-1} [(-1)^{d-1} \Psi^d + \Phi^d].
\end{aligned}$$

Nun sei d gerade. Dann gilt:

$$\vec{\Phi} \cdot \vec{\Phi} = \Phi^{d-1}(\Phi^d - \Psi^d) \overset{\text{Satz } 1.17}{=} \sqrt{5}\, \Phi^{d-1} f_d$$

Für ungerades d ist

$$\vec{\Phi} \cdot \vec{\Phi} = \Phi^{d-1}(\Psi^d + \Phi^d) = \Phi^{d-1} l_d\,.$$

Analog wird $\vec{\Psi} \cdot \vec{\Psi}$ berechnet; diesen Beweis möge die Leserin/der Leser zur Übung selbst durchführen. Es bleibt $\vec{\Phi} \cdot \vec{\Psi}$ zu betrachten. In diesem Fall gilt

$$\vec{\Phi} \cdot \vec{\Psi} = \sum_{i=0}^{d-1} (\Phi\Psi)^i = \sum_{i=0}^{d-1} (-1)^i;$$

für gerades d ist diese Summe offensichtlich null, für ungerades d ist sie gleich $(-1)^{d-1} = 1$; dies ist die Behauptung. $\Diamond$

Damit können wir die folgende Summenformel zeigen, die gleichzeitig eine Aussage über das Skalarprodukt zweier Fibonaccivektoren ist.

Satz 2.8

$$\vec{f_n} \cdot \vec{f_m} = \sum_{i=0}^{d-1} f_{n+i} f_{m+i} = \begin{cases} f_d f_{n+m+d-1} & \text{für gerades } d, \\ \frac{1}{5}(l_d l_{n+m+d-1} - (-1)^n l_{m-n}) & \text{für ungerades } d \end{cases}$$

Beweis: Die Gültigkeit des ersten Gleichheitszeichens ist durch die Definition des Skalarprodukts zweier Vektoren gegeben. Somit gilt mithilfe von Satz 2.6

$$\vec{f_n} \cdot \vec{f_m} = \frac{1}{\sqrt{5}}(\Phi^n \cdot \vec{\Phi} - \Psi^n \cdot \vec{\Psi}) \cdot \frac{1}{\sqrt{5}}(\Phi^m \cdot \vec{\Phi} - \Psi^m \cdot \vec{\Psi})$$

$$= \frac{1}{5}[\Phi^{n+m}\vec{\Phi} \cdot \vec{\Phi} + \Psi^{n+m}\vec{\Psi} \cdot \vec{\Psi} - (\Phi^n \Psi^m + \Phi^m \Psi^n)\vec{\Phi} \cdot \vec{\Psi}]$$

Sei zuerst d gerade. Dann gilt nach Lemma 2.7:

$$\vec{f_n} \cdot \vec{f_m} = \frac{1}{5}[\Phi^{n+m}\sqrt{5}f_d\Phi^{d-1} - \Psi^{n+m}\sqrt{5}f_d\Psi^{d-1}]$$

$$= \frac{1}{\sqrt{5}}f_d[\Phi^{n+m+d-1} - \Psi^{n+m+d-1}]$$

$$= f_d f_{n+m+d-1}$$

Nun sei d ungerade. Dann ist wieder nach Lemma 2.7:

$$\vec{f_n} \cdot \vec{f_m} = \frac{1}{5}[\Phi^{n+m}\sqrt{5}l_d\Phi^{d-1} + \Psi^{n+m}\sqrt{5}l_d\Psi^{d-1} - (\Phi^n\Psi^m + \Phi^m\Psi^n)]$$

$$= \frac{1}{5}[l_d(\Phi^{n+m+d-1} + \Psi^{n+m+d-1}) - \Phi^n\Psi^n(\Psi^{m-n} + \Phi^{m-n})]$$

$$= \frac{1}{5}(l_d l_{n+m+d-1} - (-1)^n l_{m-n})$$

Damit ist der Satz vollständig gezeigt. $\diamondsuit$

Am Beweis des entsprechenden Satzes für Lucaszahlen möge sich die Leserin/der Leser selbst versuchen, s. Aufgabe 2.5.1.3. Auch hier sind Satz 2.6 und Lemma 2.7 die wichtigsten Hilfsmittel.

Satz 2.9

$$\vec{l_n} \cdot \vec{l_m} = \sum_{i=0}^{d-1} l_{n+i} l_{m+i} = \begin{cases} 5 f_d f_{n+m+d-1} & \text{für gerades } d, \\ l_d l_{n+m+d-1} + (-1)^n l_{m-n} & \text{für ungerades } d \end{cases}$$

Der Satz für „gemischte" Skalarprodukte wird hier ebenfalls nicht bewiesen; sein Beweis verläuft ähnlich wie der von Satz 2.8, s. Aufgabe 2.5.1.4.

Satz 2.10

$$\vec{f_n} \cdot \vec{l_m} = \sum_{i=0}^{d-1} f_{n+i} l_{m+i} = \begin{cases} f_d l_{n+m+d-1} & \text{für gerades } d, \\ l_d f_{n+m+d-1} + (-1)^{n+1} f_{m-n} & \text{für ungerades } d \end{cases}$$

Die Sätze 2.8 bis 2.10 zeigen ihre Bedeutung, wenn für m und n spezielle Werte eingesetzt werden. Setzt man beispielsweise in Satz 2.8 $m = n$, so ergibt sich

$$\vec{f_n} \cdot \vec{f_n} = \|\vec{f_n}\|^2 = \sum_{i=0}^{d-1} f_{n+i}^2 = \begin{cases} f_d f_{2n+d-1} & \text{für gerades } d, \\ \dfrac{1}{5}(l_d l_{2n+d-1} - 2 \cdot (-1)^n) & \text{für ungerades } d, \end{cases} \tag{2.10}$$

dabei bedeutet $\|\vec{f_n}\|$ die Länge des Vektors $\vec{f_n}$.

Für $n = 0$ erhält man aus (2.10) den in Kapitel 1 bewiesenen Satz 1.5; dabei muss man für ungerades d ein wenig rechnen, um die Gleichheit einzusehen.

Wird in Satz 2.8 dagegen $m = -n$ gesetzt und berücksichtigt man $f_{-n} = (-1)^{n+1} f_n$ und $l_{-n} = (-1)^n l_n$, so erhält man die Summenformel

$$\sum_{i=0}^{d-1} (-1)^i f_{n-i} f_{n+i} = \begin{cases} (-1)^{n+1} f_d f_{d-1} & \text{für gerades } d, \\ \dfrac{1}{5}[(-1)^{n+1} l_d l_{d-1} + l_{2n}] & \text{für ungerades } d \end{cases} \tag{2.11}$$

Wählt man in Satz 2.8 $n = 1$ und $m = -t$, so ergibt sich

$$\sum_{i=0}^{d-1} (-1)^i f_{i+1} f_{t-i} = \begin{cases} f_d f_{t-d} & \text{für gerades } d, \\ \dfrac{1}{5}(l_d l_{t-d} + l_{t+1}) & \text{für ungerades } d \end{cases} \tag{2.12}$$

Entsprechende Spezialisierungen kann man natürlich auch auf die Sätze 2.9 und 2.10 anwenden; die Leserin/der Leser ist hiermit dazu eingeladen, selbst verschiedene Spezialfälle auszuprobieren, s. die Arbeitsaufträge 2.5.2.1 und 2.5.2.2.

Vergleicht man Satz 2.8 mit Satz 2.9, so kann man das folgende Ergebnis festhalten:

$$\vec{l_n} \cdot \vec{l_m} = \begin{cases} 5 \vec{f_n} \cdot \vec{f_m} & \text{für gerades } d, \\ 5 \vec{f_n} \cdot \vec{f_m} + 2 \cdot (-1)^n l_{m-n} & \text{für ungerades } d. \end{cases} \tag{2.13}$$

Aus (2.10) ergeben sich interessante Formeln für Summe und Differenz zweier Quadrate von Fibonaccizahlen. Es gilt nämlich für alle $m, n \in \mathbb{Z}$

Korollar 2.11

$$f_n^2 + f_m^2 = \begin{cases} f_{m-n}f_{m+n}, & \text{falls } m-n \text{ ungerade,} \\ \frac{1}{5}(l_{m-n}l_{m+n} - 4 \cdot (-1)^n), & \text{falls } m-n \text{ gerade} \end{cases}$$

Beweis: Mit $m = n + d - 1$ gilt

$$f_n^2 + f_m^2 = \sum_{i=0}^{d-1} f_{n+i}^2 - \sum_{i=0}^{d-3} f_{(n+1)+i}^2.$$

Ist $m - n = d - 1$ gerade, also d ungerade, so gilt, wenn (2.10) auf beide Summen angewandt wird

$$\begin{aligned} f_n^2 + f_m^2 &= \frac{1}{5}[l_d l_{2n+d-1} - 2 \cdot (-1)^n - l_{d-2}l_{2n+d-1} + 2 \cdot (-1)^{n+1}] \\ &= \frac{1}{5}[(l_d - l_{d-2})l_{2n+d-1} - 4 \cdot (-1)^n] \\ &= \frac{1}{5}[l_{d-1}l_{2n+d-1} - 4 \cdot (-1)^n] \\ &= \frac{1}{5}[l_{m-n}l_{n+m} - 4 \cdot (-1)^n], \end{aligned}$$

wobei im letzten Schritt $m = n + d - 1$ benutzt wurde.
Für ungerades $m - n = d - 1$, d. h. gerades d, erhält man nach (2.10) analog zu oben

$$f_n^2 + f_m^2 = f_d f_{2n+d-1} - f_{d-2}f_{2n+d-1} = f_{d-1}f_{2n+d-1} = f_{m-n}f_{m+n}.$$

Damit ist alles gezeigt. $\Diamond$

Für die Differenz der Quadrate zweier Fibonaccizahlen ergibt sich für $m, n \in \mathbb{Z}$

Korollar 2.12

$$f_m^2 - f_n^2 = \begin{cases} f_{m-n}f_{m+n}, & \text{falls } m-n \text{ gerade,} \\ \frac{1}{5}(l_{m-n}l_{m+n} + 4 \cdot (-1)^n), & \text{falls } m-n \text{ ungerade.} \end{cases}$$

Beweis: Sei $m = n + d$. Dann können wir schreiben

$$f_m^2 - f_n^2 = \sum_{i=0}^{d-1} f_{n+1+i}^2 - \sum_{i=0}^{d-1} f_{n+i}^2.$$

Mithilfe von (2.10) ergibt sich für gerades $m - n = d$:

$$f_m^2 - f_n^2 = f_d f_{2n+d+1} - f_d f_{2n+d-1} = f_d(f_{2n+d+1} - f_{2n+d-1}) = f_d f_{2n+d} = f_{m-n} f_{m+n}.$$

Für ungerades $m - n = d$ erhalten wir entsprechend:

$$
\begin{aligned}
f_m^2 - f_n^2 &= \frac{1}{5}(l_d l_{2n+d+1} - 2 \cdot (-1)^{n+1} - l_d l_{2n+d-1} + 2 \cdot (-1)^n) \\
&= \frac{1}{5}(l_d(l_{2n+d+1} - l_{2n+d-1}) + 4 \cdot (-1)^n) \\
&= \frac{1}{5}(l_{m-n} l_{m+n} + 4 \cdot (-1)^n). \qquad \diamond
\end{aligned}
$$

Aus Satz 2.8 folgt eine weitere interessante Beziehung, die Resultate aus Abschnitt 1.3 verallgemeinert:

Korollar 2.13

$$
\begin{aligned}
&f_{n+k-2} f_{n-m+k-1} + f_{n-1} f_{n-m} \\
&= \begin{cases} f_{k-1} f_{2n-m+k-2} & \text{für gerades } k, \\ \frac{1}{5}(l_{k-1} l_{2n-m+k-2} - 2 \cdot (-1)^{n-m} l_{m-1}) & \text{für ungerades } k \end{cases}
\end{aligned}
$$

Beweis: Sei zunächst $k > 0$. Es gilt

$$f_{n+k-2} f_{n-m+k-1} + f_{n-1} f_{n-m} = \sum_{i=0}^{k-1} f_{n-1+i} f_{n-m+i} - \sum_{i=0}^{k-3} f_{n+i} f_{n-m+1-i}.$$

Auf die beiden Summen wenden wir jetzt Satz 2.8 an. Dabei ist bei der ersten Summe in Satz 2.8 d durch k, n durch $n - 1$ und m durch $n - m$ zu ersetzen. Bei der zweiten Summe ist in Satz 2.8 $k - 2$ anstelle von d und $n - m + 1$ anstelle von m einzusetzen. Für gerades k (und damit gerades $k - 2$) ergibt sich

$$f_k f_{2n-m+k-2} - f_{k-2} f_{2n-m+k-2} = f_{k-1} f_{2n-m+k-2}$$

als Wert der Differenz der beiden Summen.

Ist k (und damit $k - 2$) ungerade, so erhält man als Wert der Differenz der beiden

Summen

$$\frac{1}{5}(l_k l_{2n-m+k-2} - (-1)^{n-1} l_{-m+1} - l_{k-2} l_{2n-m+k-2} + (-1)^n l_{-m+1})$$

$$= \frac{1}{5}(l_{k-1} l_{2n-m+k-2} + 2 \cdot (-1)^n l_{m-1}(-1)^{m-1})$$

$$= \frac{1}{5}(l_{k-1} l_{2n-m+k-2} - 2 \cdot (-1)^{n+m} l_{m-1})$$

$$= \frac{1}{5}(l_{k-1} l_{n-m+k-2} - 2 \cdot (-1)^{n-m} l_{m-1})$$

Für $k \le 0$ folgt das Ergebnis aus dem Fall $k > 0$ wegen $f_{-n} = (-1)^{n+1} f_n$ und $l_n = (-1)^n l_n.$ $\diamond$

Wir beschließen diesen Abschnitt mit zwei Identitäten, die man auch als Teilbarkeitsaussagen deuten kann.

Satz 2.14

Für ganze Zahlen m und n gelten:

$$\frac{f_{n-2m} + f_{n+2m-2}}{f_{2m-1}} = l_{n-1}$$

und

$$\frac{f_{n+2m-1} + f_{n-2m-1}}{l_{2m}} = f_{n-1};$$

man beachte, dass die Ausdrücke auf der linken Seite der Gleichungen für festes n ganzzahlig und unabhängig von m sind.

Beweis: Setzt man in Korollar 2.13 $k = m$ für gerades m, so ergibt sich

$$f_{n+m-2} f_{n-1} + f_{n-1} f_{n-m} = f_{m-1} f_{2n-2},$$

also

$$\frac{f_{n+m-2} + f_{n-m}}{f_{m-1}} = \frac{f_{2n-2}}{f_{n-1}} = \frac{f_{2(n-1)}}{f_{n-1}} = l_{n-1}$$

nach (1.18). Schreibt man $2m$ anstelle von m, so erhält man die erste Gleichung. Sei $k = m$ ungerade; dann ergibt sich aus Korollar 2.13

$$f_{n+m-2} f_{n-1} + f_{n-1} f_{n-m} = \frac{1}{5}(l_{m-1} l_{2n-2} - 2 \cdot (-1)^{n-m} l_{m-1}).$$

Daraus folgt

$$\frac{f_{n+m-2} + f_{n-m}}{l_{m-1}} = \frac{l_{2n-2} + 2 \cdot (-1)^n}{5 \cdot f_{n-1}};$$

da die rechte Seite dieser Gleichung von m unabhängig ist, muss auch die linke Seite dieser Gleichung unabhängig von m sein. Wählt man speziell $m = 1$, so ergibt sich

$$\frac{f_{n-1} + f_{n-1}}{l_0} = f_{n-1}$$

wegen $l_0 = 2$. Nun erhält man die zweite Gleichung, wenn man in Korollar 2.13 $2m + 1$ anstelle von m schreibt. $\diamond$

2.5   Aufgaben

2.5.1   Übungsaufgaben

1. Bestimmen Sie eine explizite Formel für die Folgenglieder der Lucasfolge, indem Sie (2.3) entsprechend modifizieren.

2. Berechnen Sie das Skalarprodukt $\vec{\Psi} \cdot \vec{\Psi}$, in Lemma 2.7.

3. Beweisen Sie Satz 2.9.

4. Beweisen Sie Satz 2.10.

5. Leiten Sie (2.10) aus Satz 2.8 ab.

6. Verifizieren Sie (2.11) mithilfe von Satz 2.9.

7. Beweisen Sie (2.12).

2.5.2   Arbeitsaufträge

1. Leiten Sie aus Satz 2.9 Beziehungen für Lucaszahlen her, die den Formeln (2.10), (2.11), (2.12) und den Korollaren 2.11 und 2.12 entsprechen.

2. Verwenden Sie Satz 2.10, um Beziehungen für

$$\sum_{i=0}^{d-1}(-1)^i f_{n+i} l_{n-i}, \quad \sum_{i=0}^{d-1}(-1)^i f_{n-i} l_{n+i}, \quad \sum_{i=0}^{d-1}(-1)^i f_{i+1} l_{t-i},$$

$$\sum_{i=0}^{d-1}(-1)^i f_{t-i} l_{i+1} \quad \text{und} \quad \sum_{i=0}^{d-1} f_{n+i} l_{n+i}, \text{ herzuleiten.}$$

Zeigen Sie außerdem $f_{2n} + f_{2m} = f_n l_n + f_m l_m$ und $f_{2n} - f_{2m} = f_n l_n - f_m l_m$.

Literatur zu Kapitel 2

Die Grundlagen der Linearen Algebra finden sich z. B. bei [Bo1]. Bei [wBe] wird die Formel von Binet wie in Abschnitt 2.1 mithilfe der Eigenwertrechnung hergeleitet. Der Inhalt von Abschnitt 2.2 ist Folklore und taucht gelegentlich bei Übungen zur Linearen Algebra auf. Die Ergebnisse der Abschnitte 2.3 und 2.4 stammen aus den Artikeln [HBi64] bzw. [CSSt07].

3 Zahlentheoretische Eigenschaften von Fibonacci- und Lucasfolge

Dieses umfangreiche Kapitel beinhaltet den Schwerpunkt des Buchs, nämlich die zahlentheoretischen Eigenschaften von Fibonacci- und Lucasfolge. Die zahlentheoretischen und algebraischen Grundlagen werden im ersten Abschnitt bereitgestellt. Der zweite Abschnitt widmet sich den vielfältigen Aussagen über Teilbarkeit von Fibonacci- und Lucaszahlen untereinander und durch Primzahlen sowie dem Zusammenhang zwischen Fibonacci- oder Lucaszahl und ihrem Index. In Abschnitt drei untersuchen wir die Fibonacci- und die Lucasfolge modulo m. Es stellt sich heraus, dass beide Zahlenfolgen modulo m periodisch sind. Dies hat weitreichende Konsequenzen, insbesondere lassen sich damit alle Quadratzahlen in Fibonacci- und Lucasfolge bestimmen; dies geschieht im fünften Abschnitt. Abschnitt vier befasst sich mit den Beziehungen zwischen Fibonaccizahlen und Binomialkoeffizienten.

3.1 Zahlentheoretische Grundlagen

Im Folgenden werden Begriffe und Ergebnisse aus der elementaren Zahlentheorie zusammengestellt, die eine genaue Untersuchung der zahlentheoretischen Eigenschaften der Fibonaccifolge erst ermöglichen. Wer mit der Zahlentheorie bzw. der Algebra vertraut ist, kann diesen Abschnitt überspringen.

3.1.1 Teiler und Vielfache

Der Vollständigkeit halber erinnern wir hier an einige Begriffe, die eigentlich schon aus der Schule bekannt sind.

Definition 3.1

Sind n und $m \neq 0$ ganze Zahlen, so heißt m ein **Teiler** von n, wenn es eine ganze Zahl q mit $n = mq$ gibt; q ist im diesem Fall eindeutig bestimmt. Man sagt auch „n ist durch m **teilbar**" und schreibt $m \mid n$ (gelesen: „m teilt n"). Die Schreibweise $m \nmid n$ bedeutet, dass m kein Teiler von n ist.

Gilt $n = mq$, so ist umgekehrt n ein **Vielfaches** von m.

Beispiele: Wegen $91 = 7 \cdot 13$ ist 7 ein Teiler von 91, also $7 \mid 91$, ebenso $13 \mid 91$. Umgekehrt ist 91 Vielfaches von 7 und von 13. Aber 5 teilt 91 nicht und man schreibt $5 \nmid 91$.

Aus der Definition ergeben sich einige Rechenregeln, die wir im folgenden Lemma zusammenfassen. Die Beweise sind sehr kurz und einfach und werden daher den Leser/innen überlassen.

Lemma 3.2

Seien $k, m, n, k_1, k_2, m_1, m_2, n_1, n_2$ ganze Zahlen.

(a) $1 \mid n$; falls $n \neq 0$, gilt außerdem $n \mid 0$ und $n \mid n$.

(b) Falls $m \mid n$, so auch $m \mid -n$ und $-m \mid n$. Bei der Untersuchung von Teilbarkeit kann man sich also auf natürliche Zahlen beschränken.

(c) Für $m \mid n$ und $n \neq 0$ ist $|m| < |n|$.

(d) Aus $m \mid n$ und $n \mid m$ folgt entweder $m = n$ oder $m = -n$; speziell für $n \mid 1$ ergibt sich entweder $n = 1$ oder $n = -1$.

(e) Aus $k \mid m$ und $m \mid n$ ergibt sich $k \mid n$.

(f) Für $k \neq 0$ sind die Aussagen $m \mid n$ und $km \mid kn$ gleichbedeutend.

(g) Aus $m \mid n_1$ und $m \mid n_2$ folgt $m \mid (k_1 n_1 + k_2 n_2)$ für beliebige $k_1, k_2 \in \mathbb{Z}$.

(h) Gelten $m_1 \mid n_1$ und $m_2 \mid n_2$, so gilt auch $m_1 m_2 \mid n_1 n_2$.

Die beiden folgenden Begriffe ggT und kgV sind besonders wichtig in der elementaren Zahlentheorie:

Definition 3.3

Seien die ganzen Zahlen $n_1, \ldots, n_k$ nicht alle null. Eine ganze Zahl $d \neq 0$ mit $d \mid n_i$, $i = 1, \ldots, k$ heißt **gemeinsamer Teiler** von $n_1, \ldots n_k$. Ein gemeinsamer Teiler d heißt **größter gemeinsamer Teiler** oder **ggT** von $n_1, \ldots n_k$, wenn zusätzlich gilt: Aus $d' \mid n_i$ für $i = 1, \ldots, k$ für ein passendes ganzzahliges $d' \neq 0$ folgt $d' \mid d$. Ist $\mathrm{ggT}(m, n) = 1$, so heißen m und n **teilerfremd**.
Ein $v \in \mathbb{Z}$ heißt ein **gemeinsames Vielfaches** der von null verschiedenen ganzen Zahlen $n_1, \ldots n_k$, wenn $n_i \mid v$ für alle $i = 1, \ldots k$ gilt. Ein gemeinsames Vielfaches v wird **kleinstes gemeinsames Vielfaches** oder **kgV** von $n_1, \ldots n_k$ genannt, falls aus $n_i \mid v'$ für $i = 1, \ldots, k$ auch $v \mid v'$ folgt.

Beispiele:

(a) 7 ist ein gemeinsamer Teiler von 70 und 98, aber 7 ist nicht der ggT von 70 und 98; es gilt $\mathrm{ggT}(70, 98) = 14$.

(b) Die Zahlen $21 = 3 \cdot 7$ und $10 = 2 \cdot 5$ haben keinen gemeinsamen Teiler außer 1, sie sind also teilerfremd.

(c) Ein gemeinsames Vielfaches von 60 und 24 ist $24 \cdot 60 = 1440$. Das kgV von 60 und 24 ist $2^3 \cdot 3 \cdot 5 = 120$ wegen $60 = 2^2 \cdot 3 \cdot 5$ und $24 = 2^3 \cdot 3$.

3.1.2 Der euklidische Algorithmus und Eigenschaften von ggT und kgV

In der Schule werden ggT und kgV mithilfe der eindeutigen Primfaktorzerlegung natürlicher Zahlen bestimmt. Jetzt werden wir jedoch ein viel effektiveres Verfahren zur Berechnug des ggT zweier natürlicher Zahlen kennenlernen.

Euklidischer Algorithmus:
Seien $a, b \in \mathbb{Z} \backslash \{0\}$. Man betrachte die Folge $r_0, r_1, \ldots \in \mathbb{Z}$, die gegeben ist durch:
$r_0 = a$,
$r_1 = b$,
$$r_{i+1} = \begin{cases} \text{Rest von } r_{i-1} \text{ bei Division durch } r_i & \text{für } r_i \neq 0 \\ 0 & \text{für } r_i = 0 \end{cases}$$

Dann gibt es einen kleinsten Index n mit $r_{n+1} = 0$. Für dieses n gilt $r_n = \text{ggT}(a, b)$.

Beweis: Nach Definition der Folge $r_0, r_1, \ldots$ hat man für $i > 0$ unter der Bedingung $r_i \neq 0$ eine Gleichung der Form $r_{i-1} = q_i r_i + r_{i+1}$ mit $| r_{i+1} | < | r_i |$. Die Folge der Beträge $| r_0 |, | r_1 |, \ldots$ ist daher streng monoton fallend, solange $r_i \neq 0$ und $i > 0$ gilt. Folglich kann $r_i \neq 0$ aber nur für endlich viele $i \in \mathbb{N}$ gelten und es gibt somit einen kleinsten Index n mit $r_{n+1} = 0$. Wegen $r_0 \neq 0 \neq r_1$ ist $n > 0$. Man betrachte die Gleichungen

$$r_0 = q_1 r_1 + r_2 \qquad\qquad (A_0)$$
$$r_1 = q_2 r_2 + r_3 \qquad\qquad (A_1)$$
$$\vdots$$
$$r_{n-2} = q_{n-1} r_{n-1} + r_n \qquad\qquad (A_{n-2})$$
$$r_{n-1} = q_n r_n \qquad\qquad (A_{n-1})$$

Aus (A_{n-1}) erhält man $r_n \mid r_{n-1}$, aus (A_{n-2}) $r_n \mid r_{n-2}$ usw., bis schließlich $r_n \mid r_1$ und $r_n \mid r_0$ folgen. Das bedeutet: r_n ist ein gemeinsamer Teiler von a und b. Um zu beweisen, dass r_n tatsächlich der größte gemeinsame Teiler ist, zeigen wir, dass für einen beliebigen gemeinsamen Teiler d von a und b auch $d \mid r_n$ gilt; denn daraus folgt $d \leq r_n$. Aus (A_0) schließt man $d \mid r_2$, aus (A_1) $d \mid r_3$ usw., bis man zu $d \mid r_n$ gelangt. $\Diamond$

Beispiel: Wir berechnen den ggT von 288 und 84 mithilfe des euklidischen Algorithmus:

$$288 = 3 \cdot 84 + 36$$
$$84 = 2 \cdot 36 + 12$$
$$36 = 3 \cdot 12$$

Daher ist $\mathrm{ggT}(288, 84) = 12$.

Der euklidische Algorithmus erlaubt eine Darstellung von $d := \mathrm{ggT}(a, b)$ in der Form

$$d = r \cdot a + s \cdot b \tag{3.1}$$

mit passenden ganzen Zahlen r und s; wir werden diese Darstellung gelegentlich benötigen. Man erhält die Darstellung (3.1), indem man die Gleichungen (A_0) bis (A_{n-2}) jeweils umstellt

$$r_2 = a - q_1 r_1 \tag{A_0'}$$
$$r_3 = r_1 - q_2 r_2 \tag{A_1'}$$

$$\vdots$$

$$r_{n-1} = r_{n-3} - q_{n-2} r_{n-2} \tag{A_{n-2}'}$$
$$d = r_{n-2} - q_{n-1} r_{n-1}; \tag{A_{n-1}'}$$

(dabei wurde wieder $r_0 = a, r_1 = b$ und $r_n = d$ geschrieben) und nun die Gleichungen $(A_{n-3}'), \dots (A_0')$ sukzessive in die Gleichung (A_{n-1}') einsetzt, also

$$\begin{aligned} d &= r_{n-2} - q_{n-1} r_{n-1} \\ &= r_{n-2} - q_{n-1}(r_{n-3} - q_{n-2} r_{n-2}) \\ &= (1 + q_{n-1} q_{n-2}) r_{n-2} - q_{n-1} r_{n-3} \\ &= \dots \end{aligned}$$

usw. bis sich schließlich eine Gleichung der Form $d = r \cdot a + s \cdot b$ mit $r, s \in \mathbb{Z}$ ergibt.

Betrachten wir unser Beispiel von vorhin nochmals:

Beispiel: Wir modifizieren die beiden ersten Gleichungen und erhalten

$$36 = 288 - 3 \cdot 84,$$
$$12 = 84 - 2 \cdot 36.$$

Nun setzen wir die erste in die zweite Gleichung ein und bekommen

$$12 = 84 - 2 \cdot (288 - 3 \cdot 84) \text{ und weiter}$$
$$12 = -2 \cdot 288 + 7 \cdot 84,$$

also eine Darstellung der gewünschten Form. Hierbei ist $a = 288$, $b = 84$ und $d = \text{ggT}(a, b) = 12$.

Wir beweisen nun einige nützliche Eigenschaften des ggT.

Satz 3.4

(a) $\text{ggT}(a, b) \mid \text{ggT}(a, bc)$ mit $a, b, c \in \mathbb{Z}$

(b) $\text{ggT}(ac, bc) = \text{ggT}(a, b)c$ mit $a, b, c \in \mathbb{Z}$

(c) Ist $\text{ggT}(a, c) = 1$, so gilt $\text{ggT}(a, bc) = \text{ggT}(a, b)$ mit $a, b, c \in \mathbb{Z}$.

(d) Seien $a, b, c \in \mathbb{Z}$. Aus $b \mid c$ folgt $\text{ggT}(a, b) = \text{ggT}(a + c, b)$.

Beweis:
(a) $\text{ggT}(a, b) \mid b$ und somit auch $\text{ggT}(a, b) \mid bc$. Trivialerweise gilt auch $\text{ggT}(a, b) \mid a$. Somit ist $\text{ggT}(a, b)$ ein gemeinsamer Teiler von a und bc. Wie wir im Beweis des euklidischen Algorithmus gesehen haben, teilt jeder gemeinsame Teiler zweier Zahlen a, b deren $\text{ggT}(a, b)$, woraus die Behauptung von (a) folgt.
(b)   Multipliziert man alle Gleichungen (A_i), $i = 1, ..., n-1$ im Beweis des euklidischen Algorithmus mit c, erhält man die Gleichungen, die sich beim euklidischen Algorithmus, angewandt auf ac und bc, ergäben. $r_n c$ ist somit der ggT von ac und bc; aus $r_n c = \text{ggT}(a, b)c$ folgt die Behauptung.
(c)   Wir zeigen $\text{ggT}(a, bc) \mid \text{ggT}(a, b)$ und $\text{ggT}(a, b) \mid \text{ggT}(a, bc)$, woraus $\text{ggT}(a, bc) = \text{ggT}(a, b)$ folgt. Wegen (a) gilt $\text{ggT}(a, bc) \mid \text{ggT}(ab, bc)$. Mithilfe von (b) sieht man $\text{ggT}(ab, bc) = \text{ggT}(a, c)b = 1 \cdot b = b$, d. h. $\text{ggT}(a, bc) \mid b$. Trivialerweise ist $\text{ggT}(a, bc)$ ein Teiler von a. $\text{ggT}(a, bc)$ ist also ein gemeinsamer Teiler von a und b und teilt somit $\text{ggT}(a, b)$. Andererseits wissen wir aus (a), dass $\text{ggT}(a, bc)$ durch $\text{ggT}(a, b)$ teilbar ist. Es ergibt sich also $\text{ggT}(a, bc) \mid \text{ggT}(a, b)$, $\text{ggT}(a, b) \mid \text{ggT}(a, bc)$, wie zu beweisen war.
(d)   Es gilt $\text{ggT}(a, b) \mid a$ und $\text{ggT}(a, b) \mid b$. Wegen $b \mid c$ teilt $\text{ggT}(a, b)$ auch c. Also ist $a + c$ durch $\text{ggT}(a, b)$ und somit $\text{ggT}(a + c, b)$ durch $\text{ggT}(a, b)$ teilbar. Aus $\text{ggT}(a + c, b) \mid (a + c)$ ergibt sich die Gleichung $a + c = k \cdot \text{ggT}(a + c, b)$ oder $a = k \cdot \text{ggT}(a + c, b) - c$ für ein passendes $k \in \mathbb{N}$. Wegen $\text{ggT}(a + c, b) \mid c$ ist auch a durch $\text{ggT}(a + c, b)$ teilbar. Damit erhält man $\text{ggT}(a + c, b) \mid \text{ggT}(a, b)$. $\Diamond$

Als nächstes charakterisieren wir das kgV:

Satz 3.5

Seien $n_1 \ldots n_k \in \mathbb{Z}$ mit $n_i \neq 0$.
Sei $n = n_1 \cdots \cdots n_k$. Die folgenden Aussagen sind äquivalent:

(a) $n_1, \ldots, n_k$ sind paarweise teilerfremd.

(b) Die Zahlen $n_i' := \frac{n}{n_i}$ sind paarweise teilerfremd.

(c) $n = \mathrm{kgV}(n_1, \ldots, n_k)$.

Sei $m \in \mathbb{N}$. Dann sind die beiden folgenden Aussagen äquivalent:

(d) $m = \mathrm{kgV}(n_1, \ldots, n_k)$.

(e) $n_i \mid m$ für $i = 1, \ldots, k$ und aus $n_i \mid m'$ $(i = 1, \ldots, k)$ für ein $m' \in \mathbb{N}$ folgt $m \mid m'$.

Beweis: Wir zeigen hier nur (d) $\Leftrightarrow$ (e); der Rest verbleibt als Übungsaufgabe.
(d)$\Rightarrow$(e): Sei $m = \mathrm{kgV}(n_1, \ldots, n_k)$. Dann folgt $n_1 \mid m, \ldots, n_k \mid m$. Angenommen, $m' \in \mathbb{N}$ ist ein gemeinsames Vielfaches von $n_1, \ldots, n_k$. Dividiert man m' durch m, so gilt $m' = s \cdot m + r$ mit passenden $r, s \in \mathbb{Z}$ und $0 \leq r < m$. Aus $n_i \mid m$ und $n_i \mid m'$ folgt $n_i \mid r$ und es muss $r = 0$ gelten. Somit ist m ein Teiler von m'.
(e)$\Rightarrow$(d): Wegen $m \mid m'$ folgt $m \leq m'$, also muss m das kleinste gemeinsame Vielfache der n_i sein. $\Diamond$

3.1.3   Binomialkoeffizienten

In diesem Abschnitt erinnern wir an Definition und Eigenschaften von Binomialkoeffizienten.

Definition 3.6

Seien n, k mit $n \geq k$ nichtnegative ganze Zahlen. Der **Binomialkoeffizient** $\binom{n}{k}$ (gelesen „n aus k"oder „n über k") ist definiert durch

$$\binom{n}{k} = \frac{n \cdot (n-1) \cdots \cdots (n-k+1)}{k!} = \frac{n!}{k!(n-k)!} \tag{3.2}$$

Für $k = 0$ ist $\binom{n}{0} = 1$, für $k > n$ oder $k < 0$ setzt man $\binom{n}{k} = 0$. Dabei ist $n!$ (gelesen: „n Fakultät") gegeben durch $n! = 1 \cdots \cdots n$.
Für nichtnegative n und k ist $\binom{n}{k}$ stets eine nichtnegative ganze Zahl.

Bemerkung: Man kann die obige Definition auf reelle Zahlen n erweitern, wenn man sich auf den linken Teil der Gleichung (3.2) beschränkt.

Die folgenden Rechenregeln für Binomialkoeffizienten geben wir ohne Beweis an; in allen Fällen kann man den Beweis mithilfe der Definition durch direktes Nachrechnen oder mit vollständiger Induktion führen.

Satz 3.7

Für nichtnegative ganze Zahlen n und k mit $n \geq k$ gelten folgende Regeln:

(a) $k \cdot \binom{n}{k} = n \cdot \binom{n-1}{k-1}$

(b) $\binom{n+1}{k} = \binom{n}{k} + \binom{n}{k-1}$

(c) $\binom{n}{k} = \binom{n}{n-k}$

(d) $\sum_{k=0}^{n} \binom{n}{k} = 2^n$

(e) $\sum_{k=0}^{n} (-1)^k \binom{n}{k} = 0$ für $n > 0$.

Im folgenden Lemma beweisen wir einige Teilbarkeitseigenschaften für Binomialkoeffizienten, die wir später häufiger benötigen werden:

Lemma 3.8

Sei p eine Primzahl.

(a) Die Binomialkoeffizienten $\binom{p}{k}$ sind für $k = 1, \ldots, p-1$ sämtlich durch p teilbar.

(b) Die Binomialkoeffizienten $\binom{p+1}{k}$ sind für $k = 2, \ldots, p-1$ alle durch p teilbar.

Beweis:
(a) Wegen $\binom{p}{k} \cdot k! = p \cdot (p-1) \cdots (p-k+1)$ ist p ein Teiler von $\binom{p}{k} \cdot k!$, aber nicht von $k!$, da p Primzahl und $1 < k < p$ ist.
(b) Es gilt $\binom{p+1}{k} \cdot k! = (p+1)p \cdots (p+2-k)$; daher ist $\binom{p+1}{k} \cdot k!$ für $2 \leq k \leq p-1$ durch p teilbar, aber nicht $k!$. ◇

Will man Potenzen einer Summe $x + y$ berechnen, so wird dies durch den binomischen Lehrsatz erleichtert. Der Beweis erfolgt durch vollständige Induktion mithilfe der Rechenregeln für Binomialkoeffizienten:

Satz 3.9   *(Binomischer Lehrsatz)*

$$(x + y)^n = \sum_{k=0}^{n} \binom{n}{k} x^{n-k} y^k$$

Der binomische Lehrsatz liefert eine interessante Formel. Vergleicht man die Koeffizienten von x^t in der Binomialentwicklung von $(1 + x)^{r+s}$ und von $(1 + x)^r (1 + x)^s (= (1 + x)^{r+s})$ mit $r, s, t \in \mathbb{N}_0$, so ergibt sich

$$\binom{r + s}{t} = \sum_{i=0}^{t} \binom{r}{i} \binom{s}{t - i} . \tag{3.3}$$

3.1.4   Gruppen, Ringe, Körper

In diesem Abschnitt werden einige wichtige Begriffe aus der Algebra bereitgestellt.

Definition 3.10

Eine **Gruppe** $(G, \circ)$ ist eine nichtleere Menge G zusammen mit einer **(inneren)** **Verknüpfung** $\circ : G \times G \to G$, so dass gelten:

(G1) **Assoziativität:** $(a \circ b) \circ c = a \circ (b \circ c)$ für alle $a, b, c \in G$;

(G2) Existenz eines **Einselements (neutralen Elements)** e:
$e \circ a = a = a \circ e$ für alle $a \in G$;

(G3) Existenz eines **inversen Elements**: Zu jedem $a \in G$ gibt es ein $b \in G$ mit
$a \circ b = e = b \circ a$.

Man nennt eine Gruppe **kommutativ** oder **abelsch**, wenn zusätzlich gilt:

(G4) $a \circ b = b \circ a$ für alle $a, b \in G$.

Die Verknüpfung in einer Gruppe wird häufig als Produkt, d. h. multiplikativ, geschrieben, also z. B. $a \cdot b$ oder einfach ab. Bei kommutativen Gruppen stellt man die Verknüpfung meist additiv in der Form $a + b$ dar. Das inverse Element eines Elements a einer Gruppe wird meist als a^{-1} bezeichnet; bei einer additiv geschriebenen kommutativen Gruppe schreibt man dafür $-a$ und bezeichnet das neutrale Element mit 0.

Beispiele:

- $\mathbb{Z}$, $\mathbb{Q}$, $\mathbb{R}$, $\mathbb{C}$ mit der gewöhnlichen Addition als Verknüpfung sind abelsche Gruppen.

- $\mathbb{Q}^* = \mathbb{Q} \setminus \{0\}$, $\mathbb{R}^* = \mathbb{R} \setminus \{0\}$, $\mathbb{C}^* = \mathbb{C} \setminus \{0\}$ jeweils mit der gewöhnlichen Multiplikation als Verknüpfung sind abelsche Gruppen.

Definition 3.11

Eine Teilmenge $H \subset G$ einer Gruppe $(G, \circ)$ heißt **Untergruppe** von G, wenn gelten:

(1) $e \in H$;

(2) $a, b \in H \Rightarrow a \circ b \in H$;

(3) $a \in H \Rightarrow a^{-1} \in H$.

Beispiele:

- $\mathbb{Z}$ ist Untergruppe von $\mathbb{Q}$, $\mathbb{Q}$ ist Untergruppe von $\mathbb{R}$, $\mathbb{R}$ ist Untergruppe von $\mathbb{C}$, jeweils mit der Addition als Verknüpfung.

- Die Menge $m\mathbb{Z}$ der ganzzahligen Vielfachen einer ganzen Zahl m ist eine Untergruppe von $\mathbb{Z}$.

- Jede Gruppe G besitzt $\{e\}$ und G als triviale Untergruppen.

Definition 3.12

Eine Gruppe $(G, \circ)$ heißt **zyklisch**, wenn sie von einem Element a erzeugt wird. Jedes Element von G lässt sich also als Potenz a^n bzw. a^{-n} darstellen; dabei definiert man sukzessive $a^2 = a \circ a$, $a^3 = a^2 \circ a, \ldots, a^{k+1} = a^k \circ a$, und $a^{-k} = (a^k)^{-1}$. Zyklische Gruppen sind offensichtlich kommutativ.

Beispiele:

- $(\mathbb{Z}, +)$ ist eine zyklische Gruppe, die von 1 erzeugt wird.

- Für $m \in \mathbb{Z}$ ist $(m\mathbb{Z}, +)$ eine von m erzeugte zyklische Untergruppe von $\mathbb{Z}$.

Das folgende Lemma klärt die Struktur der Untergruppen von $\mathbb{Z}$:

Lemma 3.13

Jede Untergruppe H von $\mathbb{Z}$ hat die Gestalt $m\mathbb{Z}$ mit einem geeigneten $m \in \mathbb{Z}$.

Beweis: Sei $H \neq \{0\}$. Dann enthält H auch positive ganze Zahlen; wir nehmen an, dass m das kleinste positive Element von H ist. Mit m gehört auch jede Zahl mk ($k \in \mathbb{Z}$) zu H, also gilt $m\mathbb{Z} \subset H$.
Sei nun umgekehrt a ein beliebiges Element aus H. Dividiert man a mit Rest durch m, so ergibt sich $a = qm + r$ mit $q, r \in \mathbb{Z}$ und $0 \leq r < m$. Wegen $a \in H$ und $qm \in H$ ist auch $r = a - qm \in H$; da nach Wahl von m alle positiven Elemente von H größer oder gleich m sind, folgt $r = 0$. Somit ist $a = qm \in m\mathbb{Z}$ und weiter $H \subset m\mathbb{Z}$. Insgesamt gilt also $H = m\mathbb{Z}$. $\diamondsuit$

Nun zwei weitere algebraische Strukturen, deren Vertreter uns im nächsten Abschnitt begegnen werden:

Definition 3.14

Ein **Ring** $(R, +, \cdot)$ ist eine nichtleere Menge R zusammen mit einer additiv geschriebenen inneren Verknüpfung $+$ (Addition) und einer multiplikativ geschriebenen inneren Verknüpfung $\cdot$ (Multiplikation), so dass folgende Bedingungen erfüllt sind:

(1) R ist bezüglich $+$ eine kommutative Gruppe.

(2) Die Multiplikation $\cdot$ in R ist assoziativ und es existiert ein Einselement bezüglich der Multiplikation.

(3) Es gelten die **Distributivgesetze**
$(a + b) \cdot c = a \cdot c + b \cdot c$ und $c \cdot (a + b) = c \cdot a + c \cdot b$ für alle $a, b, c \in R$.

Der Ring R heißt **kommutativ**, wenn seine Multiplikation kommutativ ist.

Beispiel: $\mathbb{Z}$ ist mit der gewöhnlichen Addition und Multiplikation ein kommutativer Ring.

Definition 3.15

Ein kommutativer Ring $(K, +, \cdot)$ heißt **Körper**, wenn $K \setminus \{0\}$ bezüglich der Multiplikation eine kommutative Gruppe ist.

Beispiel: $\mathbb{Q}$, $\mathbb{R}$ und $\mathbb{C}$ sind Körper.

3.1.5   Kongruenzen und Restklassen

In diesem Abschnitt werden wichtige Begriffe aus der elementaren Zahlentheorie eingeführt. Diese Ergebnisse werden insbesondere im Abschnitt 3.4 ständig benutzt.

Definition 3.16

Seien a, b und $m \neq 0$ ganze Zahlen. Genau dann nennt man a **kongruent (zu)** b
modulo m, wenn m ein Teiler von $a - b$ ist und man schreibt $a \equiv b \pmod{m}$.

Beispiel: $47 \equiv 2 \pmod 5 \equiv 12 \pmod 5 \equiv -13 \pmod 5 \equiv -3 \pmod 5$,
denn $5 \mid (47 - 2) = 45$; $5 \mid (47 - 12) = 35$; $5 \mid (47 - (-13)) = 60$; $5 \mid (47 - (-3)) = 50$.

Aus der Definition ergeben sich einige einfache Rechenregeln für Kongruenzen:

Lemma 3.17

Seien a, b, a_i, b_i $(i = 1, \ldots, n)$ und $m \neq 0$ ganze Zahlen. Dann gelten:

(a) $a_i \equiv b_i \pmod{m}$ $(i = 1, \ldots n)$ $\Rightarrow$ $\sum_{i=1}^{n} a_i \equiv \sum_{i=1}^{n} b_i \pmod{m}$

(b) $a_i \equiv b_i \pmod{m}$ $(i = 1, \ldots n)$ $\Rightarrow$ $\prod_{i=1}^{n} a_i \equiv \prod_{i=1}^{n} b_i \pmod{m}$

(c) $a \equiv b \pmod{m}$ $\Rightarrow$ $a^i \equiv b^i \pmod{m}$

(d)   Für ganze Zahlen $m_i \neq 0$ $(i = 1, \ldots, n)$ und $m = \text{kgV}(m_1, \ldots, m_k)$ sind
       äquivalent: $a \equiv b \pmod{m_i}$ für $i = 1, \ldots k$ und $a \equiv b \pmod{m}$

Beweis:
(a) Seien $a_1 \equiv b_1 \pmod{m}$ und $a_2 \equiv b_2 \pmod{m}$. Dann gilt $m \mid (a_1 - b_1)$ und $m \mid (a_2 - b_2)$
und weiter $m \mid [(a_1 - b_1) + (a_2 - b_2)]$, d. h. $a_1 + a_2 \equiv b_1 + b_2 \pmod{m}$. Der Rest folgt
durch vollständige Induktion.
(b) Aus $a_1 \equiv b_1 \pmod{m}$ und $a_2 \equiv b_2 \pmod{m}$ folgt $m \mid (a_1 - b_1)$ und $m \mid (a_2 - b_2)$ und
weiter $m \mid (a_1 a_2 - b_1 a_2)$ und $m \mid (b_1 a_2 - b_1 b_2)$, also $m \mid [(a_1 a_2 - b_1 a_2) + (b_1 a_2 - b_1 b_2)] =
(a_1 a_2 - b_1 b_2)$, d. h. es gilt $a_1 a_2 \equiv b_1 b_2 \pmod{m}$; der Rest ergibt sich wieder mit vollständi-
ger Induktion.
(c) ist ein Spezialfall von (b).
(d) Aus $m_i \mid (a - b)$ für $i = 1, \ldots, k$ folgt, dass $(a - b)$ ein gemeinsames Vielfaches der
m_i ist, und daher gilt $m \mid (a - b)$ nach Definition des kgV. Gilt umgekehrt $m \mid (a - b)$,
so ergibt sich wegen $m_i \mid m$ nach Lemma 3.2(e) sofort $m_i \mid (a - b)$ für $i = 1, \ldots, k$. $\Diamond$

Beispiele: Es ist $3 \equiv 3 \pmod 5$, $6 \equiv 1 \pmod 5$, $8 \equiv 3 \pmod 5$. Dann gilt:
$3 + 6 + 8 = 17 \equiv 3 + 1 + 3 \pmod 5 \equiv 7 \pmod 5 \equiv 2 \pmod 5$;
$3 \cdot 6 \cdot 8 = 144 \equiv 3 \cdot 1 \cdot 3 \pmod 5 \equiv 9 \pmod 5 \equiv 4 \pmod 5$;
$6^4 = 1296 \equiv 1^4 \pmod 5 \equiv 1 \pmod 5$; $8^3 = 512 \equiv 3^3 \pmod 5 \equiv 27 \pmod 5 \equiv 2 \pmod 5$.

Für Kongruenzen gilt außerdem

Lemma 3.18 *(Kürzungsregel für Kongruenzen)*

Gilt $ac \equiv bc \,(\mathrm{mod}\,m)$ und sind m und c teilerfremd, so folgt $a \equiv b \,(\mathrm{mod}\,m)$. Für eine Primzahl p mit $p \nmid c$ gilt insbesondere $ac \equiv bc \,(\mathrm{mod}\,p) \quad \Leftrightarrow \quad a \equiv b \,(\mathrm{mod}\,p)$.

Beweis: Man hat $m \mid (ac - bc) = (a - b)c$. Da m und c teilerfremd sind, muss somit $m \mid (a - b)$ gelten. Dies ist natürlich speziell für $m = p$ richtig. $\Diamond$

Der nächste Satz liefert häufig ein wichtiges Argument bei zahlentheoretischen Beweisen. Er hat seinen Namen nach dem französischen Mathematiker und Juristen *Pierre de Fermat* (1607(?)-1665), den man hauptsächlich mit seinem letzten Satz, dem großen Satz von Fermat, in Verbindung bringt. Dieser Satz besagt, dass die diophantische Gleichung $x^n + y^n = z^n$ für kein $k > 2$ und natürliche Zahlen x, y und z erfüllbar ist. Dieser Satz konnte erst 1993 durch *Andrew Wiles* gezeigt werden.

Satz 3.19 *(Kleiner Satz von Fermat)*

Sei p eine Primzahl. Dann gilt für jedes $a \in \mathbb{Z}$

$$a^p \equiv a \,(\mathrm{mod}\,p),$$

und für jedes zu p teilerfremde $a \in \mathbb{Z}$ gilt

$$a^{p-1} \equiv 1 \,(\mathrm{mod}\,p).$$

Beweis: Wegen Lemma 3.2(b) können wir uns auf nichtnegative a beschränken. Falls p kein Teiler von a ist, folgt die zweite Kongruenz mithilfe der Kürzungsregel aus der ersten. Die erste Kongruenz ist für $a = 0$ offensichtlich richtig. Wir führen den Beweis durch vollständige Induktion nach a und nehmen an, die Kongruenz ist für ein $a \geq 0$ schon gezeigt. Mithilfe des binomischen Lehrsatzes 3.9 erhalten wir

$$(a + 1)^p = \sum_{k=0}^{p} \binom{p}{k} a^k = \binom{p}{0} a^0 + \binom{p}{1} a^1 + \cdots + \binom{p}{p-1} a^{p-1} + \binom{p}{p} a^p$$

Die Binomialkoeffizienten $\binom{p}{k}$ sind nach Lemma 3.8 für $k = 1, \ldots + p - 1$ durch p teilbar. Damit erhalten wir

$$(a + 1)^p \equiv a^0 + a^p \equiv a^p + 1 \equiv a + 1 \,(\mathrm{mod}\,p),$$

wobei die letzte Kongruenz aufgrund der Induktionsannahme richtig ist. $\Diamond$

Wir wenden uns nun einer genaueren Untersuchung der Kongruenzrelation zu. Sie besitzt einige wichtige Eigenschaften:

Lemma 3.20

Die Relation **kongruent modulo** m ist eine **Äquivalenzrelation** auf $\mathbb{Z}$, d. h. für $a, b, c \in \mathbb{Z}$ sind folgende drei Bedingungen erfüllt:

(R) Reflexivität: $a \equiv a \pmod{m}$

(S) Symmetrie: $a \equiv b \pmod{m} \quad \Rightarrow \quad b \equiv a \pmod{m}$

(T) Transitivität: $a \equiv b \pmod{m}$, $b \equiv c \pmod{m} \quad \Rightarrow \quad a \equiv c \pmod{m}$

Beweis:
(R): Wegen $m \mid 0$ für beliebige ganze Zahlen $m \neq 0$ gilt $m \mid (a - a)$, also $a \equiv a \pmod{m}$.
(S): Falls $m \mid n$ gilt, so ist natürlich auch $m \mid -n$ erfüllt. Daher folgt aus $m \mid (a - b)$ auch $m \mid (b - a)$, was die Behauptung liefert.
(T): Aus $a \equiv b \pmod{m}$ und $b \equiv c \pmod{m}$ ergibt sich $m \mid (a - b)$ und $m \mid (b - c)$. Dann ist m aber auch ein Teiler von $(a-b)+(b-c) = a-c$, und es folgt $a \equiv c \pmod{m}$. $\diamond$

Dies liefert die Motivation zu folgender Definition:

Definition 3.21

Seien k und m ganze Zahlen. Unter der **Restklasse modulo** m **von** k, bezeichnet mit $\bar{k}$, versteht man den bei Division von k durch m erhaltenen Rest. Da sich k eindeutig in der Form $k = lm + r$ mit $l \in \mathbb{Z}, r \in \{0, ..., m-1\}$ schreiben lässt, sieht man, dass die Anzahl der Restklassen modulo m genau m ist. Offenbar ist also jede ganze Zahl modulo $m \in \mathbb{N}$ zu einer der Zahlen $1, ..., m-1$ kongruent. Die Menge $\{0, 1, ..., m-1\}$ nennt man das **kleinste nichtnegative Restsystem modulo** m. Allgemeiner heißt jede Menge von m paarweise modulo m inkongruenten ganzen Zahlen ein **vollständiges Restsystem modulo** m.
Gelegentlich verwendet man noch ein weiteres spezielles vollständiges Restsystem, das sogenannte **absolut kleinste Restsystem modulo** m. Es besteht aus denjenigen ganzen Zahlen r mit $-\frac{1}{2}m < r \leq \frac{1}{2}m$.

Beispiele:
(a) Bei Division durch 7 sind die Reste $0, 1, 2, 3, 4, 5, 6$ möglich. Daher ist das Restsystem $\{0, 1, 2, 3, 4, 5, 6\}$ das kleinste nichtnegative Restsystem modulo 7. Ein vollständiges Restsystem modulo 7 ist z. B. durch $\{-1, 0, 1, 2, 3, 4, 5\}$ gegeben. Das absolut kleinste Restsystem modulo 7 ist $\{-3, -2, -1, 0, 1, 2, 3\}$.
(b) Division durch 6 liefert $0, 1, 2, 3, 4, 5$ als mögliche Reste, d. h. modulo 6 ist $\{0, 1, 2, 3, 4, 5\}$ das kleinste nichtnegative Restsystem und $\{-2, -1, 0, 1, 2, 3\}$ das absolut kleinste Restsystem.

Auf der Menge $\{\bar{0}, \bar{1}m \ldots, \overline{m-1}\}$ kann man eine Addition und eine Multiplikation erklären durch

$$\overline{k+l} = \bar{k} + \bar{l} \quad \text{bzw.} \quad \overline{k \cdot l} = \bar{k} \cdot \bar{l} \tag{3.4}$$

Man kann mit Restklassen also (fast) wie mit ganzen Zahlen rechnen.

Beispiele:
(a) Wir betrachten Restklassen modulo 5. Dann gilt:
$\bar{2} + \bar{2} = \bar{4}; \quad \bar{2} + \bar{3} = \bar{0}; \quad \bar{3} + \bar{4} = \bar{2}$
$\bar{2} \cdot \bar{2} = \bar{4}; \quad \bar{2} \cdot \bar{3} = \bar{1}; \quad \bar{3} \cdot \bar{4} = \bar{2}$
Zum besseren Verständnis sollte der Leser für die Restklassen modulo 5 eine Verknüpfungstafel bezüglich + und · erstellen. Damit kann man überprüfen, dass die Restklassen modulo 5 einen (endlichen) Körper bilden. Allgemein formen die Restklassen modulo p für eine Primzahl p einen Körper.
(b) Nun betrachten wir Restklassen modulo 6. Dann hat man:
$\bar{2} + \bar{3} = \bar{5}; \quad \bar{3} + \bar{3} = \bar{0}; \quad \bar{3} + \bar{4} = \bar{1}; \quad \bar{4} + \bar{5} = \bar{3}$
$\bar{2} \cdot \bar{3} = \bar{0}; \quad \bar{3} \cdot \bar{3} = \bar{3}; \quad \bar{3} \cdot \bar{4} = \bar{0}; \quad \bar{4} \cdot \bar{5} = \bar{2}$
Auch in diesem Fall ist das Aufschreiben der Verknüpfungstafeln bezüglich beider Operationen ratsam. Hier liegt ein Beispiel für einen (endlichen) Ring vor, der kein Körper ist, da z .B. $\bar{2}$ kein multiplikatives Inverses besitzt. Die Restklassen modulo m, $m \in \mathbb{Z}$, bilden einen Ring, den **Restklassenring** modulo m.

Wie alle Äquivalenzrelationen gibt auch die Relation „kongruent modulo m" Anlass zu einer **Klasseneinteilung**. Dazu formulieren wir den Kongruenzbegriff etwas um. Folgende Beobachtung hilft dabei: Bei Division durch m können sich nur die Reste $0, 1, 2, \ldots, m-1$ ergeben. Liefern zwei ganze Zahlen a und b bei Division durch $m \neq 0, m \in \mathbb{Z}$, denselben Rest, so ist $a \equiv b \, (\mathrm{mod}\, m)$. Das sieht man folgendermaßen ein: Seien $a = km + r$ und $b = lm + r$ mit passenden $k, l \in \mathbb{Z}$, so gilt $a - b = (km + r) - (lm + r) = km - lm = (k-l)m$, also $m \mid (a - b)$.
Umgekehrt kann jedoch nicht $a \equiv b \, (\mathrm{mod}\,)$ gelten, wenn a und b bei Division durch m verschiedene Reste ergeben: Seien etwa $a = km + r$, $b = lm + s$ mit $r \neq s$ und $r, s \in \{0, 1, \ldots, m-1\}$. In diesem Fall ist $a - b = (km+r) - (lm+s) = (k-l) + (r-s)$. Da der erste Summand durch m teilbar ist, kann die Summe nur dann durch m teilbar sein, wenn auch $r - s$ durch m teilbar ist. Wegen $r, s \in \{0, 1, \ldots, m-1\}$ müsste also $r - s = 0$, also $r = s$ im Widerspruch zur Annahme $r \neq s$, oder $r - s = m$ und somit $r = m + s$ gelten, was wegen $r \in \{0, 1, \ldots, m-1\}$ nicht sein kann.
Daher liegen alle ganzen Zahlen, die bei Division durch m denselben Rest liefern, bezüglich der Kongruenzrelation in derselben Äquivalenzklasse. Natürlich sind verschiedene Äquivalenzklassen disjunkt, da sich beim Teilen durch m jeweils genau ein Rest $r \in \{0, 1, \ldots, m-1\}$ ergibt.

So gerüstet können wir uns nun dem Studium linearer Kongruenzen zuwenden.

Definition 3.22

Für ganze Zahlen a, c und $m > 0$ bezeichnet man

$$aX \equiv c \,(\mathrm{mod}\, m) \tag{3.5}$$

als **lineare Kongruenz** modulo m in einer Unbestimmten X.
Erfüllt eine ganze Zahl x die Kongruenz $ax \equiv c \,(\mathrm{mod}\, m)$, so erfüllt auch jedes $y \in \mathbb{Z}$ mit $x \equiv y \,(\mathrm{mod}\, m)$ die Kongruenz. Man erhält also stets eine ganze Restklasse $\bar{x}$ als Lösung.

Der nächste Satz gibt Auskunft über die Anzahl der Lösungen von (3.5).

Satz 3.23

Die Kongruenz $aX \equiv c \,(\mathrm{mod}\, m)$ ist genau dann lösbar, wenn $\mathrm{ggT}(a, m)$ ein Teiler von c ist. Die Anzahl der Lösungen modulo m ist dann gleich $\mathrm{ggT}(a, m)$. Sind a und m teilerfremd, so ist die Kongruenz daher eindeutig lösbar.

Beweis: Falls (3.5) lösbar ist, gibt es ganze Zahlen x und y mit $ax + my = c$. Nach Lemma 3.2(g) ist dann $\mathrm{ggT}(a, m)$ Teiler von c. Nun nehmen wir umgekehrt $\mathrm{ggT}(a, m) \mid c$ an. Sei $t = \mathrm{ggT}(a, m)$ und seien $a' = \frac{a}{t}$, $c' = \frac{c}{t}$ und $m' = \frac{m}{t}$. Dann sind a' und c' teilerfremd und nach der Kürzungsregel folgt

$$ax \equiv c \,(\mathrm{mod}\, m) \quad \Leftrightarrow \quad a'x \equiv c' \,(\mathrm{mod}\, m'). \tag{3.6}$$

Jetzt lassen wir x ein vollständiges Restsystem modulo m' durchlaufen und betrachten das Produkt $a'x$: Aus $a'x_1 \equiv a'x_2 \,(\mathrm{mod}\, m')$ folgt nach der Kürzungsregel $x_1 \equiv x_2 \,(\mathrm{mod}\, m')$, so dass also $a'x$ ebenfalls ein vollständiges Restsystem modulo m durchläuft. Somit ist die rechte Kongruenz in (3.6) eindeutig lösbar; sei $x_0 \in \{0, 1, \ldots, m' - 1\}$ eine Lösung. Um die Lösungen der linken Kongruenz zu finden, bestimmen wir diejenigen Zahlen $x_0 + rm'$ mit $r \in \mathbb{Z}$, die in $\{0, 1, \ldots, m - 1\}$ liegen. Dies sind genau die $t = \mathrm{ggT}(a, m)$ Zahlen $x_0, x_0 + m, \ldots, x_0 + (t - 1)m'$, die wegen (3.6) die ursprüngliche Kongruenz erfüllen. $\Diamond$

Ein System von Kongruenzen

$$a_1 x \equiv c_1 \,(\mathrm{mod}\, m_1), \ldots, a_k x \equiv c_k \,(\mathrm{mod}\, m_k)$$

wird ein **System linearer Kongruenzen** genannt. Eine Lösung x muss alle Kongruenzen des Systems erfüllen.

Nach Satz 3.23 ist insbesondere jede Kongruenz $a_i x \equiv 1 \,(\mathrm{mod}\, m_i)$ eindeutig lösbar durch ein $a'_i \in \mathbb{Z}$. Daher kann man das obige System linearer Kongruenzen umschreiben zu

$$x \equiv c'_1 \,(\mathrm{mod}\, m_1), \ldots, x \equiv c'_k \,(\mathrm{mod}\, m_k), \tag{3.7}$$

wobei $c'_i = a'_i c_i$ für alle i gilt.

Der folgende Satz gibt Auskunft über die Lösbarkeit derartiger Systeme linearer Kongruenzen. Seltsamerweise ist der Satz unter dem Namen „chinesischer Restsatz" bekannt - eine Namensgebung, die wohl auf einem Missverständnis beruht.

Satz 3.24 *(Chinesischer Restsatz)*

Seien $m_1, ..., m_k \in \mathbb{N}$ paarweise teilerfremde natürliche Zahlen mit dem kgV m. Sind die Zahlen $c_i' \in \mathbb{Z}$ für $i = 1, ..., k$, so besitzt das System (3.7) genau eine Lösung. Diese Lösung bildet eine Restklasse modulo m.

Beweis: Wir setzen $n_i = \frac{m}{m_i}$; nach Satz 3.5 ist dann $n_i = \prod_{j=1, j \neq i} m_j$. Da $m_1, \ldots, m_k$ paarweise teilerfremd sind, sind auch n_i und m_i für alle $i = 1, \ldots, k$ teilerfremd. Sei nun l_i jeweils so gewählt, dass $l_i n_i \equiv 1 \,(\mathrm{mod}\, m_i)$ gilt. Ein solches l_i gibt es nach dem vorangegangenen Satz 3.23. Wir setzen

$$x = \sum_{i=1}^{k} c_i' l_i n_i;$$

damit gilt für jedes fest gewählte $j \in \{1, \ldots, k\}$ wegen $l_i n_i \equiv 1 \,(\mathrm{mod}\, m_i)$ und $m_j \mid n_i$ für jedes $i \neq j$

$$x \equiv c_j' + \sum_{i=1, i \neq j}^{k} c_i' l_i n_i \equiv c_j' \,(\mathrm{mod}\, m_j),$$

d. h. x erfüllt alle Kongruenzen (3.7).

Wir müssen nun noch die Eindeutigkeit der Lösung zeigen. Sei y eine Lösung des Kongruenzensystems (3.7), es gilt also $x \equiv c_i \equiv y \,(\mathrm{mod}\, m_i)$, somit $m_i \mid (x - y)$ für alle i. Nach Satz 3.5 folgt $m \mid (x - y)$ und somit $y \equiv x \,(\mathrm{mod}\, m)$. $\Diamond$

3.2 Teilbarkeitsaussagen

Wir wenden uns nun den zahlentheoretischen Eigenschaften von Fibonacci- und Lucasfolge zu. Zunächst sollen Teilbarkeitsaussagen im Vordergrund unserer Untersuchungen stehen. Es wird sich herausstellen, dass Teilbarkeitsaussagen für Lucaszahlen grundsätzlich etwas komplizierter aussehen als für Fibonaccizahlen.

3.2.1 Teilbarkeitsaussagen für Fibonaccizahlen

Unser erster Satz stellt einen Zusammenhang zwischen Teilbarkeitsaussagen für die Indizes und Teilbarkeitsaussagen für die zugehörigen Fibonaccizahlen her. Bereits bei (1.2) haben wir gesehen, dass f_n für alle $n \in \mathbb{N}$ ein Teiler von f_{2n} ist. Der nächste Satz verallgemeinert diese Aussage.

Satz 3.25

Sind m und n natürliche Zahlen mit $m \mid n$, so ist f_m ein Teiler von f_n.

Beweis: Nach Voraussetzung gilt $n = km$ für ein passendes $k \in \mathbb{N}$. Wir führen den Beweis über eine Induktion nach k:
Gilt $k = 1$, so ist $m = n$ und die Aussage des Satzes ist richtig. Nun nehmen wir $f_m \mid f_{mk}$ an. Unter Verwendung von Satz 1.9 erhalten wir

$$f_{m(k+1)} = f_{mk+m} = f_{mk-1}f_m + f_{mk}f_{m+1}.$$

Der erste Term auf der rechten Seite der Gleichung ist durch f_m teilbar, der zweite ist es aufgrund der Induktionsvoraussetzung $f_m \mid f_{mk}$. Somit ist die rechte Seite der Gleichung durch f_m teilbar und daher ist f_m auch ein Teiler von $f_{m(k+1)}$. $\diamond$

Beim Beweis des folgenden Satzes begegnet uns mit dem Widerspruchsbeweis ein neuer Beweistyp. Man nimmt das Gegenteil der Aussage des Satzes an und leitet daraus einen Widerspruch ab. Dies zeigt, dass die Annahme falsch ist und die Aussage des Satzes richtig sein muss.

Satz 3.26

Zwei aufeinanderfolgende Fibonaccizahlen (Lucaszahlen) sind teilerfremd.

Beweis: Angenommen, die Aussage des Satzes ist falsch, d. h. es gibt Fibonaccizahlen f_n und f_{n+1}, die von einem $d > 1$ geteilt werden. Dann ist natürlich auch ihre Differenz $f_{n+1} - f_n = f_{n-1}$ durch d teilbar. Sukzessive erhält man also $d \mid f_{n-i}, i = 1, 2, ..., n-1$ und damit insbesondere $d \mid f_1 = 1$. Dies ist ein Widerspruch. Somit gibt es keine zwei aufeinanderfolgende Fibonaccizahlen mit einem Teiler $d > 1$. Für Lucaszahlen verläuft der Beweis entsprechend. $\diamond$

Wir untersuchen nun die Frage, ob es zu jeder natürlichen Zahl m eine Fibonaccizahl f_n mit $m \mid f_n$ gibt. Der folgende wichtige Satz bejaht diese Frage nicht nur, sondern hat weitreichende Konsequenzen, vgl. Abschnitt 3.3. Beim Beweis greifen wir auf den Begriff der Restklasse zurück, der in 3.1.5 eingeführt wurde.

Satz 3.27

Für jede natürliche Zahl $m \geq 2$ findet sich unter den ersten $m^2 - 1$ Fibonaccizahlen eine, die m als Teiler hat.

Beweis: Man betrachte die Folge

$$(\bar{f}_0, \bar{f}_1), (\bar{f}_1, \bar{f}_2), (\bar{f}_2, \bar{f}_3), ..., (\bar{f}_n, \bar{f}_{n+1}), ... , \tag{3.8}$$

die aus Paaren von Restklassen modulo m von aufeinanderfolgenden Fibonaccizahlen besteht. Da es jeweils m Restklassen modulo m gibt, existieren maximal m^2 verschiedene Paare von Restklassen. Satz 3.26 zeigt, dass es sogar nur $m^2 - 1$ verschiedene Paare geben kann. Denn aus der Existenz eines Paares $(\bar{0}, \bar{0})$ folgt die Existenz zweier aufeinanderfolgender Fibonaccizahlen mit gemeinsamem Teiler $m \geq 2$, was im Widerspruch zur Teilerfremdheit steht. Daher findet man unter den ersten m^2 Gliedern der Folge (3.8) mindestens zwei gleiche. Sei $(\bar{f}_k, \bar{f}_{k+1})$ das erste Glied von (3.8), für das ein Paar $(\bar{f}_l, \bar{f}_{l+1})$ mit $(\bar{f}_k, \bar{f}_{k+1}) = (\bar{f}_l, \bar{f}_{l+1}), l > k$ existiert. Wir zeigen durch einen Widerspruchsbeweis, dass $(\bar{f}_k, \bar{f}_{k+1}) = (\bar{0}, \bar{1})$, also $k = 0$, gilt:

Angenommen, es gilt $k \geq 0$. Aus $f_{l-1} = f_{l+1} - f_l$, $f_{k-1} = f_{k+1} - f_k$, also $\bar{f}_{l+1} = \bar{f}_{k+1}$, $\bar{f}_l = \bar{f}_k$ folgt $\bar{f}_{l-1} = \bar{f}_{k-1}$. Somit ist $(\bar{f}_{k-1}, \bar{f}_k)$ ein Paar, das zweimal in (3.8) und sogar vor $(\bar{f}_k, \bar{f}_{k+1})$ auftritt. Dies ist ein Widerspruch zu der Voraussetzung, dass $(\bar{f}_k, \bar{f}_{k+1})$ das erste Paar mit dieser Eigenschaft ist. Daher muss $k = 0$ gelten.

Wir nehmen an, dass das Paar $(\bar{0}, \bar{1})$ in (3.8) nochmals an s-ter Stelle $(\bar{f}_s, \bar{f}_{s+1}) = (\bar{0}, \bar{1})$ mit $1 \leq s \leq m^2$ auftritt. Dann ist f_s wegen $f_s \equiv 0 (\mod m)$ durch m teilbar und die Behauptung ist gezeigt. $\diamond$

Bemerkungen:

- Die Eigenschaft, dass jede natürliche Zahl als Teiler einer Fibonaccizahl auftritt, ist eine Besonderheit der Fibonaccifolge. Die Lucasfolge besitzt diese Eigenschaft nämlich nicht, vgl. Lemma 3.41.

- Satz 3.27 besagt insbesondere, dass alle Primzahlen als Teiler von Fibonaccizahlen vorkommen.

- Für eine Primzahl p kann man nach der kleinsten Fibonaccizahl suchen, die p als Teiler hat. Umgekehrt kann man sich fragen, ob jede Fibonaccizahl f_n einen Primteiler besitzt, der keine kleinere Fibonaccizahl f_k mit $k < n$ teilt. Ein solcher Primteiler heißt **primitiver Primteiler** von f_n. Allgemeiner nennt man eine natürliche Zahl m einen **primitiven Teiler** von f_n, falls $m \mid f_n$, aber $m \nmid f_k$ für alle $k < n$; $k \in \mathbb{N}$, gelten.

- $f_{10} = 55$ hat den primitiven Primteiler 11; $f_9 = 34$ besitzt den primitiven Primteiler 17; $f_7 = 13$ hat den primitiven Primteiler 13.

- $f_6 = 8 = 2^3$ besitzt keinen primitiven Primteiler, da 2 bereits $f_3 = 2$ teilt. Ebenso besitzt $f_{12} = 144 = 2^4 \cdot 3^2$ wegen $2 \mid f_3$ und $3 \mid f_4$ keinen primitiven Primteiler.

- Man kann zeigen, dass fast alle Fibonaccizahlen primitive Primteiler haben. Ausnahmen sind nur die bereits oben angegebenen Fibonaccizahlen $f_1 = f_2 = 1$, $f_6 = 8$ und $f_{12} = 144$. Dieses Ergebnis ist allerdings nicht ganz einfach herzuleiten; einen elementaren, aber sehr langen Beweis findet man bei [V] auf den Seiten 79 - 86.

- Da in der Folge (3.8) das Paar $(\bar{0}, \bar{1}) = (\bar{f}_s, \bar{f}_{s+1})$ nach $s < m^2$ Schritten nochmals auftaucht, ist insbesondere $\bar{f}_{s+2} = \bar{f}_s + \bar{f}_{s+1} = \bar{0} + \bar{1}$, usw. Daher wiederholen sich die Reste $\bar{f}_0, \bar{f}_1, \ldots, \bar{f}_{s-1}$ in der Folge der Restklassen $\{\bar{f}_n\}$ periodisch, denn alle weiteren Folgenglieder ergeben sich wegen der Rekursionsformel aus den beiden vorhergehenden. Man beachte, dass man für die Lucasfolge zwar noch die Periodizität von $\{\bar{l}_n\}$, aber nicht mehr die Teilbarkeitsaussage beweisen kann, vgl. Abschnitt 3.2.3.

Der folgende Satz liefert einen weiteren Zusammenhang zwischen den Teilbarkeitseigenschaften einer Fibonaccizahl und ihrem Index.

Satz 3.28

Ist die natürliche Zahl n zusammengesetzt (d.h. nicht prim) und von 4 verschieden, so ist auch die n-te Fibonaccizahl f_n zusammengesetzt.

Beweis: Nach Voraussetzung hat n folgende Darstellung:

$$n = n_1 \cdot n_2 \text{ mit } 1 < n_1, n_2 < n \text{ und } n_1 > 2 \text{ oder } n_2 > 2$$

Wir dürfen ohne Beschränkung der Allgemeinheit $n_1 > 2$ annehmen. Aus Satz 3.25 folgt, dass $f_{n_1} \mid f_n$ gilt mit $1 < f_{n_1} < f_n$. Folglich ist auch f_n zusammengesetzt. $\diamond$

Bemerkungen:

- Die Umkehrung von Satz 3.28 gilt jedoch nicht, da es Fibonaccizahlen gibt, deren Index eine Primzahl ist, die aber selbst keine Primzahlen sind. Beispielsweise ist $f_{19} = 4181 = 37 \cdot 113$ und $f_{31} = 1346269 = 557 \cdot 2417$.

- Die naheliegende Frage, ob unter den Fibonaccizahlen endlich oder unendlich viele Primzahlen vorkommen, ist bisher noch nicht geklärt.

Mithilfe von Satz 3.28 können wir einen sehr einfachen Zusammenhang zwischen dem ggT zweier Fibonaccizahlen und dem ggT ihrer Indizes herleiten:

Satz 3.29

$$\mathrm{ggT}(f_m, f_n) = f_{\mathrm{ggT}(m,n)} \text{ mit } m, n \in \mathbb{N}$$

Insbesondere ist der ggT zweier Fibonaccizahlen also selbst wieder eine Fibonaccizahl.

Beweis: Ohne Beschränkung der Allgemeinheit dürfen wir $m > n$ annehmen. Dann liefert der euklidische Algorithmus:

$$m = nq_0 + r_1,\ 0 \leq r_1 < n \tag{B_0}$$

$$n = r_1 q_1 + r_2,\ 0 \leq r_2 < r_1 \tag{B_1}$$

$$r_1 = r_2 q_2 + r_3,\ 0 \leq r_3 < r_2 \tag{B_2}$$

$$\vdots$$

$$r_{t-2} = r_{t-1} q_{t-1} + r_t,\ 0 \leq r_t < r_{t-1} \tag{B_{t-2}}$$

$$r_{t-1} = r_t q_t \tag{B_{t-1}}$$

Mithilfe von (B_0) können wir $\mathrm{ggT}(f_m, f_n) = \mathrm{ggT}(f_{nq_0+r_1}, f_n)$ schreiben. Satz 1.9 liefert $\mathrm{ggT}(f_m, f_n) = \mathrm{ggT}(f_{nq_0-1} f_{r_1} + f_{nq_0} f_{r_1+1}, f_n)$, woraus mit Satz 3.25 und Satz 3.4(d) $\mathrm{ggT}(f_m, f_n) = \mathrm{ggT}(f_{nq_0-1} f_{r_1}, f_n)$ folgt. Wegen $f_n \mid f_{nq_0}$ muss $\mathrm{ggT}(f_n, f_{nq_0-1}) = 1$ sein. Denn andernfalls gäbe es eine Zahl $d > 1$ mit $d \mid f_n$ und $d \mid f_{nq_0-1}$. Damit hätten f_{nq_0} und f_{nq_0-1} wegen $f_n \mid f_{nq_0}$ einen gemeinsamen Teiler $d > 1$, was nach Satz 3.26 ausgeschlossen ist. Folglich können wir Satz 3.4(c) anwenden und erhalten $\mathrm{ggT}(f_m, f_n) = (f_{r_1}, f_n)$. Genauso beweisen wir sukzessive

$$\mathrm{ggT}(f_{r_1}, f_n) = \mathrm{ggT}(f_{r_2}, f_{r_1})$$

$$\mathrm{ggT}(f_{r_2}, f_{r_1}) = \mathrm{ggT}(f_{r_3}, f_{r_2})$$

$$\vdots$$

$$\mathrm{ggT}(f_{r_{t-1}}, f_{r_{t-2}}) = \mathrm{ggT}(f_{r_t}, f_{r_{t-1}})$$

Kombination all dieser Gleichungen ergibt $\mathrm{ggT}(f_m, f_n) = \mathrm{ggT}(f_{r_t}, f_{r_{t-1}})$. Wegen (B_{t-1}) ist $f_{r_{t-1}}$ nach Satz 3.25 durch f_{r_t} teilbar. Somit gilt $\mathrm{ggT}(f_{r_t}, f_{r_{t-1}}) = f_{r_t} = f_{\mathrm{ggT}(m,n)}$. $\diamond$

Satz 3.29 ermöglicht es uns, auch die Umkehrung von Satz 3.25 zu beweisen.

Satz 3.30

Aus $f_m \mid f_n$ folgt $m \mid n$.

Beweis: Ist f_m Teiler von f_n, so gilt $\mathrm{ggT}(f_n, f_m) = f_m$, und Satz 3.29 liefert $\mathrm{ggT}(f_m, f_n) = f_{\mathrm{ggT}(m,n)}$. Beide Gleichungen zusammen ergeben $f_m = f_{\mathrm{ggT}(n,m)}$, also gilt $m = \mathrm{ggT}(n, m)$ und insbesondere $m \mid n$. $\diamond$

Satz 3.25 und Satz 3.30 können wir nun zu einer einzigen Aussage zusammenfassen:

Satz 3.31

f_n ist genau dann durch f_m teilbar, wenn n durch m teilbar ist.

Dieser Satz lässt viele interessante Folgerungen über Teilbarkeitseigenschaften von Fibonaccizahlen zu, wenn wir kleine Fibonaccizahlen betrachten. Nehmen wir das Beispiel $f_3 = 2$. Nach dem Satz gilt $f_3 \mid f_n$ genau dann, wenn $3 \mid n$. Entsprechend kann man auch $f_4 = 3$, $f_5 = 5$, $f_6 = 8$, $f_7 = 13$ oder $f_8 = 21$ wählen und erhält auf diese Weise weitere Teilbarkeitsaussagen. Einige davon stellen wir im folgenden Korollar zusammen:

Korollar 3.32

Eine Fibonaccizahl ist genau dann

(a) gerade, wenn ihr Index durch 3 teilbar ist.

(b) durch 3 teilbar, wenn ihr Index durch 4 teilbar ist.

(c) durch 5 teilbar, wenn ihr Index durch 5 teilbar ist.

(d) durch 8 teilbar, wenn ihr Index durch 6 teilbar ist.

(e) durch 13 teilbar, wenn ihr Index durch 7 teilbar ist.

(f) durch 21 teilbar, wenn ihr Index durch 8 teilbar ist.

Betrachten wir den Fall (d) genauer, so sehen wir, dass $f_6 = 8$ die kleinste durch 4 teilbare Fibonaccizahl ist. Es erhebt sich daher die Frage, ob es eine Fibonaccizahl gibt, die durch 4, aber nicht durch 8 teilbar ist. Diese Frage wird durch den folgenden Satz beantwortet.

Satz 3.33

f_r ist genau dann die kleinste durch m teilbare Fibonaccizahl, wenn jede durch m teilbare Fibonaccizahl f_s auch durch f_r teilbar ist.

Beweis: Sei jede durch m teilbare Fibonaccizahl f_s auch durch f_r teilbar. Trivialerweise ist dann $f_r \leq f_s$ und somit ist f_r die kleinste durch m teilbare Fibonaccizahl. Sei nun umgekehrt f_r die kleinste durch m teilbare Fibonaccizahl und sei f_s eine beliebige durch m teilbare Fibonaccizahl. Dann ist natürlich $\mathrm{ggT}(f_r, f_s) \leq f_r$ und nach Satz 3.29 folgt $m \mid \mathrm{ggT}(f_r, f_s) = f_{\mathrm{ggT}(r,s)}$. Dann muss $\mathrm{ggT}(f_r, f_s) = f_r$ gelten, denn sonst wäre $f_{\mathrm{ggT}(r,s)} < f_r$ eine durch m teilbare Fibonaccizahl im Widerspruch zur Annahme, dass f_r die kleinste derartige Fibonaccizahl ist. $\Diamond$

Wegen Satz 3.33 gibt es also keine Fibonaccizahl, die durch 4, aber nicht durch 8 teilbar ist, da 8 die kleinste durch 4 teilbare Fibonaccizahl ist. Entsprechend ist jede durch 7 teilbare Fibonaccizahl durch 21 und somit auch durch 3 teilbar, weil $f_8 = 21$ die kleinste durch 7 teilbare Fibonaccizahl ist.

Abschließend bringen wir noch eine Aussage darüber, wie Teiler von Fibonaccizahlen aussehen können.

Satz 3.34

Alle ungeraden Teiler von Fibonaccizahlen mit ungeraden Indizes haben die Form $4k+1$, $k \in \mathbb{Z}$.

Beweis: Sei n eine ungerade natürliche Zahl. Dann gilt $f_n^2 = f_{n-1}f_{n+1}+1$ nach Satz 1.12, also $f_{n-1}f_{n+1} - f_n^2 = f_{n-1}(f_{n-1}+f_n) - f_n^2 = f_{n-1}^2 + f_{n-1}f_n - f_n^2 = -1$ und somit gilt $f_{n-1}^2 + 1 + f_{n-1}f_n - f_n^2 \equiv 0 \,(\mathrm{mod}\, f_n)$ und weiter $f_{n-1}^2 + 1 \equiv 0 \,(\mathrm{mod}\, f_n)$. Sei $p \neq 2$ eine Primzahl, die f_n teilt. Dann ist $f_{n-1}^2 + 1 \equiv 0 \,(\mathrm{mod}\, p)$, folglich $f_{n-1}^2 \equiv -1 \,(\mathrm{mod}\, p)$. Potenzieren liefert $(f_{n-1}^2)^{\frac{p-1}{2}} = f_{n-1}^{p-1} \equiv (-1)^{\frac{p-1}{2}} \,(\mathrm{mod}\, p)$. Nach Satz 3.26 sind f_{n-1} und f_n teilerfremd. Somit sind die Voraussetzungen des kleinen Satzes von Fermat erfüllt und wir haben andererseits $f_{n-1}^{p-1} \equiv 1 (\mathrm{mod}\, p) \equiv (-1)^{\frac{p-1}{2}} \,(\mathrm{mod}\, p)$. Das kann aber nur richtig sein, wenn $\frac{p-1}{2}$ gerade ist, also z. B. $\frac{p-1}{2} = 2k$ für ein $k \in \mathbb{Z}$. Dann ergibt sich $p-1 = 4k$, also $p = 4k+1$, wie behauptet. Alle ungeraden Primteiler von f_n haben daher die Form $4k+1$. Jeder ungerade Teiler von f_n ist Produkt solcher Primzahlen. Einfaches Nachrechnen und vollständige Induktion zeigen, dass sich Produkte von Zahlen der Form $4k+1$ wieder in dieser Form darstellen lassen. Damit ist der Satz gezeigt. $\Diamond$.

3.2.2   Quotienten von Fibonaccizahlen

Im Folgenden interessieren wir uns für Teilbarkeitsaussagen über Quotienten zweier Fibonaccizahlen. Wir schicken zwei Lemmata voraus:

Lemma 3.35

Für $m \geq 1$ und $n \geq 2$ ist f_n^2 ein Teiler von $f_{mn-1} - f_{n-1}^m$.

Beweis durch vollständige Induktion nach m.
$m = 1$: $f_{n-1} - f_{n-1} = 0$, und es gilt trivialerweise $f_n^2 \mid 0$.
Angenommen, die Behauptung ist bereits für ein $m \in \mathbb{N}$ gezeigt. Für $m+1$ untersuchen wir den Term $f_{(m+1)n-1} - f_{n-1}^{m+1} = f_{mn+(n-1)} - f_{n-1}^{m+1} = (f_{mn-1}f_{n-1} + f_{mn}f_n) - f_{n-1}^{m+1} = (f_{mn-1} - f_{n-1}^m)f_{n-1} + f_{mn}f_n$; dabei wurde Satz 1.9 verwendet. Nach Induktionsvoraussetzung ist der erste Summand der letzten Summe durch f_n^2 teilbar. Außerdem ist f_{mn} nach Satz 3.25 durch f_n teilbar, so dass alle beide Summanden durch f_n^2 teilbar sind. Somit teilt f_n^2 auch die Summe und die Behauptung ist gezeigt. $\Diamond$

Lemma 3.36

Für $m \geq 1$ und $n \geq 2$ ist $f_{mn} - f_{n+1}^m + f_{n-1}^m$ durch f_n^3 teilbar.

Beweis durch vollständige Induktion nach m.

$m = 1:$ $f_n - f_{n+1} - f_{n-1} = f_n - (f_{n-1} + f_n) + f_{n-1} = 0$ ist natürlich durch f_n^3 teilbar. Sei die Behauptung bereits für eine natürliche Zahl m gezeigt, d. h. es gilt insbesondere $f_{mn} \equiv f_{n+1}^m - f_{n-1}^m \pmod{f_n^3}$. Wir wenden Satz 1.9 auf den Ausdruck für $m + 1$ an und erhalten $f_{(m+1)n} - f_{n+1}^{m+1} + f_{n-1}^{m+1} = f_{mn-1}f_n + f_{mn}f_{n+1} - f_{n+1}^{m+1} + f_{n-1}^{m+1} \equiv f_{mn-1}f_n + (f_{n+1}^m - f_{n-1}^m)f_{n+1} - f_{n+1}^{m+1} + f_{n-1}^{m+1} \equiv f_n f_{mn-1} + f_{n-1}^m(f_{n-1} - f_{n+1}) \equiv f_n f_{mn-1} - f_n f_{n-1}^m \equiv f_n(f_{mn-1} - f_{n-1}^m) \equiv 0 \pmod{f_n^3}$, da $f_{mn-1} - f_{n-1}^m$ nach dem vorhergehenden Lemma durch f_n^2 teilbar ist. ◇

Aus den bisherigen Ergebnissen wissen wir, dass f_n insbesondere die Fibonaccizahl f_{np}, p Primzahl, teilt. Betrachtet man die eindeutige Primfaktorzerlegung von f_n und von f_{np}, so treten in der Zerlegung von f_{np} natürlich sämtliche Primzahlen aus der Zerlegung von f_n und möglicherweise noch weitere Primzahlen, die teilerfremd zu f_n sind, auf. Bei den Primzahlen q, die sowohl f_n als auch f_{np} teilen, könnte f_{np} durch eine höhere Potenz von q teilbar sein als f_n. Man macht jedoch die erstaunliche Entdeckung, dass die einzige Primzahl, für die dies möglich ist, die Primzahl p ist:

Satz 3.37

Seien p und q Primzahlen. Dann gelten:

(a) Ist $q \neq p$ ein Teiler von f_n, so ist $\frac{f_{np}}{f_n}$ nicht durch q teilbar.

(b) Teilt $p \neq 2$ die Fibonaccizahl f_n, so ist $\frac{f_{np}}{f_n}$ durch p, aber nicht durch p^2 teilbar.

(c) Ist f_n durch 4 teilbar, so ist $\frac{f_{2n}}{f_n}$ durch 2, aber nicht durch 4 teilbar.

(d) Ist f_n durch 2, aber nicht durch 4 teilbar, so ist $\frac{f_{2n}}{f_n}$ durch 4, aber nicht durch 8 teilbar.

Beweis: Nach dem vorhergehenden Lemma ist $f_{np} - f_{n+1}^p + f_{n-1}^p$ durch f_n^3 teilbar. Andererseits ist f_{np} durch f_n teilbar und es gilt $f_{n+1}^p - f_{n-1}^p = (f_{n+1} - f_{n-1}) \cdot \sum_{i=0}^{p-1} f_{n-1}^i f_{n+1}^{p-1-i} = f_n \cdot \sum_{i=0}^{p-1} f_{n-1}^i f_{n+1}^{p-1-i}$; daher ist

$$\frac{f_{np}}{f_n} - \sum_{i=0}^{p-1} f_{n-1}^i f_{n+1}^{p-1-i} \qquad (3.9)$$

durch f_n^2 teilbar. Insbesondere gilt

$$\frac{f_{np}}{f_n} \equiv \sum_{i=0}^{p-1} f_{n-1}^i f_{n+1}^{p-1-i} \pmod{f_n}. \qquad (3.10)$$

Wegen $f_{n+1} \equiv f_{n-1} \pmod{f_n}$ folgt daraus $\frac{f_{np}}{f_n} \equiv p f_{n+1}^{p-1} \pmod{f_n}$, daher ist jeder gemeinsame Teiler von $\frac{f_{np}}{f_n}$ und f_n auch gemeinsamer Teiler von p und f_n und umgekehrt; es gilt also $\mathrm{ggT}(\frac{f_{np}}{f_n}, f_n) = \mathrm{ggT}(p, f_n)$.

Sei nun $q \neq p$ ein Primfaktor von f_n. Da $\mathrm{ggT}(p, f_n)$ nur die Werte 1 oder p annimmt, ist $\mathrm{ggT}(p, f_n)$ und damit auch $\mathrm{ggT}(\frac{f_{np}}{f_n}, f_n)$ nicht durch q teilbar. Damit ist (a) gezeigt.

Nun sei $p \neq 2$ ein Primfaktor von f_n. Da der Term (3.9) durch f_n^2 teilbar ist, gilt insbesondere

$$\frac{f_{np}}{f_n} \equiv \sum_{i=0}^{p-1} f_{n-1}^i f_{n+1}^{p-1-i} \pmod{f_n^2}.$$

Modulo p^2 können wir f_{n-1} und f_{n+1} in folgender Form schreiben:

$$f_{n-1} \equiv s_1 p + r_1 \pmod{p^2},$$
$$f_{n+1} \equiv s_2 p + r_2 \pmod{p^2},$$

wobei $0 \leq r_1, r_2, s_1, s_2 < p$. Wegen $p \mid f_n = f_{n+1} - f_{n-1}$ ergibt sich $r_1 = r_2 = r \neq 0$; letzteres gilt wegen der Teilerfremdheit von f_{n-1} und f_n bzw. f_n und f_{n+1}. Somit können wir schreiben

$$\frac{f_{np}}{f_n} \equiv \sum_{i=0}^{p-1} (s_1 p + r)^i (s_2 p + r)^{p-1-i} \pmod{p^2}.$$

Entwickelt man alle Terme auf der rechten Seite mithilfe des binomischen Satzes, so ergibt sich für den k-ten Term

$$(s_1 p + r)^k (s_2 p + r)^{p-1-k}$$
$$\equiv \binom{k}{1} s_1 p r^{k-1} r^{p-1-k} + \binom{p-1-k}{1} s_2 p r^{p-k-2} r^k + r^k r^{p-1-k}$$
$$= k p s_1 r^{p-2} + (p-1-k) p s_2 r^{p-2} + r^{p-1} \pmod{p^2}.$$

Addiert man die Terme für $k = 0, 1, \ldots, p-1$ auf, so ergibt sich

$$\frac{f_{np}}{f_n} \equiv \frac{p(p-1)}{2} p s_1 r^{p-2} + \frac{p(p-1)}{2} p s_2 r^{p-2} + p r^{p-1} \pmod{p^2}$$
$$\equiv p r^{p-1} \pmod{p^2}. \tag{3.11}$$

Nach dem kleinen Satz von Fermat gilt $r^{p-1} \equiv 1 \pmod{p}$, also ist $p r^{p-1} \equiv p \pmod{p^2}$ und man erhält $\frac{f_{np}}{f_n} \equiv p \pmod{p^2}$; damit ist (b) gezeigt.

Nun sei $p = 2$. Dann wird (3.11) zu

$$\frac{f_{2n}}{f_n} \equiv 2(s_1 + s_2 + r) \pmod{4}. \tag{3.12}$$

Modulo 4 ergibt sich die Fibonaccifolge zu 0, 1, 1, 2, 3, 1, **0, 1,** 1, …; daher sind f_{n-1} und f_{n+1} beide kongruent 1 modulo 4; es ist daher $s_1 = s_2 = 0, r = 1$ und (3.12) wird zu $\frac{f_{2n}}{f_n} \equiv 2 \pmod{4}$, was (c) beweist.

Ist f_n durch 2, aber nicht durch 4 teilbar, so ist $f_{n-1} \equiv 1 \pmod 4$ und $f_{n+1} \equiv 3 \pmod 4$, also $s_1 = 0, s_2 = 1, r = 1$ und (3.12) wird zu $\frac{f_{2n}}{f_n} \equiv 0 \pmod 4$; damit ist auch (d) gezeigt. $\diamond$

Der soeben bewiesene Satz ist ein wichtiger Schritt bei der Herleitung des Ergebnisses über primitive Primteiler von Fibonaccizahlen. Dieses Thema wollen wir jedoch nicht weiter verfolgen, sondern wir wenden uns einer Kongruenzaussage für den Quotienten $\frac{f_{nk}}{f_n}$ zu und schicken ein Lemma voraus.

Lemma 3.38

Für beliebige natürliche Zahlen k, n gilt

$$f_{kn-1} \equiv f_{n-1}^k \pmod{f_n}.$$

Beweis durch vollständige Induktion nach k.
Für $k = 1$ gilt offensichtlich $f_{n-1} \equiv f_{n-1}^1 \pmod{f_n}$.
Sei die Behauptung also bereits für ein $k \in \mathbb{N}$ gezeigt. Wir untersuchen $f_{(k+1)n-1}$ und erhalten mit Satz 1.9 und der Induktionsvoraussetzung

$$f_{(k+1)n-1} = f_{kn+(n-1)} = f_{kn-1}f_{n-1} + f_{kn}f_n \equiv f_{n-1}^k f_{n-1} \equiv f_{n-1}^{k+1} \pmod{f_n},$$

was die Behauptung zeigt. $\diamond$

Damit gelingt es, die folgende interessante Teilbarkeitsaussage über den Quotienten $\frac{f_{kn}}{f_n}$ zu zeigen.

Satz 3.39

Für $k, n \in \mathbb{N}$ gilt

$$\mathrm{ggT}\!\left(f_n, \frac{f_{kn}}{f_n}\right) \mid k.$$

Beweis: Wir zeigen zunächst die Kongruenz

$$\frac{f_{kn}}{f_n} \equiv k \cdot f_{n-1}^{k-1} \pmod{f_n} \tag{3.13}$$

durch vollständige Induktion nach k. Für $k = 1$ ist die Behauptung wegen $\frac{f_n}{f_n} = 1$ sicherlich richtig. Sei die Behauptung nun schon für ein $k \in \mathbb{N}$ bewiesen; dann erhalten wir für $k+1$ wieder mit Satz 1.9

$$
\begin{aligned}
\frac{f_{(k+1)n}}{f_n} &= \frac{1}{f_n}(f_{kn-1}f_n + f_{kn}f_{n+1}) \\
&= \frac{1}{f_n}(f_{kn-1}f_n + f_{kn}f_n + f_{kn}f_{n-1}) \\
&= f_{kn-1} + f_{kn} + \frac{f_{kn}}{f_n}f_{n-1}.
\end{aligned}
$$

Wenden wir nun das vorige Lemma und die Induktionsvoraussetzung auf den letzten Term an und beachten, dass f_{kn} nach Satz 3.25 von f_n geteilt wird, so ergibt sich

$$
\frac{f_{(k+1)n}}{f_n} \equiv f_{n-1}^k + kf_{n-1}^{k-1}\cdot f_{n-1}\,(\mathrm{mod}\,f_n) \equiv (k+1)f_{n-1}^k\,(\mathrm{mod}\,f_n);
$$

damit ist (3.13) gezeigt.
Mit (3.13) und Satz 3.4(c), (d) erhalten wir für den ggT:

$$
\mathrm{ggT}(f_n, \frac{f_{kn}}{f_n}) = \mathrm{ggT}(f_n, k\cdot f_{n-1}^{k-1}) = \mathrm{ggT}(f_n, k)\mid k;
$$

dabei haben wir im letzten Schritt die Tatsache benutzt, dass f_n und f_{n-1} teilerfremd sind, s. Satz 3.26. $\Diamond$

3.2.3   Teilbarkeitsaussagen für Lucaszahlen

Im Folgenden sollen die Ergebnisse aus Abschnitt 3.2.1 auf Lucaszahlen übertragen werden, soweit dies möglich ist. Wir haben bereits gesehen (Satz 3.26), dass aufeinanderfolgende Lucaszahlen teilerfremd sind. Jedoch kann man für Lucaszahlen keine volle Entsprechung zu Satz 3.27 zeigen, sondern man kann nur die Periodizität der Lucasfolge modulo m „retten". Ersetzt man nämlich im Beweis von Satz 3.27 die Fibonaccizahlen durch Lucaszahlen, so kann man genau wie dort schließen, dass es unter den ersten m^2-1 Paaren von Restklassen $(\bar{l}_i, \bar{l}_{i+1})$ ein Paar $(\bar{l}_s, \bar{l}_{s+1})$ mit $(\bar{l}_s, \bar{l}_{s+1}) = (\bar{l}_0, \bar{l}_1) = (2, 1)$ gibt. Wir halten fest:

Lemma 3.40

Für jede natürliche Zahl $m \geq 2$ existiert ein $s \in \mathbb{N}$, $1 \leq s < m^2$, mit $l_s \equiv l_0 \equiv 2\,(\mathrm{mod}\,m)$ und $l_{s+1} \equiv l_1 \equiv 1\,(\mathrm{mod}\,m)$. Die Lucasfolge modulo m ist daher periodisch; die natürliche Zahl s wird die Periodenlänge der Lucasfolge modulo m genannt.

Die Teilbarkeitsaussage von Satz 3.27 lässt sich jedoch nicht auf Lucaszahlen übertragen: Hier gibt es im Gegenteil sogar Zahlen, die nie als Teiler von Lucaszahlen auftreten können. Beispielsweise gilt:

Lemma 3.41

Keine Lucaszahl l_n ist durch 8 teilbar.

Beweis: Wir betrachten die Lucasfolge modulo 8. Wäre ein l_n durch 8 teilbar, so hätten wir für dieses n die Kongruenz $l_n \equiv 0 \pmod 8$. Nun ist aber $l_0 = 2, l_1 = 1, l_2 = 3, l_3 = 4, l_4 = 7, l_5 = 11 \equiv 3 \pmod 8, l_6 = 18 \equiv 2 \pmod 8, l_7 = 29 \equiv 5 \pmod 8, l_8 = 47 \equiv 7 \pmod 8, l_9 = 76 \equiv 4 \pmod 8, l_{10} = 123 \equiv 3 \pmod 8, l_{11} = 199 \equiv 7 \pmod 8, l_{12} = 322 \equiv 2 \pmod 8, l_{13} = 521 \equiv 1 \pmod 8, l_{14} = 843 \equiv 3 \pmod 8, \ldots$; wegen der Rekursion der Lucasfolge und wegen $l_0 \equiv l_{12} \equiv 2 \pmod 8, l_1 \equiv l_{13} \equiv 1 \pmod 8$ wiederholen sich die Reste modulo 8 von l_{12} an periodisch immer wieder, d.h. die Lucasfolge modulo 8 hat die Periodenlänge 12. Dabei tritt offensichtlich keine Null auf. Somit kann kein l_n durch 8 teilbar sein. $\diamond$

Andererseits folgen aus der Periodizität der Lucasfolge modulo m einige wichtige Teilbarkeitsaussagen (vgl. Korollar 3.32):

Lemma 3.42

Eine Lucaszahl l_n ist genau dann

(a) gerade, wenn n durch 3 teilbar ist,

(b) durch 3 teilbar, wenn $n \equiv 2$ oder $6 \pmod 8$ gilt.

Beweis: (a) Wir betrachten die Lucasfolge modulo 2:

$$l_1 = 1, 1, 0, \mathbf{1}, 1, 0, \ldots$$

Offensichtlich fallen Lucas- und Fibonaccifolge modulo 2 zusammen und es ist $l_{3n} \equiv 0 \pmod 2$. Dies zeigt die Behauptung.

(b) Die Lucasfolge modulo 3 lautet

$$l_1 = 1, 0, 1, 1, 2, 0, 2, 2, \mathbf{1}, \mathbf{0}, \ldots,$$

d. h. die Lucasfolge hat modulo 3 die Periodenlänge 8. Wegen $l_2 \equiv 0 \pmod 3$ und $l_6 \equiv 0 \pmod 3$ ist l_n dann für jedes n mit $n \equiv 2 \pmod 8$ und jedes n mit $n \equiv 6 \pmod 8$ durch 3 teilbar. $\diamond$

Als nächstes untersuchen wir die Teilbarkeit von Lucaszahlen untereinander. Hier können wir nur eine etwas schwächere Aussage als Satz 3.25 zeigen:

Satz 3.43

Seien m, n natürliche Zahlen mit $m \mid n$ so, dass der Quotient $\frac{n}{m}$ ungerade ist. Dann gilt $l_m \mid l_n$.

Beweis: Nach Voraussetzung ist $n = k \cdot m$ mit ungeradem $k \in \mathbb{N}$; sei $k = 2r + 1$ mit passendem $r \in \mathbb{N}_0$. Wir führen den Beweis wieder durch vollständige Induktion, diesmal nach r.

Für $r = 0$, also $n = m$, ist die Behauptung trivial. Im Fall $r = 1$ ist $k = 3$ und $n = 3m$. Mit Satz 1.16 erhalten wir

$$l_n = l_{3m} = l_{2m+m} = l_{2m} l_m - (-1)^m l_m;$$

die rechte Seite ist also durch l_m teilbar und es gilt $l_m \mid l_n$.

Für ein $r \in \mathbb{N}_0$ sei bereits $l_{(2r-3)m} \mid l_n$ und $l_{(2r-1)m} \mid l_n$ gezeigt. Aus Satz 1.16 ergibt sich

$$l_{(2r+1)m} = l_{(2r-1)m+2m} = l_{(2r-1)m} l_{2m} - (-1)^{2m} l_{(2r-3)m}.$$

Nach Induktionsvoraussetzung gilt $l_m \mid l_{(2r-3)m}$ und $l_m \mid l_{(2r-1)m}$, so dass die rechte Seite der Gleichung durch l_m geteilt wird. Daher ist l_m auch ein Teiler von $l_{(2r+1)m}$. $\Diamond$

Bemerkung: Für gerade Quotienten $\frac{n}{m}$ gilt die Teilbarkeitsaussage von Satz 3.43 im Allgemeinen nicht. Beispielsweise ist $l_2 = 3$ und $l_4 = 7$; es gilt zwar $2 \mid 4$, aber $l_2 \nmid l_4$; oder $5 \mid 10$, aber $l_5 = 11 \nmid l_{10} = 123$.

Den ggT zweier Lucaszahlen kann man zwar explizit angeben, jedoch nicht in so einfacher Form wie in Satz 3.29 für Fibonaccizahlen.

Satz 3.44

Seien m und n natürliche Zahlen, sei $d := \mathrm{ggT}(m, n)$. Dann gilt:

$$\mathrm{ggT}(l_m, l_n) = \begin{cases} l_d, & \text{falls } \frac{m}{d} \text{ und } \frac{n}{d} \text{ ungerade,} \\ 2, & \text{falls } \frac{m}{d} \text{ oder } \frac{n}{d} \text{ gerade und } 3 \mid d, \\ 1 & \text{sonst.} \end{cases}$$

Dem Beweis von Satz 3.44 schicken wir ein Lemma voraus, das die wesentliche Beweisidee enthält und beim Beweis des Satzes eine wichtige Rolle spielen wird.

Lemma 3.45

Seien m und n natürliche Zahlen und sei n ein Teiler von m. Dann gilt

$$\mathrm{ggT}(l_m, l_n) = \begin{cases} l_n, & \text{falls } \frac{m}{n} \text{ ungerade,} \\ 2, & \text{falls } \frac{m}{n} \text{ gerade und } 3 \mid d, \\ 1 & \text{sonst.} \end{cases}$$

Beweis: Mit Satz 1.16 und Satz 3.4(d) gilt $\mathrm{ggT}(l_m, l_n) = \mathrm{ggT}(l_{m-n}l_n - (-1)^n l_{m-2n}, l_n)$ $= \mathrm{ggT}(l_{m-2n}, l_n)$. Wiederholtes Anwenden von Satz 1.16 und Satz 3.4(d) liefert schließlich nach k Schritten $\mathrm{ggT}(l_m, l_n) = \mathrm{ggT}(l_{m-2kn}, l_n)$, sofern $m - 2kn \geq 0$.
Ist $m = (2r+1)n$ ungerade, so erhalten wir nach r Schritten $\mathrm{ggT}(l_m, l_n) = \mathrm{ggT}(l_{m-2rn}, l_n)$ $= \mathrm{ggT}(l_n, l_n) = l_n$.
Für gerades $m = 2rn$ ergibt sich nach r Schritten $\mathrm{ggT}(l_m, l_n) = \mathrm{ggT}(l_{m-2rn}, l_n) = \mathrm{ggT}(l_0, l_n) = \mathrm{ggT}(2, l_n)$; nach Lemma 3.42(a) ist l_n genau dann gerade, wenn $3 \mid n$ gilt. Dies zeigt die Behauptung. $\diamond$

Beweis von Satz 3.44: Wir betrachten nochmals den euklidischen Algorithmus für m und n mit $d = \mathrm{ggT}(m, n)$:

$$m = q_1 n + r_2$$
$$n = q_2 r_2 + r_3$$
$$\vdots$$
$$r_{t-2} = q_{t-1} r_{t-1} + d$$
$$r_{t-1} = q_t d$$

Offensichtlich gilt $\mathrm{ggT}(m, n) = \mathrm{ggT}(r_{i-1}, r_i) = \mathrm{ggT}(r_{t-1}, d)$. Für die zugehörigen Lucaszahlen l_m und l_n erhalten wir wie im obigen Lemma nach k Schritten (solange $m - 2kn \geq 0$): $\mathrm{ggT}(l_m, l_n) = \mathrm{ggT}(l_{m-2kn}, l_n)$. Ist q_1 im euklidischen Algorithmus gerade, so ergibt sich im letzten Schritt $\mathrm{ggT}(l_m, l_n) = \mathrm{ggT}(l_{r_2}, l_n)$, ist q_1 ungerade, so erhalten wir $\mathrm{ggT}(l_m, l_n) = \mathrm{ggT}(l_{n-r_2}, l_n)$. Als nächstes berechnet man den ggT von l_{r_2} und l_n, usw.
Man beachte, dass $\mathrm{ggT}(r_2, n) = \mathrm{ggT}(n - r_2, n)$ nach Satz 3.4(d); dies stellt sicher, dass sich der ggT der Indizes in diesem und in jedem weiteren Schritt nicht verändert, sondern stets gleich $d := \mathrm{ggT}(m, n)$ bleibt. Für die zugehörigen Lucaszahlen bedeutet dies nach dem vorigen Lemma, dass am Schluss entweder $\mathrm{ggT}(l_m, l_n) = \mathrm{ggT}(l_d, l_d) = l_d$ oder $\mathrm{ggT}(l_m, l_n) = \mathrm{ggT}(l_0, l_d) = \mathrm{ggT}(2, l_d)$ stehen bleibt. Unter der Voraussetzung, dass beide Quotienten $\frac{m}{d}$ und $\frac{n}{d}$ ungerade sind, gilt $l_d \mid l_m$ und $l_d \mid l_n$ nach Satz 3.43, d.h. $\mathrm{ggT}(l_m, l_n) = l_d$. Ist einer der beiden Quotienten, z.B. $\frac{m}{d}$, gerade, so gilt $l_d \nmid l_m$ nach dem Lemma, so dass sich in diesem Fall $\mathrm{ggT}(l_m, l_n) = \mathrm{ggT}(2, l_d)$ ergibt. Damit ist Satz 3.44 gezeigt. $\diamond$

Nun können wir auch die Umkehrung von Satz 3.43 beweisen:

Satz 3.46

Für natürliche Zahlen $n > 1$ und m gelte $l_n \mid l_m$. Dann ist n ein Teiler von m und der Quotient $\frac{m}{n}$ ist ungerade.

Beweis: Wegen $l_n \mid l_m$ gilt $\mathrm{ggT}(l_m, l_n) = l_n$. Da l_n wegen $n > 1$ eine Lucaszahl mit $l_n \geq l_2 = 3$ ist, muss $l_n = \mathrm{ggT}(l_m, l_n) = l_{\mathrm{ggT}(m,n)}$ sein, was nur möglich ist, wenn $\frac{m}{d}$ und $\frac{n}{d}$ beide ungerade sind. $\Diamond$

Abschließend sei noch eine spezielle Teilbarkeitsaussage für Fibonacci- und Lucaszahlen erwähnt, die später benötigt wird:

Satz 3.47

$$\mathrm{ggT}(f_n, l_n) = \begin{cases} 2, \text{ falls } 3 \mid n \\ 1 \text{ sonst} \end{cases}$$

Beweis: Aus Satz 1.26 erhalten wir $\mathrm{ggT}(f_n, l_n) = \mathrm{ggT}(f_n, f_{n-1} + f_{n+1}) = \mathrm{ggT}(f_n, 2f_{n-1} + f_n) = \mathrm{ggT}(f_n, 2f_{n-1})$; da f_{n-1} und f_n nach Satz 3.26 teilerfremd sind, ist der ggT für gerades f_n, also für $3 \mid n$, gleich 2, und für ungerades f_n gleich 1. $\Diamond$

Wir verzichten auf eine weitere Diskussion von Teilbarkeitsaussagen für Fibonacci- und Lucaszahlen. Dieses Thema können s interessierte Leser/innen jedoch noch bei den Aufgaben vertiefen, vgl. den Arbeitsauftrag 3.6.2.1.

3.3   Die Fibonaccifolge modulo m

In diesem Abschnitt wird die Fibonaccifolge modulo m untersucht. Zunächst formulieren wir einige allgemeine Aussagen und betrachten dann den Fall genauer, wo m eine Primzahl ist.

3.3.1   Die Periodenlänge der Fibonaccifolge modulo m

Satz 3.27 hat gezeigt, dass sich für jedes $m \geq 2$ unter den ersten $m^2 - 1$ Fibonaccizahlen eine findet, die durch m teilbar ist. Im Beweis wurde die Folge (3.8)

$$(\bar{f}_0, \bar{f}_1), (\bar{f}_1, \bar{f}_2), (\bar{f}_2, \bar{f}_3), ..., (\bar{f}_n, \bar{f}_{n+1}), ... ,$$

betrachtet und gezeigt, dass das erste wiederholt auftretende Paar $(\bar{0}, \bar{1}) = (\bar{f}_s, \bar{f}_{s+1})$ mit $1 \leq s < m^2$ ist. Wegen $f_{s+2} = f_s + f_{s+1}$ folgt aus den Regeln für Restklassen $\bar{f}_{s+2} \equiv \bar{f}_s + \bar{f}_{s+1} \equiv \bar{f}_0 + \bar{f}_1 \equiv \bar{f}_2 \pmod{m}$. Von der s-ten Stelle an wiederholen sich also die Restklassen $\bar{f}_0, \bar{f}_1, \bar{f}_2, ..., \bar{f}_{s-1}$ wieder und es gilt $f_s \equiv f_0 \pmod{m}$, $f_{s+1} \equiv f_1$ (mod m), ..., $f_{2s-1} \equiv f_{s-1} \pmod{m}$, $f_{2s} \equiv f_0 \pmod{m}$; dies folgt unmittelbar aus der Rekursionsformel (1.1) mittels vollständiger Induktion. Die Fibonaccifolge modulo m ist also periodisch mit Periodenlänge s. Wir fassen zusammen:

Satz 3.48

Die Fibonaccifolge $\{f_m$ modulo $m\}$ ist periodisch mit einer Periodenlänge $< m^2$. Die Periodenlänge der Fibonaccifolge modulo m heißt manchmal auch **Wall-Zahl** und wird mit $\lambda(m)$ bezeichnet. Damit gilt $f_{\lambda(m)} \equiv 0 \pmod{m}$ und $f_{\lambda(m)+1} \equiv 1 \pmod{m}$; ferner ist $\lambda(m)$ die kleinste Zahl mit dieser Eigenschaft.

Beispiele:

(a) Die Fibonaccifolge modulo 2 ergibt sich zu 0, 1, 1, **0**, **1**, 1 ..., daher ist $\lambda(2) = 3$.

(b) Wir betrachten die Fibonaccifolge modulo 5:
0, 1, 1, 2, 3, 0 , 3, 3, 1, 4, 0, 4, 4, 3, 2, 0, 2, 2, 4, 1, **0**, **1**, 1, ...
Offenbar hat $\{f_n$ modulo $5\}$ die Periodenlänge $\lambda(5) = 20$, da (f_{20}, f_{21}) das erste Paar kongruent zu $(0, 1)$ liefert. Allerdings gilt $f_5 \equiv f_{10} \equiv f_{15} \equiv f_{20} \equiv 0 \pmod{5}$.

(c) Die Fibonaccifolge modulo 7 beginnt folgendermaßen:
0, 1, 1, 2, 3, 5, 1, 6, 0, 6, 6, 5, 4, 2, 6, 1, **0**, **1**, 1, ...
Hier ist die Periodenlänge $\lambda(7) = 16$ und es gilt $f_8 \equiv 0 \pmod{7}$.

(d) Für die Fibonaccifolge modulo 11 erhält man 0, 1, 1, 2, 3, 5, 8, 2, 10, 1, **0**, **1**, 1, ...; es ist also $\lambda(11) = 10$.

D. D. Wall hat sich in seiner 1960 erschienenen Arbeit [W60] mit der Frage der Periodenlänge auseinandergesetzt. Im Folgenden geben wir einen Überblick über seine wichtigsten Resultate.

Die Beispiele legen nahe, zunächst diejenigen f_n genauer zu betrachten, die durch m teilbar sind:

Satz 3.49

Für jedes $1 \neq m \in \mathbb{N}$ gibt es eine natürliche Zahl $d = d(m)$ so, dass $n = dr$ mit passendem $r \in \mathbb{Z}$ für die Indizes $n \in \mathbb{Z}$ aller Fibonaccizahlen f_n mit $f_n \equiv 0 \pmod{m}$ gilt.

Beweis: Angenommen, es ist $f_k \equiv 0 \pmod{m}$ und $f_l \equiv 0 \pmod{m}$ mit $k, l \in \mathbb{Z}, l \geq k$. Da aufeinanderfolgende Fibonaccizahlen teilerfremd sind, folgt aus $f_{k+l} = f_{k+1}f_l + f_k f_{l-1}$ (Satz 1.9) weiter $f_{k+l} \equiv 0 \pmod{m}$. Wegen $f_l = f_{(l-k)+k} = f_{l-k+1}f_k + f_{l-k}f_{k+1}$, also $f_{l-k}f_{k+1} = f_l - f_{l-k+1}f_k$, ergibt sich entsprechend $f_{l-k} \equiv 0 \,(\text{mod}\, m)$. Die Menge aller Indizes $n \in \mathbb{Z}$ mit $f_n \equiv 0 \,(\text{mod}\, m)$ ist also unter Addition und Subtraktion abgeschlossen, sodass wir es dabei mit einer (additiven) echten Untergruppe von $\mathbb{Z}$ zu tun haben. Diese Untergruppe kann man in der Form $d\mathbb{Z}$ schreiben und es folgt die Behauptung. $\diamond$

Für die Untersuchung der Periodenlänge sind die Überlegungen aus dem 2. Kapitel sehr hilfreich. Wir hatten dort in Formel (2.2) gezeigt:

$$F^n \begin{pmatrix} f_0 \\ f_1 \end{pmatrix} = \begin{pmatrix} f_n \\ f_{n+1} \end{pmatrix}, \text{wobei } F = \begin{pmatrix} 0 & 1 \\ 1 & 1 \end{pmatrix}.$$

Diese Gleichung können wir natürlich auch modulo m betrachten; für $n = \lambda(m)$ erhalten wir dann

$$F^{\lambda(m)} \begin{pmatrix} f_0 \\ f_1 \end{pmatrix} \equiv \begin{pmatrix} f_0 \\ f_1 \end{pmatrix} (\text{mod}\, m), \tag{3.14}$$

und insbesondere gilt offensichtlich nach Satz 2.1

$$F^{\lambda(m)} = \begin{pmatrix} f_{\lambda(m)-1} & f_{\lambda(m)} \\ f_{\lambda(m)} & f_{\lambda(m)+1} \end{pmatrix} \equiv E (\text{mod}\, m), \tag{3.15}$$

dabei bezeichnet $E = \left(\begin{smallmatrix} 1 & 0 \\ 0 & 1 \end{smallmatrix}\right)$ die 2×2-Einheitsmatrix.
Die Matrix F erzeugt also, versehen mit der Matrizenmultiplikation modulo m als Operation, eine zyklische Gruppe der Ordnung $\lambda(m)$ mit Einselement E. Jede Potenz F^k mit $k \mid \lambda(m)$ erzeugt eine echte Untergruppe, und umgekehrt weiß man aus dem Satz von Lagrange (s. z. B. [Bo2]), dass die Ordnung einer jeden Untergruppe die Gruppenordnung $\lambda(m)$ teilt.
Da $\lambda(m)$ die kleinste natürliche Zahl ist, für die die Kongruenz (3.15) gilt, muss jedes $r \in \mathbb{N}$ mit $F^r \equiv E(\text{mod}\, m)$ ein Vielfaches von $\lambda(m)$ sein.

Damit können wir folgenden Satz zeigen:

Satz 3.50

$$m \mid n \;\Rightarrow\; \lambda(m) \mid \lambda(n) \quad (m, n \in \mathbb{Z})$$

Beweis: Nach Obigem ist $F^{\lambda(n)} \equiv E \,(\text{mod}\, n)$; wegen $m \mid n$ gilt erst recht $F^{\lambda(n)} \equiv E \,(\text{mod}\, m)$. Andererseits ist nach Definition von $\lambda(m)$ auch $F^{\lambda(m)} \equiv E \,(\text{mod}\, m)$, wobei $\lambda(m)$ die kleinste natürliche Zahl ist, die diese Kongruenz erfüllt. Daher muss $\lambda(n)$ ein Vielfaches von $\lambda(m)$ sein und es gilt $\lambda(m) \mid \lambda(n)$, wie behauptet. $\diamond$

Die bisherigen Ergebnisse und die Vorkenntnisse aus Abschnitt 3.1 liefern den folgenden Satz.

Satz 3.51

Sind m und n teilerfremd, so gilt $\lambda(mn) = \text{kgV}(\lambda(m), \lambda(n))$.

Beweis: Wegen $m \mid mn$ und $n \mid mn$ gilt nach Satz 3.50: $\lambda(m) \mid \lambda(mn)$ und $\lambda(n) \mid \lambda(mn)$. Nach Satz 3.5(e) ist dann $\text{kgV}(\lambda(m), \lambda(n)) \mid \lambda(mn)$.
Wir setzen $k = \text{kgV}(\lambda(m), \lambda(n))$. Dann gelten die Kongruenzen $f_k \equiv f_0 \equiv 0 \pmod{m}$ und $f_k \equiv f_0 \equiv 0 \pmod{n}$ sowie $f_{k+1} \equiv f_1 \equiv 1 \pmod{m}$ und $f_{k+1} \equiv f_1 \equiv 1 \pmod{n}$. Wegen der Teilerfremdheit von m und n folgt nach dem chinesischen Restsatz $f_k \equiv 0 \pmod{mn}$ und $f_{k+1} \equiv 1 \pmod{mn}$. Damit gilt nun auch $\lambda(mn) \mid \text{kgV}(\lambda(m), \lambda(n))$, sodass also insgesamt $\lambda(mn) = \text{kgV}(\lambda(m), \lambda(n))$ gilt. $\diamond$

Für Periodenlängen modulo p für eine Primzahl p lässt sich zeigen:

Satz 3.52

Sei p eine Primzahl, und sei $k \in \mathbb{N}$, $k > 1$.
Dann gilt entweder $\lambda(p^k) = \lambda(p^{k-1})$ oder $\lambda(p^k) = p \cdot \lambda(p^{k-1})$.

Beweis: Nach Satz 3.50 gilt $\lambda(p^{k-1}) \mid \lambda(p^k)$, also $\lambda(p^k) = r \cdot \lambda(p^{k-1})$ für ein geeignetes $r \in \mathbb{Z}$. Falls $r = 1$ gilt, ist nichts mehr zu zeigen.
Sei also $r \neq 1$. Nach (3.14) und (2.2) gilt daher

$$\begin{pmatrix} 0 & 1 \\ 1 & 1 \end{pmatrix}^{\lambda(p^{k-1})} \begin{pmatrix} 0 \\ 1 \end{pmatrix} \equiv \begin{pmatrix} 0 \\ 1 \end{pmatrix} \pmod{p^{k-1}}$$

und mit geeigneten $a, b \in \mathbb{Z}$ kann man schreiben

$$\begin{pmatrix} 0 & 1 \\ 1 & 1 \end{pmatrix}^{\lambda(p^{k-1})} \begin{pmatrix} 0 \\ 1 \end{pmatrix} = p^{k-1} \begin{pmatrix} a \\ b \end{pmatrix} + \begin{pmatrix} 0 \\ 1 \end{pmatrix}.$$

Betrachten wir die Gleichung modulo p^k, so dürfen wir $a, b \in \{0, \ldots, p-1\}$ annehmen und erhalten

$$\begin{pmatrix} 0 & 1 \\ 1 & 1 \end{pmatrix}^{\lambda(p^{k-1})} \begin{pmatrix} 0 \\ 1 \end{pmatrix} = \begin{pmatrix} 0 \\ 1 \end{pmatrix} + p^{k-1} \begin{pmatrix} a \\ b \end{pmatrix} \pmod{p^k}.$$

Multipliziert man die Kongruenz mit $\begin{pmatrix} 0 & 1 \\ 1 & 1 \end{pmatrix}^{\lambda(p^{k-1})}$, so ergibt sich

$$\begin{pmatrix} 0 & 1 \\ 1 & 1 \end{pmatrix}^{2\lambda(p^{k-1})} \begin{pmatrix} 0 \\ 1 \end{pmatrix} \equiv \begin{pmatrix} 0 & 1 \\ 1 & 1 \end{pmatrix}^{\lambda(p^{k-1})} \left[\begin{pmatrix} 0 \\ 1 \end{pmatrix} + p^{k-1} \begin{pmatrix} a \\ b \end{pmatrix} \right] \pmod{p^k}.$$

Durch $\begin{pmatrix} 0 & 1 \\ 1 & 1 \end{pmatrix}^{\lambda(p^{k-1})}$ wird ein Vektor $\begin{pmatrix} a \\ b \end{pmatrix}$ auf einen Vektor der Gestalt $\begin{pmatrix} a + p^{k-1}c \\ b + p^{k-1}d \end{pmatrix} = \begin{pmatrix} a \\ b \end{pmatrix} + p^{k-1}\begin{pmatrix} c \\ d \end{pmatrix}$ mit geeigneten $c, d \in \mathbb{Z}$ abgebildet. Das bedeutet, dass der Vektor $p^{k-1}\begin{pmatrix} a \\ b \end{pmatrix}$

modulo p^k auf sich selbst abgebildet wird, weil der Term $p^{k-1} \cdot p^{k-1}\binom{c}{d} = p^{2k-2}\binom{c}{d}$ wegen $k \geq 2$ modulo p^k wegfällt. Damit erhält man also

$$\begin{pmatrix} 0 & 1 \\ 1 & 1 \end{pmatrix}^{2\lambda(p^{k-1})} \begin{pmatrix} 0 \\ 1 \end{pmatrix} \equiv \begin{pmatrix} 0 \\ 1 \end{pmatrix} + 2 \cdot p^{k-1} \begin{pmatrix} a \\ b \end{pmatrix} \pmod{p^k}$$

und, wenn man das Verfahren induktiv fortsetzt und insgesamt t-mal mit $\left(\begin{smallmatrix} 0 & 1 \\ 1 & 1 \end{smallmatrix}\right)^{\lambda(p^{k-1})}$ multipliziert, ergibt sich schließlich

$$\begin{pmatrix} 0 & 1 \\ 1 & 1 \end{pmatrix}^{t\lambda(p^{k-1})} \begin{pmatrix} 0 \\ 1 \end{pmatrix} \equiv \begin{pmatrix} 0 \\ 1 \end{pmatrix} + t \cdot p^{k-1} \begin{pmatrix} a \\ b \end{pmatrix} \pmod{p^k}.$$

Da $a, b \in \{0, 1, \ldots, p-1\}$, veschwindet der zweite Summand auf der rechten Seite der Kongruenz nur, wenn $p \mid t$ gilt. Da wir das kleinste derartige t suchen, muss $p = t$ gelten und wir erhalten

$$\begin{pmatrix} 0 & 1 \\ 1 & 1 \end{pmatrix}^{p\lambda(p^{k-1})} \begin{pmatrix} 0 \\ 1 \end{pmatrix} \equiv \begin{pmatrix} 0 \\ 1 \end{pmatrix} \pmod{p^k},$$

andererseits gilt

$$\begin{pmatrix} 0 & 1 \\ 1 & 1 \end{pmatrix}^{\lambda(p^k)} \begin{pmatrix} 0 \\ 1 \end{pmatrix} \equiv \begin{pmatrix} 0 \\ 1 \end{pmatrix} \pmod{p^k}.$$

Da die Exponenten in beiden Fällen minimal gewählt waren, muss $\lambda(p^k) = p \cdot \lambda(p^{k-1})$ sein. $\diamondsuit$

Bemerkung: Es ist nicht bekannt, ob es Primzahlen p gibt, für die $\lambda(p^2) = \lambda(p)$ gilt. *Wall* untersuchte in [W60] alle Primzahlen bis 10000 und stellte stets $\lambda(p^2) \neq \lambda(p)$ fest, konnte aber nicht zeigen, dass $\lambda(p^2) \neq \lambda(p)$ für alle Primzahlen p gilt. Er bewies jedoch eine schärfere Fassung von Satz 3.52: Unter der Voraussetzung $\lambda(p^2) \neq \lambda(p)$ gilt $\lambda(p^r) = p^{r-1}\lambda(p)$. Falls t die größte natürliche Zahl mit $\lambda(p^t) = \lambda(p)$ ist, so ergibt sich $\lambda(p^r) = p^{r-t}\lambda(p)$ für alle natürlichen Zahlen $r > t$.

Für zusammengesetztes m kann man also einige Aussagen über die Periodenlänge der Fibonaccifolge modulo m treffen und man sieht, dass alles auf die Untersuchung des Falls hinausläuft, wo m eine Primzahl ist.

3.3.2 Die Fibonaccifolge modulo p, p prim

Um die Fibonaccifolge modulo p für Primzahlen p untersuchen zu können, benötigen wir einen Hilfssatz. Dazu betrachten wir spezielle Moduli m und wählen das absolut kleinste Restsystem als Repräsentantensystem modulo m. Wir nehmen an, $m \in \mathbb{N}$ ist ungerade und teilerfremd zu 5. Nun ordnen wir den Zahlen

$$5, \, 2 \cdot 5, \, 3 \cdot 5, \ldots, \, \frac{m-1}{2} \cdot 5$$

ihre absolut kleinsten Reste modulo m zu und interessieren uns nur dafür, welche Vorzeichen die Reste haben.

Beispielsweise erhalten wir für $m = 17$ die Reste $5, -7 - 2, 3, 8, -4, 1, 6$ und somit die Vorzeichenfolge $+, -, -, +, +, -, +, +$.

Es zeigt sich, dass die Vorzeichenverteilung nur von der Endziffer von m im Dezimalsystem abhängt:

Lemma 3.53

Gilt $m = 10t + r$ mit $r \in \{1, 3, 7, 9\}$, so hängt die Vorzeichenverteilung in der Folge der absolut kleinsten Reste modulo m, die zur Folge $5, 2 \cdot 5, 3 \cdot 5, \ldots, \frac{m-1}{2} \cdot 5$ gehört, nur von r ab und es gilt:

r	Vorzeichenfolge				
1	$t +$	$t -$	$t +$	$t -$	$t +$
3	$t +$	$t -$	$t +$	$(t+1) -$	$t +$
7	$t +$	$(t+1) -$	$(t+1) +$	$t -$	$(t+1) +$
9	$t +$	$(t+1) -$	$(t+1) +$	$(t+1) -$	$(t+1) +$

Beweis: Wir müssen beachten, dass die zur Folge $5, 2 \cdot 5, 3 \cdot 5, \ldots, \frac{m-1}{2} \cdot 5$ gehörenden Reste von einer Zahl zur nächsten stets um 5 wachsen.

$\underline{r = 1}$: Für ein $k \in \mathbb{N}$ ist $5k \leq \frac{m-1}{2}$, d.h. jede dieser Zahlen ist absolut kleinster Rest modulo m. Wir erhalten also t positive Reste $5, \ldots, 5t$. Da $5(t+1) \geq \frac{m-1}{2}$, ist der nächste Rest negativ und gleich $-5t - 4$. Die nächsten Reste erhalten wir, indem wir dazu sukzessive 5 addieren; wir bekommen $t - 1$ weitere negative Reste, der letzte davon ist -1. Daher ist 4 der nächste Rest, dem $t - 1$ weitere positive Reste folgen, der letzte davon ist $5t - 1$. Danach erhalten wir eine Folge von t negativen Resten, die bei $-5t + 3$ beginnen und bei -2 aufhören. Schließlich erhalten wir noch t positive Reste von 3 bis $5t - 2$.

$\underline{r = 3}$: Für $k \leq t$ ist wieder $5k < \frac{m-1}{2} = \frac{10t+2}{2} = 5t + 1$, sodass jede dieser t Zahlen absolut kleinster Rest modulo m ist. Weiter gilt $5(t+1) > \frac{m-1}{2}$; der nächste Rest ist also negativ und gleich $-5t + 2$; fortgesetztes Addieren von 5 liefert $t - 1$ weitere negative Reste, der letzte davon ist -3. Der folgende Rest ist 2, und dann gibt es $t - 1$ weitere positive Reste bis $5t - 3$. Als nächsten Rest erhalten wir $-5t - 1$, und nun gibt es t weitere negative Reste, der letzte davon ist -1. Danach ergibt sich 4 als Rest und es folgen noch $t - 1$ positive Reste bis $5t - 1$.

$\underline{r = 7}$: Auch hier gilt $5k < \frac{m-1}{2} = \frac{10t+6}{2} = 5t + 3$ für $k \leq t$ und es ergeben sich insgesamt t positive Reste. Dann geht es weiter mit dem negativen Rest $-5t - 2$, und es folgen t weitere negative Reste, der letzte davon ist -2. Es folgt der positive Rest 3 und noch t weitere positive Reste bis $5t + 3$; danach kommt der negative Rest $-5t + 1$, gefolgt von $t - 1$ negativen Resten. Der folgende Rest ist ist 1; danach kommen t weitere positive Reste bis $5t + 1$.

$\underline{r = 9}$: In diesem Fall gilt $5k < \frac{m-1}{2} = \frac{10t+8}{2} = 5t + 4$ für $t < 4$, also ergeben sich insgesamt t positive Reste. Weiter folgt der negative Rest $-5t - 4$, sodass man insgesamt $t + 1$ negative Reste bekommt, der letzte davon ist -4. Danach kommt der Rest 1 und weitere t positive Reste bis $5t + 1$. Der nächste Rest ist negativ und gleich $-5t - 3$, gefolgt von t weiteren negativen Resten bis -3. Als nächsten Rest bekommt man 2 und die t weiteren Reste der Form $5k + 2$ mit $k \leq t$.
Damit ist das Lemma vollständig gezeigt. $\Diamond$

Damit kann man das folgende Lemma gewinnen:

Lemma 3.54

(a)   Ist p eine Primzahl der Form $5s \pm 1$, so gilt $5^{\frac{p-1}{2}} \equiv 1 \,(\mathrm{mod}\, p)$.

(b)   Ist $p \neq 2$ eine Primzahl der Form $5s \pm 2$, so gilt $5^{\frac{p-1}{2}} \equiv -1 \,(\mathrm{mod}\, p)$.

Beweis: Es gilt $k \cdot 5 \equiv \varepsilon_k r_k \,(\mathrm{mod}\, p)$ für $k = 1, \ldots, \frac{p-1}{2}$, wobei $\varepsilon_k r_k$ der absolut kleinste Rest von $k \cdot 5$ modulo p ist mit $r_k > 0$ und $\varepsilon_k = \pm 1$. Multiplizieren aller dieser Kongruenzen liefert

$$\left(\frac{p-1}{2}\right)! \cdot 5^{\frac{p-1}{2}} \equiv \prod_{k=1}^{\frac{p-1}{2}} \varepsilon_k \cdot \prod_{k=1}^{\frac{p-1}{2}} r_k \,(\mathrm{mod}\, p). \tag{3.16}$$

Nach Wahl von r_k gilt $r_k \leq \frac{p-1}{2}$ für alle k. Ferner sind alle r_k voneinander verschieden. Wäre nämlich $r_i = r_j$ für $i \neq j$, so wäre $5i \equiv 5j \,(\mathrm{mod}\, p)$ und nach der Kürzungsregel wäre $i \equiv j \,(\mathrm{mod}\, p)$. Wegen $-p < i - j < i + j < p$ und $i \neq j$ ist dies ein Widerspruch und alle r_k sind tatsächlich verschieden. Das bedeutet aber, dass die Reste r_k genau die Zahlen $1, \ldots, \frac{p-1}{2}$ in irgendeiner Reihenfolge sind. Zudem sind alle r_k teilerfremd zu p, also auch deren Produkt. Wir dürfen daher dieses Produkt aus der Kongruenz (3.16) kürzen und erhalten

$$5^{\frac{p-1}{2}} \equiv \prod_{k=1}^{\frac{p-1}{2}} \varepsilon_k \,(\mathrm{mod}\, p).$$

Nach obigem Lemma kennen wir die Anzahl der Faktoren -1 im Produkt auf der rechten Seite. Hat p die Form $5s \pm 1$, so lässt sich p auch in der Form $10t \pm 1$ schreiben (da p ungerade ist). Nach dem vorhergehenden Lemma ist die Anzahl der Faktoren -1 gleich $2t$ bzw. $2(t+1)$ und wir erhalten die Richtigkeit von (a). Die Aussage (b) ergibt sich, da wir den Fall $p \neq 2$, $p = 5s \pm 2$ auf den Fall $p = 10t \pm 3$ zurückführen können. In diesen beiden Fällen ist die Anzahl der Faktoren -1 jeweils ungerade, nämlich $2t+1$. $\Diamond$

Das Resultat des Lemmas hätte man unter Verwendung des Legendre-Symbols etwas eleganter erhalten können. Daher geben wir hier der Vollständigkeit halber die Definition des Legendre-Symbols an:

Definition 3.55

Seien p eine ungerade Primzahl, c eine ganze, nicht durch p teilbare Zahl. Dann ist das **Legendre-Symbol** erklärt durch

$$\left(\frac{c}{p}\right) := \begin{cases} 1, & \text{falls } c \text{ quadratischer Rest modulo } p \\ -1, & \text{falls } c \text{ quadratischer Nichtrest modulo } p \end{cases}$$

$\left(\frac{c}{p}\right)$ wird gelesen als „c nach p". Dabei ist c genau dann ein **quadratischer Rest** modulo p, wenn die Kongruenz $X^2 \equiv c \,(\mathrm{mod}\,p)$ lösbar ist, andernfalls heißt c ein **quadratischer Nichtrest**.

Z. B. sind 1 und -1 modulo 5 wegen $1 \equiv 1^2 \equiv 4^2 \equiv (-1)^2 \,(\mathrm{mod}\,5)$ und $-1 \equiv 4 \equiv 2^2 \equiv 3^2 \,(\mathrm{mod}\,5)$ quadratische Reste, während 2 und -2 quadratische Nichtreste sind. Daher gilt $\left(\frac{1}{5}\right) = \left(\frac{-1}{5}\right) = 1$ und $\left(\frac{2}{5}\right) = \left(\frac{-2}{5}\right) = -1$.

Für das Legendre-Symbol gelten zwei wichtige Sätze, siehe dazu [Bu], Seite 130 ff.:

(A) **Euler-Kriterium:** Für $c \in \mathbb{Z}$ und eine ungerade Primzahl p mit $p \nmid c$ gilt $c^{\frac{p-1}{2}} \equiv \left(\frac{c}{p}\right) \,(\mathrm{mod}\,p)$.

(B) **Quadratisches Reziprozitätsgesetz:** Für voneinander verschiedene ungerade Primzahlen p und q gilt $\left(\frac{p}{q}\right)\left(\frac{q}{p}\right) = (-1)^{\frac{(p-1)(q-1)}{4}}$.

In unserem Fall gilt nach dem Quadratischen Reziprozitätsgesetz $\left(\frac{p}{5}\right)\left(\frac{5}{p}\right) = (-1)^{\frac{5-1}{2} \cdot \frac{p-1}{2}} = (-1)^{p-1} = 1$, da $p-1$ gerade ist.

Für $p \equiv \pm 1 \,(\mathrm{mod}\,5)$ ist $\left(\frac{p}{5}\right) = 1$ und daher auch $\left(\frac{5}{p}\right) = 1$, was nach dem Euler-Kriterium $5^{\frac{p-1}{2}} \equiv 1 \,(\mathrm{mod}\,p)$ bedeutet.

Ist $p \equiv \pm 2 \,(\mathrm{mod}\,5)$, so gilt $\left(\frac{p}{5}\right) = -1$, also auch $\left(\frac{5}{p}\right) = -1$, und das Euler-Kriterium liefert $5^{\frac{p-1}{2}} \equiv -1 \,(\mathrm{mod}\,p)$.

Nach diesem Exkurs über das Legendre-Symbol können wir nun den folgenden wichtigen Satz zeigen:

Satz 3.56

Sei p eine Primzahl. Dann gelten folgende Kongruenzen modulo p:

$p = 2$: $f_{p-1} = f_1 = 1 \equiv 1$; $\quad f_p = f_2 = 1 \equiv 1$; $\quad f_{p+1} = f_3 = 2 \equiv 0 \,(\mathrm{mod}\,2)$

$p = 5$: $f_{p-1} = f_4 = 3 \equiv 3$; $\quad f_p = f_5 = 5 \equiv 0$; $\quad f_{p+1} = f_6 = 8 \equiv 3 \,(\mathrm{mod}\,5)$

$p \equiv \pm 1 \,(\mathrm{mod}\,5)$: $\quad f_{p-1} \equiv 0$; $\quad f_p \equiv 1$; $\quad f_{p+1} \equiv 1 \,(\mathrm{mod}\,p)$

$p \equiv \pm 2 \,(\mathrm{mod}\,5)$: $\quad f_{p-1} \equiv 1$; $\quad f_p \equiv -1$; $\quad f_{p+1} \equiv 0 \,(\mathrm{mod}\,p)$

Beweis:

$p = 2:\ f_{p-1} = f_1 = 1 \equiv 1\,(\mathrm{mod}\,2);\quad f_p = f_2 = 1 \equiv 1\,(\mathrm{mod}\,2);\quad f_{p+1} = f_3 = 2 \equiv 0\,(\mathrm{mod}\,2)$

$p = 5:\ f_{p-1} = f_4 = 3 \equiv 3\,(\mathrm{mod}\,5);\quad f_p = f_5 = 5 \equiv 0\,(\mathrm{mod}\,5);\quad f_{p+1} = f_6 = 8 \equiv 3\,(\mathrm{mod}\,5)$

$p \neq 2, 5:$ Die Formel von Binet liefert mithilfe des binomischen Satzes:

$$f_p = \frac{1}{\sqrt{5}}\left[\left(\frac{1+\sqrt{5}}{2}\right)^p - \left(\frac{1-\sqrt{5}}{2}\right)^p\right]$$

$$= \frac{1}{\sqrt{5}} \cdot \frac{1}{2^p}\left[1 + \binom{p}{1}\sqrt{5} + \binom{p}{2}\cdot 5 + \cdots + \binom{p}{p-1}\cdot 5^{\frac{p-1}{2}} + (\sqrt{5})^p\right.$$

$$\left. - 1 + \binom{p}{1}\sqrt{5} - \binom{p}{2}\cdot 5 + \cdots - \binom{p}{p-1}\cdot 5^{\frac{p-1}{2}} + (\sqrt{5})^p\right]$$

Dabei heben sich in der Klammer alle Terme mit geraden Potenzen von $\sqrt{5}$ weg. Da die Binomialkoeffizienten $\binom{p}{i}$ für $i = 1, \ldots, p-1$ nach Lemma 3.8(a) alle durch p teilbar sind, sind diese Terme alle kongruent 0 modulo p, sodass

$$f_p \equiv \frac{1}{2^{p-1}} \cdot 5^{\frac{p-1}{2}}\,(\mathrm{mod}\,p)$$

übrig bleibt. Nach dem kleinen Satz von Fermat ist $2^{p-1} \equiv 1\,(\mathrm{mod}\,p)$, da 2 und p teilerfremd sind, und nach dem vorangegangenen Lemma ist

$$5^{\frac{p-1}{2}} \equiv 1\,(\mathrm{mod}\,p)\ \text{für}\ p \equiv \pm 1\,(\mathrm{mod}\,5)\ \text{und}\ 5^{\frac{p-1}{2}} \equiv -1\,(\mathrm{mod}\,p)\ \text{für}\ p \equiv \pm 2\,(\mathrm{mod}\,5).$$

Damit haben wir

$$f_p \equiv 1\,(\mathrm{mod}\,p)\ \text{für}\ p \equiv \pm 1\,(\mathrm{mod}\,5)\ \text{und}\ f_p \equiv -1\,(\mathrm{mod}\,p)\ \text{für}\ p \equiv \pm 2\,(\mathrm{mod}\,5).$$

Auch für f_{p+1} entwickelt man die Formel von Binet mithilfe des binomischen Satzes:

$$f_{p+1} = \frac{1}{\sqrt{5}}\left[\left(\frac{1+\sqrt{5}}{2}\right)^{p+1} - \left(\frac{1-\sqrt{5}}{2}\right)^{p+1}\right]$$

$$= \frac{1}{\sqrt{5}} \cdot \frac{1}{2^{p+1}}\left[\sum_{i=0}^{p+1}\binom{p+1}{i}(\sqrt{5})^i - \sum_{i=0}^{p+1}\binom{p+1}{i}(-\sqrt{5})^i\right]$$

In der eckigen Klammer heben sich wieder alle Terme mit geraden Potenzen von $\sqrt{5}$ weg, und alle Binomialkoeffizienten mit Ausnahme von $\binom{p+1}{1}$ und $\binom{p+1}{p}$ sind nach Lemma 3.8(b) durch p teilbar, sodass die entsprechenden Terme modulo p entfallen. Es bleibt also stehen:

$$f_{p+1} \equiv \frac{1}{2^p}[p+1 + (p+1)5^{\frac{p-1}{2}}]\,(\mathrm{mod}\,p)$$

$$\equiv \frac{1}{2^p}(1 + 5^{\frac{p-1}{2}})\,(\mathrm{mod}\,p)$$

$$\equiv \frac{1}{2}(1 + 5^{\frac{p-1}{2}})\,(\mathrm{mod}\,p)$$

nach dem kleinen Satz von Fermat. Das vorstehende Lemma liefert

$$f_{p+1} \equiv \frac{1}{2} \cdot (1+1) \,(\mathrm{mod}\,p) \equiv 1(\mathrm{mod}\,p) \text{ für } p \equiv \pm 1 \,(\mathrm{mod}\,5),$$

$$f_{p+1} \equiv \frac{1}{2} \cdot (1-1) \,(\mathrm{mod}\,p) \equiv 0 \,(\mathrm{mod}\,p) \text{ für } p \equiv \pm 2 \,(\mathrm{mod}\,5).$$

Wegen $f_{p-1} = f_{p+1} - f_p$ folgt außerdem die Behauptung für f_{p-1}. $\Diamond$

Ein Detail aus dem Beweis wollen wir zur späteren Verwendung festhalten:

Lemma 3.57

$$f_n = \frac{1}{2^{n-1}} \sum_{i=0}^{\infty} 5^i \binom{n}{2i+1}$$

Beweis: Entwickelt man

$$f_n = \frac{1}{\sqrt{5}} \left[\left(\frac{1+\sqrt{5}}{2} \right)^n - \left(\frac{1-\sqrt{5}}{2} \right)^n \right]$$

mithilfe des binomischen Satzes und fasst zusammen, so bleiben in der eckigen Klammer nur Terme mit ungeraden Potenzen von $\sqrt{5}$ und Binomialkoeffizienten $\binom{n}{k}$ mit ungeraden k stehen:

$$f_n = \frac{1}{\sqrt{5}} \cdot \frac{1}{2^n} \left[\sum_{j=0}^{n} \binom{n}{j} (\sqrt{5})^j - \sum_{j=0}^{n} \binom{n}{j} (-\sqrt{5})^j \right] = \frac{1}{2^{n-1}} \sum_{i=0}^{\lfloor \frac{n}{2} \rfloor} 5^i \binom{n}{2i+1}$$

Beachtet man noch $\binom{n}{k} = 0$ für $k > n$, so ergibt sich die angegebene Formel. $\Diamond$

Aus dem vorhergehenden Satz ergeben sich Aussagen für die Periodenlänge der Fibonaccifolge modulo p, p Primzahl.

Satz 3.58

Für die Periodenlänge modulo p ergibt sich:

$p = 2 : \lambda(2) = 3$

$p = 5 : \lambda(5) = 20$

$p \equiv \pm 1 \,(\mathrm{mod}\,5) : \lambda(p) \mid (p-1)$

$p \equiv \pm 2 \,(\mathrm{mod}\,5) : \lambda(p) \mid 2(p+1)$, aber $\lambda(p) \nmid (p+1)$

Beweis: Für $p = 2$ und $p = 5$ wurde die Periodenlänge bereits in den Beispielen nach Satz 3.48 angegeben.

$p \equiv \pm 1 \,(\mathrm{mod}\, 5)$:   Wegen $f_{p-1} \equiv 0 \,(\mathrm{mod}\, p)$ und $f_p \equiv 1 \,(\mathrm{mod}\, p)$ hat man mit f_{p-1} und f_p ein Paar kongruent zu $((0, 1)$ gefunden; daher ist $p - 1$ ein Vielfaches der Periodenlänge und es gilt $\lambda(p) \mid (p - 1)$.

$p \equiv \pm 2 \,(\mathrm{mod}\, 5)$:   Hier ist der Sachverhalt komplizierter. Es gilt zwar $f_{p+1} \equiv 0 \,(\mathrm{mod}\, p)$, aber wegen $f_p \equiv f_{p+2} \equiv -1 \,(\mathrm{mod}\, p)$ ist damit noch kein zu $(0, 1)$ kongruentes Paar gefunden. Es gilt aber nach Satz 1.9:

$f_{2(p+1)} = f_p f_{p+1} + f_{p+1} f_p \equiv -1 \cdot 0 + 0 \cdot (-1) \equiv 0 \,(\mathrm{mod}\, p)$ und
$f_{2(p+1)+1} = f_p f_{p+2} + f_{p+1} f_{p+1} \equiv -1 \cdot (-1) + 0 \cdot 0 \equiv 1 \,(\mathrm{mod}\, p)$

Somit ist mit $(f_{2(p+1)}, f_{2(p+1)+1})$ ein zu $(0, 1)$ kongruentes Paar gefunden. Daher muss $\lambda(p) \mid 2(p + 1)$ gelten, aber nach Obigem andererseits $\lambda(p) \nmid (p + 1)$. Damit ist alles gezeigt. $\diamondsuit$

Bemerkungen:

- Für $p \equiv \pm 2 \,(\mathrm{mod}\, 5)$ folgt wegen $\lambda(p) \mid 2(p - 1)$ und $\lambda(p) \nmid (p - 1)$ sofort, dass die Periodenlänge $\lambda(p)$ eine gerade Zahl ist.

- Im Fall $p \equiv \pm 1 \,(\mathrm{mod}\, 5)$ ist die Periodenlänge sicher dann gerade, wenn p die Form $p = 10(2r + 1)$ oder $p = 10(2r + 1) + 9$ hat. Es gilt dann nämlich $p = 20r + 11 = 4(5r+2)+3 \equiv 3 \,(\mathrm{mod}\, 4)$ bzw. $p = 20r + 19 = 4(5r+4)+3 \equiv 3 \,(\mathrm{mod}\, 4)$. Nach Satz 3.34 kann ein solches p aber nicht Teiler einer Fibonaccizahl $f_{\lambda(p)}$ mit ungeradem Index $\lambda(p)$ sein. Daher muss $\lambda(p)$ gerade sein.

Es liegt also die Vermutung nahe, dass die Periodenlänge $\lambda(m)$ außer für $m = 2$ immer gerade ist. Diese Vermutung können wir tatsächlich auch beweisen:

Satz 3.59

Für $m > 2$ ist die Periodenlänge $\lambda(m)$ der Fibonaccifolge modulo m gerade.

Beweis: Angenommen, $\lambda(m)$ ist ungerade mit $\lambda(m) = 2r + 1$ für ein $r \in \mathbb{N}$. Wir werden zeigen, dass diese Annahme $m = 2$ erzwingt. Es gelten folgende Kongruenzen modulo m:

$-f_{\lambda(m)} \equiv 0 = f_0$, $f_{\lambda(m)-1} = f_{\lambda(m)+1} - f_{\lambda(m)} \equiv 1 = f_1$, $-f_{\lambda(m)-2} = -f_{\lambda(m)} + f_{\lambda(m)-1} \equiv f_0 + f_1 = f_2, \dots$,
$(-1)^{t-1} f_{\lambda(m)-t} = (-1)^{t-1} f_{\lambda(m)-t+2} + (-1)^t f_{\lambda(m)-t+1} \equiv f_{t-2} + f_{t-1} = f_t, \dots$,
$(-1)^{r-2} f_{r+2} \equiv f_{r-1}$, $(-1)^{r-1} f_{f+1} \equiv f_r$.

Für ungerades r ergibt sich aus der letzten Kongruenz und der Rekursionsformel für die Fibonaccifolge $f_{r+1} \equiv f_r \,(\mathrm{mod}\, m)$ und weiter $f_{r-1} = f_{r+1} - f_r \equiv 0 \,(\mathrm{mod}\, m)$.

Für gerades r erhält man $-f_{r+1} \equiv f_r \,(\mathrm{mod}\, m)$ und somit $f_{r+2} = f_{r+1} + f_r \equiv 0 \,(\mathrm{mod}\, m)$; nach der vorletzten Kongruenz in der obigen Folge ist auch in diesem Fall $f_{r-1} \equiv 0 \,(\mathrm{mod}\, m)$.

Nach Satz 3.49 gibt es eine natürliche Zahl d mit $d \mid (r-1)$, also $d \mid (2r-2)$ und $d \mid \lambda(m)$, also $d \mid (2r+1)$. Damit gilt auch $d \mid [2r+1-(2r-2)] = 3$, sodass also $d = 3$ sein muss. (Wäre $d = 1$, so wären alle f_n durch m teilbar im Widerspruch zur Teilerfremdheit aufeinanderfolgender Fibonaccizahlen.) Also muss $f_d = f_3 = 2 \equiv 0 \,(\mathrm{mod}\, m)$ gelten, was auf $m = 2$ führt. Daher muss die Periodenlänge für $m > 2$ gerade sein. $\diamond$

3.3.3   Die Verteilung der Fibonaccizahlen modulo m

Wie wir schon wissen, ist die Fibonaccifolge modulo m periodisch und es treten darin die Zahlen $0, 1, \ldots, m-1$ in einer sich periodisch wiederholenden Anordnung auf. Nun kann man die Frage stellen, ob in dieser Folge jeder dieser Reste gleich oft vorkommt. Diese Eigenschaft hat einen besonderen Namen:

Definition 3.60

Sei $\{a_n\}$ eine Folge ganzer Zahlen. Für $k \in \mathbb{N}$ sei $A(k,j,m)$ die Anzahl der Folgenglieder a_n mit $a_n \leq k$ und $a_n \equiv j \,(\mathrm{mod}\, m)$. Die Folge $\{a_n\}$ heißt **uniform verteilt modulo** m, $m \geq 2$, wenn für alle $j \in \{0, 1, \ldots, m-1\}$ gilt

$$\lim_{k \to \infty} \frac{1}{k} \cdot A(k,j,m) = \frac{1}{m}.$$

Wir untersuchen diese Frage zunächst für Primzahlen. Aus den Betrachtungen über die Periodenlänge ergibt sich:

Satz 3.61

Die Fibonaccifolge $\{f_n \text{ modulo } p\}$ ist für $p = 5$ uniform verteilt.

Beweis: In den Beispielen nach Satz 3.48 hatten wir für die Fibonaccifolge modulo 5 bereits $\lambda(5) = 20$ gezeigt und die ersten Folgenglieder angegeben: 0, 1, 1, 2, 3, 0 , 3, 3, 1, 4, 0, 4, 4, 3, 2, 0, 2, 2, 4, 1, **0**, **1**, 1, ... Durch einfaches Zählen sieht man, dass jede der Zahlen 0, 1, 2, 3, 4 unter den 20 ersten Folgengliedern genau viermal auftritt; daher gilt:

$$\lim_{k \to \infty} \frac{1}{k} \cdot A(k,j,5) = \frac{1}{5} \quad \text{für} \quad j = 0, 1, 2, 3, 4. \qquad \diamond$$

Die Primzahl 5 ist ein Ausnahmefall. Für alle anderen Primzahlen ist die Fibonaccifolge nicht uniform verteilt modulo p:

Satz 3.62

Sei $p \neq 5$ eine Primzahl. Dann ist $\{f_n\}$ modulo p nicht uniform verteilt.

Beweis

$p = 2$: Die Fibonaccifolge modulo 2 lautet 0, 1, 1, **0**, **1**, ...; auf eine Null folgen also zwei Einsen und es gilt $\lim_{k \to \infty} \frac{1}{k} \cdot A(k, 0, 2) = \frac{1}{3}$ und $\lim_{k \to \infty} \frac{1}{k} \cdot A(k, 1, 2) = \frac{2}{3}$, d. h. $\{f_n\}$ ist modulo 2 nicht uniform verteilt.

Nun sei p eine von 2 und 5 verschiedene Primzahl. Dann teilt p nach Satz 3.56 die Fibonaccizahl f_p nicht, aber es existiert eine natürliche Zahl $t \neq p$ mit $f_t \equiv 0 \pmod{p}$; t sei die kleinste natürliche Zahl mit dieser Eigenschaft. Wegen Satz 3.49 gilt dann $f_{lt} \equiv 0 \pmod{p}$ für alle $l \in \mathbb{N}$. Andererseits gibt es aber keine natürliche Zahl q mit $lt < q < (l+1)t$ und $f_q \equiv 0 \pmod{p}$, da es sonst ein r mit $0 < r < t$ und $f_r \equiv 0 \pmod{p}$ gäbe im Widerspruch zur Minimalität von t. Dies sieht man folgendermaßen ein: Für ein solches q wäre dann nach Satz 3.29 $\mathrm{ggT}(f_{lt}, f_q) = f_{\mathrm{ggT}(lt, q)} \equiv 0 \pmod{p}$, und mit $q = lt + r$ $(0 < r < t)$ wäre $\mathrm{ggT}(lt, q) = \mathrm{ggT}(lt, lt + r) = \mathrm{ggT}(lt, r) \leq r < t$.

Wegen der Minimalität von t gilt $A(k, 0, p) = \lfloor \frac{k}{t} \rfloor$. Sei $k = \lfloor \frac{k}{t} \rfloor t + r$ mit $0 \leq r < t$. Dann gilt $A(k, 0, p) = \frac{k-r}{t}$, also $\frac{1}{k} \cdot A(k, 0, p) = \frac{1}{t} - \frac{r}{kt}$ und weiter $\lim_{k \to \infty} \frac{1}{k} \cdot A(k, 0, p) = \frac{1}{t}$ $(t \neq p)$ für jede Primzahl $p \neq 2, 5$. Also ist die Fibonaccifolge modulo p nicht uniform verteilt. $\diamond$

Diese Ergebnisse wurden von *Lawrence Kuipers* und *Jau-Shyong Shiue* in [KSh72] gezeigt. Die beiden Autoren benutzten ein Resultat von *I. Niven*: Ist eine Zahlenfolge für eine zusammengesetzte Zahl m uniform verteilt, so ist sie auch für jeden positiven Teiler von m uniform verteilt. Daraus ergibt sich mithilfe des vorstehenden Satzes unmittelbar, dass die Fibonaccifolge für zusammengesetzte Zahlen $m > 2$ und $m \neq 5^k$ nicht uniform verteilt modulo m sein kann.

Andererseits legt Satz 3.61 die folgende Vermutung nahe: Die Fibonaccifolge ist modulo 5^k uniform verteilt. Diese Vermutung konnte von *Harald Niederreiter* in [N72] bestätigt werden; der Beweis ist eine sehr trickreiche Induktion nach dem Exponenten k. Seine Argumentation stützt sich dabei auf die von *D. D. Wall* in [W60] gezeigte stärkere Version von Satz 3.52, die für $m = 5^k$ besagt, dass die Periodenlänge $\lambda(5^k) = 4 \cdot 5^k$ beträgt. Außerdem benutzt er die Darstellung einer Fibonaccizahl durch eine Reihe aus Lemma 3.57 sowie die Formel (3.3) für Binomialkoeffizienten.

3.3.4   Summenformeln modulo m

In Kapitel 1 hatten wir Summenformeln für Fibonaccizahlen hergeleitet. Hier betrachten wir nun Summen von Fibonaccizahlen modulo m, bei denen die Summation genau über eine Periode genommen wird. Wegen der Periodizität der Fibonaccifolge gilt

$$\sum_{i=0}^{\lambda(m)} f_i \equiv \sum_{i=k+1}^{k+\lambda(m)} f_i \pmod{m}; \tag{3.17}$$

es liegt also Translationsinvarianz vor. Dabei darf k wegen der Erkenntnisse aus Abschnitt 1.6 auch negativ sein. Mithilfe der Ergebnisse aus Kapitel 1 können wir die folgenden Summenformeln modulo m zeigen:

Satz 3.63

Für $m \in \mathbb{N}$, $m \geq 2$ gelten:

(a) $\sum_{i=1}^{\lambda(m)} f_i \equiv 0 \,(\mathrm{mod}\,m)$

(b) $\sum_{i=1}^{\lambda(m)} f_i^2 \equiv 0 \,(\mathrm{mod}\,m)$

(c) $\sum_{i=1}^{\lambda(m)} f_i^3 \equiv 0 \,(\mathrm{mod}\,m)$

(d) $\sum_{i=1}^{\lambda(m)} (-1)^{i+1} f_i \equiv 0 \,(\mathrm{mod}\,m)$

(e) $\sum_{k=1}^{\lambda(m)} k f_k \equiv \lambda(m) \,(\mathrm{mod}\,m)$

Beweis:
(a)   Nach Satz 1.3(q) ist $\sum_{i=1}^{\lambda(m)} f_i = f_{\lambda(m)+2} - 1 \equiv f_2 - 1 \equiv 1 - 1 = 0 \,(\mathrm{mod}\,m)$.
(b)   Satz 1.5 liefert $\sum_{i=1}^{\lambda(m)} f_i^2 = f_{\lambda(m)} f_{\lambda(m)+1} \equiv f_0 \cdot f_1 \equiv 0 \cdot 1 = 0 \,(\mathrm{mod}\,m)$.
(c)   Nach Satz 1.24 gilt $\sum_{i=1}^{\lambda(m)} f_i^3 = \frac{1}{2}(f_{\lambda(m)} f_{\lambda(m)+1}^2 - (-1)^{\lambda(m)} f_{\lambda(m)-1} + 1)$.
Sei $m \neq 2$. Dann ist $\lambda(m)$ nach Satz 3.59 gerade und wir erhalten wegen $f_{\lambda(m)} \equiv 0 \,(\mathrm{mod}\,m)$, $f_{\lambda(m)-1} \equiv 1 \,(\mathrm{mod}\,m)$ weiter $\sum_{i=1}^{\lambda(m)} f_i^3 \equiv \frac{1}{2}(0 - 1 + 1) \equiv 0 \,(\mathrm{mod}\,m)$.
Nun sei $m = 2$. Dann ist $\lambda(m) = 3$ und es ist $\sum_{i=1}^{\lambda(m)} f_i^3 = f_1^3 + f_2^3 + f_3^3 = 1 + 1 + 8 = 10 \equiv 0 \,(\mathrm{mod}\,2)$.
(d)   Satz 1.4 liefert $\sum_{i=1}^{\lambda(m)} (-1)^{i+1} f_i = (-1)^{\lambda(m)+1} f_{\lambda(m)-1} + 1$; für $m \neq 2$ ist $\lambda(m)$ gerade und es ergibt sich $\sum_{i=1}^{\lambda(m)} (-1)^{i+1} f_i \equiv -1 + 1 \equiv 0 \,(\mathrm{mod}\,m)$. Für $m = 2$ erhalten wir $\sum_{i=1}^{3} (-1)^{i+1} f_i \equiv 0 \,(\mathrm{mod}\,2)$.
(e)   Nach Satz 1.7 gilt $\sum_{k=1}^{\lambda(m)} k f_k = \lambda(m) \cdot f_{\lambda(m)+2} - f_{\lambda(m)+3} + 2 \equiv \lambda(m) \cdot f_2 - f_3 + 2 \equiv \lambda(m) \cdot 1 - 2 + 2 \equiv \lambda(m) \,(\mathrm{mod}\,m)$, was die Behauptung zeigt. $\diamond$

3.4   Fibonaccizahlen und Binomialkoeffizienten

Nun untersuchen wir Zusammenhänge der Fibonaccizahlen mit den Binomialkoeffizienten. Zunächst betrachten wir Summenformeln, in denen Binomialkoeffizienten vorkommen. Im zweiten Abschnitt verallgemeinern wir dann den Begriff des Binomialkoeffizienten.

3.4.1   Summenformeln mit Binomialkoeffizienten

Wir beginnen mit einer Definition.

Definition 3.64

Für eine reelle Zahl a bedeutet die **Gaußklammer** $\lfloor a \rfloor$ („das größte Ganze von a")
die größte ganze Zahl, die kleiner oder gleich a ist.

Beispiel: Für eine natürliche Zahl n ist $\lfloor \frac{n}{2} \rfloor$ gleich $\frac{n}{2}$, falls n gerade ist, und gleich $\frac{n-1}{2}$
für ungerades n.

Die Gaußklammer erfüllt folgenden Zusammenhang, der sich später noch als nützlich
erweisen wird:

Lemma 3.65

Für natürliche Zahlen m, n und r gilt:

$$\lfloor \frac{m+n}{r} \rfloor \geq \lfloor \frac{m}{r} \rfloor + \lfloor \frac{n}{r} \rfloor$$

Beweis: Es gilt $\lfloor \frac{m}{r} \rfloor \leq \frac{m}{r}$ und $\lfloor \frac{n}{r} \rfloor \leq \frac{n}{r}$; mit geeigneten $a, b \in [0,1[$ können wir
also schreiben $\frac{m}{r} = \lfloor \frac{m}{r} \rfloor + a$, $\frac{n}{r} = \lfloor \frac{n}{r} \rfloor + b$. Dann ist $\frac{m+n}{r} = \lfloor \frac{m}{r} \rfloor + a + \lfloor \frac{n}{r} \rfloor + b = \lfloor \frac{m}{r} \rfloor + \lfloor \frac{n}{r} \rfloor + (a+b)$. Falls $a + b < 1$, gilt $\lfloor \frac{m+n}{r} \rfloor = \lfloor \frac{m}{r} \rfloor + \lfloor \frac{n}{r} \rfloor$, falls $1 \leq a + b < 2$, ist
$\lfloor \frac{m+n}{r} \rfloor = \lfloor \frac{m}{r} \rfloor + \lfloor \frac{n}{r} \rfloor + 1$. In beiden Fällen gilt somit $\lfloor \frac{m+n}{r} \rfloor \geq \lfloor \frac{m}{r} \rfloor + \lfloor \frac{n}{r} \rfloor$. $\Diamond$

Nach dieser Vorbereitung können wir jetzt unseren ersten Satz formulieren:

Satz 3.66

$$f_{n+1} = \sum_{k=0}^{\lfloor \frac{n}{2} \rfloor} \binom{n-k}{k}$$

Beweis   durch vollständige Induktion nach n.
$n = 1$: In diesem Fall ist $\lfloor \frac{n}{2} \rfloor = 0$, und die rechte Seite der Gleichung reduziert sich zu
$\binom{n-k}{k} = \binom{1}{0} = 1 = f_2$.
$n = 2$: Hier ist $\lfloor \frac{n}{2} \rfloor = \lfloor \frac{2}{2} \rfloor = 1$; die rechte Seite der Gleichung wird zu $\binom{2-0}{0} + \binom{2-1}{1} = \binom{2}{0} + \binom{1}{1} = 1 + 1 = 2 = f_3$.

Nun sei die Behauptung bereits für $n-1$ und n gezeigt. Für $n+1$ ergibt sich mit Satz 3.7(b):

$$\sum_{k=0}^{\lfloor\frac{n+1}{2}\rfloor}\binom{n+1-k}{k} = \sum_{k=0}^{\lfloor\frac{n+1}{2}\rfloor}\left[\binom{n-k}{k}+\binom{n-k}{k-1}\right] = \sum_{k=0}^{\lfloor\frac{n+1}{2}\rfloor}\binom{n-k}{k} + \sum_{k=0}^{\lfloor\frac{n+1}{2}\rfloor}\binom{n-k}{k-1}$$

Ist $n+1$ ungerade, so ist $\lfloor\frac{n+1}{2}\rfloor = \frac{n}{2} = \lfloor\frac{n}{2}\rfloor$, also können wir in diesem Fall weiter schreiben

$$= \sum_{k=0}^{\lfloor\frac{n}{2}\rfloor}\binom{n-k}{k} + \sum_{k=0}^{\lfloor\frac{n}{2}\rfloor}\binom{n-k}{k-1} = \sum_{k=0}^{\lfloor\frac{n}{2}\rfloor}\binom{n-k}{k} + \sum_{l=0}^{\lfloor\frac{n-1}{2}\rfloor}\binom{n-l-1}{l} ;$$

letzteres gilt wegen $\lfloor\frac{n-1}{2}\rfloor = \frac{n}{2}-1$.
Nach Induktionsvoraussetzung ergibt sich für den ersten Summanden f_{n+1} und für den zweiten Summanden f_n, also insgesamt $f_{n+1}+f_n = f_{n+2}$, wie gewünscht.

Für gerades $n+1$ gilt $\lfloor\frac{n+1}{2}\rfloor = \frac{n+1}{2} = \lfloor\frac{n}{2}\rfloor+1$, also erhalten wir in diesem Fall

$$= \sum_{k=0}^{\lfloor\frac{n}{2}\rfloor+1}\binom{n-k}{k} + \sum_{k=0}^{\lfloor\frac{n}{2}\rfloor+1}\binom{n-k}{k-1}$$

$$= \sum_{k=0}^{\lfloor\frac{n}{2}\rfloor}\binom{n-k}{k} + \binom{n-\frac{n+1}{2}}{\frac{n+1}{2}} + \sum_{l=0}^{\lfloor\frac{n-1}{2}\rfloor+1}\binom{n-l-1}{l} + \binom{n-\frac{n+1}{2}-1}{\frac{n+1}{2}}$$

$$= \sum_{k=0}^{\lfloor\frac{n}{2}\rfloor}\binom{n-k}{k} + \sum_{l=0}^{\lfloor\frac{n-1}{2}\rfloor+1}\binom{n-l-1}{l} + \binom{n-\frac{n+1}{2}}{\frac{n+1}{2}} + \binom{n-\frac{n+3}{2}}{\frac{n+1}{2}}$$

Da die beiden letzten Summanden nach Definition des Binomialkoeffizienten null sind, ergibt sich wie im ersten Fall f_{n+2} als Wert der Summe.
Damit ist der Satz vollständig gezeigt. ◇

Außerdem gilt folgende Summenformel:

Satz 3.67

Für $m, n \in \mathbb{N}_0$ gilt:

$$\sum_{k=0}^{n}\binom{n}{k}f_{k+m} = f_{2n+m}$$

Beweis: Wir wählen die Bezeichnungen aus Satz 1.17 und wenden die Formel von Binet an:

$$\sum_{k=0}^{n} \binom{n}{k} f_{k+m} = \frac{1}{\sqrt{5}} \sum_{k=0}^{n} \binom{n}{k} (\Phi^{k+m} - \Psi^{k+m})$$

$$= \frac{1}{\sqrt{5}} \left[\sum_{k=0}^{n} \binom{n}{k} \Phi^{k+m} - \sum_{k=0}^{n} \binom{n}{k} \Psi^{k+m} \right]$$

Aus dem binomischen Lehrsatz folgt:

$$(1 + \Phi)^n = \sum_{k=0}^{n} \binom{n}{k} 1^{n-k} \Phi^k = \sum_{k=0}^{n} \binom{n}{k} \Phi^k \quad \text{bzw.}$$

$$(1 + \Psi)^n = \sum_{k=0}^{n} \binom{n}{k} 1^{n-k} \Psi^k = \sum_{k=0}^{n} \binom{n}{k} \Psi^k.$$

Damit erhalten wir weiter:

$$\sum_{k=0}^{n} f_{k+m} \binom{n}{k} = \frac{1}{\sqrt{5}} [\Phi^m (1 + \Phi)^n - \Psi^m (1 + \Psi)^n]$$

Nach Satz 1.18 gilt $1 + \Phi = \Phi^2$ und $1 + \Psi = \Psi^2$; damit ergibt sich

$$= \frac{1}{\sqrt{5}} [\Phi^m \Phi^{2n} - \Psi^m \Psi^{2n}] = \frac{1}{\sqrt{5}} [\Phi^{2n+m} - \Psi^{2n+m}] = f_{2n+m},$$

was zu zeigen war. $\Diamond$

Hier nun noch eine etwas schwierigere Summenformel. Wir hatten sie mithilfe der Matrizenrechnung bereits im Kapitel 2 als Formel (2.8) erhalten.

Satz 3.68

$$\sum_{k=0}^{2n+1} \binom{2n+1}{k} f_{k+m}^2 = 5^n f_{2(n+m)+1}$$

für $n, m \in \mathbb{N}_0$.

Beweis: Die Formel von Binet liefert

$$\sum_{k=0}^{2n+1} \binom{2n+1}{k} f_{k+m}^2 = \frac{1}{5} \sum_{k=0}^{2n+1} \binom{2n+1}{k} (\Phi^{k+m} - \Psi^{k+m})^2$$

$$= \frac{1}{5} \sum_{k=0}^{2n+1} \binom{2n+1}{k} (\Phi^{2(k+m)} + \Psi^{2(k+m)} - 2(\Phi\Psi)^{k+m})$$

$$= \frac{1}{5} \left[\sum_{k=0}^{2n+1} \binom{2n+1}{k} \Phi^{2(k+m)} + \sum_{k=0}^{2n+1} \binom{2n+1}{k} \Psi^{2(k+m)} \right.$$

$$\left. + 2 \cdot (-1)^{m+1} \sum_{k=0}^{2n+1} (-1)^k \binom{2n+1}{k} \right]$$

Der letzte Summand ist null nach Satz 3.7(e); für die vordere Summe verwenden wir den gleichen Kunstgriff, den wir beim Beweis des vorherigen Satzes verwendet haben und können somit schreiben

$$= \frac{1}{5} \left[\Phi^{2m}(1 + \Phi^2)^{2n+1} + \Psi^{2m}(1 + \Psi^2)^{2n+1} \right]$$

Nach Satz 1.18 gilt $\Phi^2 = 1 + \Phi$ und $\Psi^2 = 1 + \Psi$, also
$1 + \Phi^2 = 2 + \Phi = \frac{4+1+\sqrt{5}}{2} = \frac{5+\sqrt{5}}{2} = \sqrt{5}\frac{1+\sqrt{5}}{2} = \sqrt{5}\Phi$ und
$1 + \Psi^2 = 2 + \Psi = \frac{4+1-\sqrt{5}}{2} = \frac{5-\sqrt{5}}{2} = \sqrt{5}\frac{1-\sqrt{5}}{2} = \sqrt{5}(-\Psi)$.

Damit erhält man weiter:

$$= \frac{1}{5} \left[\Phi^{2m}(\sqrt{5})^{2n+1}\Phi^{2n+1} + \Psi^{2m}(\sqrt{5})^{2n+1}(-\Psi)^{2n+1} \right]$$

$$= 5^n \cdot \frac{1}{\sqrt{5}} \left[\Phi^{2m+2n+1} - \Psi^{2m+2n+1} \right]$$

$$= 5^n f_{2(n+m)+1},$$

was zu zeigen war. $\diamond$

3.4.2   Verallgemeinerte Binomialkoeffizienten

In diesem Abschnitt geht es um eine Verallgemeinerung der Fakultät und des Binomial-koeffizienten, bei der die Fibonaccifolge eine wichtige Rolle spielen wird. Wir beginnen mit einer Definition:

Definition 3.69

Sei $\{a_i\}, i \in \mathbb{N}$ eine Folge reeller Zahlen $\neq 0$. Dann definieren wir für $k, n \in \mathbb{N}$ mit $k \leq n$ die (**verallgemeinerte**) **Fakultät** bezüglich der Folge $\{a_i\}$ durch

$$[n]!_{\{a_i\}} := a_1 \cdot a_2 \cdots \cdot a_n$$

und die (**verallgemeinerten**) **Binomialkoeffizienten** bezüglich $\{a_i\}$ durch

$$\begin{bmatrix} n \\ k \end{bmatrix}_{\{a_i\}} := \frac{[n]!_{\{a_i\}}}{[k]!_{\{a_i\}}[n-k]!_{\{a_i\}}}$$

Im Folgenden wird stets die Folge $\{f_i\}$ der Fibonaccizahlen gewählt. Wir schreiben $[n]!$ statt $[n]!_{\{f_i\}}$ und $\begin{bmatrix} n \\ k \end{bmatrix}$ statt $\begin{bmatrix} n \\ k \end{bmatrix}_{\{f_i\}}$ und nennen dies **F-Fakultät** bzw. **F-Binomialkoeffizienten**.

Wählt man für die Zahlenfolge in der obigen Definition die Folge der natürlichen Zahlen, so erhält man die übliche Definition der Fakultät sowie der Binomialkoeffizienten.

Man beachte, dass wir bisher von den F-Binomialkoeffizienten nur wissen, dass sie reelle Zahlen sind, nicht aber, ob sie ganze Zahlen sind. Dieser Frage wollen wir nun nachgehen. Auch für F-Binomialkoeffizienten gilt ein Satz 3.7(b) entsprechender Zusammenhang:

Satz 3.70

$$\begin{bmatrix} n+1 \\ k+1 \end{bmatrix} = \frac{f_{n+1}}{f_{k+1} + f_{n-k}} \left(\begin{bmatrix} n \\ k \end{bmatrix} + \begin{bmatrix} n \\ k+1 \end{bmatrix} \right)$$

Beweis: Nach Definition gilt für die linke Seite der Gleichung

$$\begin{bmatrix} n+1 \\ k+1 \end{bmatrix} = \frac{[n+1]!}{[k+1]![n-k]!}) = \frac{f_1 \cdot f_2 \cdots \cdot f_n \cdot f_{n+1}}{(f_1 \cdots f_{k+1})(f_1 \cdots f_{n-k})}$$

Für die rechte Seite der Gleichung erhalten wir

$$\frac{f_{n+1}}{f_{k+1} + f_{n-k}} \left(\begin{bmatrix} n \\ k \end{bmatrix} + \begin{bmatrix} n \\ k+1 \end{bmatrix} \right)$$

$$= \frac{f_{n+1}}{f_{k+1} + f_{n-k}} \cdot \left(\frac{f_1 \cdots f_n}{(f_1 \cdots f_k) \cdot (f_1 \cdots f_{n-k})} + \frac{f_1 \cdots f_n}{(f_1 \cdots f_{k+1}) \cdot (f_1 \cdots f_{n-k-1})} \right)$$

$$= \frac{f_{n+1}}{f_{k+1} + f_{n-k}} \cdot \frac{f_1 \cdots f_n \cdot (f_{k+1} + f_{n-k})}{(f_1 \cdots f_k f_{k+1}) \cdot (f_1 \cdots f_{n-k-1} f_{n-k})}$$

$$= \frac{f_1 \cdots f_{n+1}}{(f_1 \cdots f_{k+1})(f_1 \cdots f_{n-k})} = \begin{bmatrix} n+1 \\ k+1 \end{bmatrix},$$

wie behauptet. $\diamondsuit$

Damit können wir nun zeigen:

Satz 3.71

Die F-Binomialkoeffizienten sind positive ganze Zahlen.

Beweis: Sei p eine beliebige Primzahl. Für jedes $s \in \mathbb{N}_0$ sei $r(s)$ die kleinste natürliche Zahl, für die $p^s \mid f_{r(s)}$ gilt. Nach Satz 3.33 sind dann alle Fibonaccizahlen f_m, die durch p^s teilbar sind, auch durch $f_{r(s)}$ teilbar und für den Index m gilt $m = t \cdot r(s)$ für ein passendes $t \in \mathbb{N}$.

Wir wollen nun ausrechnen, welches die höchste Potenz von p ist, die Teiler von $[n]!$ ist. Dazu bestimmen wir zunächst für $s = 1$ den zugehörigen Index $r(1)$. Dann sind nach Satz 3.49 genau die Fibonaccizahlen $f_{r(1)}, f_{2r(1)}, \ldots$ durch p teilbar. Wir suchen also ein $l_1 \in \mathbb{N}$ mit $l_1 \cdot r(1) \leq n$ und $(l_1 + 1) \cdot r(1) > n$. Mithilfe der Gaußklammer können wir l_1 elegant aufschreiben: $l_1 = \lfloor \frac{n}{r(1)} \rfloor$. Nun bestimmen wir entsprechend $r(2)$ und erhalten $l_2 = \lfloor \frac{n}{r(2)} \rfloor$. Dabei müssen wir beachten, dass alle durch p^2 teilbaren Fibonaccizahlen ja auch durch p teilbar sind, so dass also jede durch p^2 teilbare Fibonaccizahl nur *eine* weitere p-Potenz zum Produkt $f_1 \cdots f_n$ beiträgt.

Sukzessive wird nun für jedes s mit $p^s \leq f_n$ der zugehörige Index $r(s)$ bestimmt; dabei kommen in jedem Schritt genau $\lfloor \frac{n}{r(s)} \rfloor$ „neue" p-Potenzen hinzu. Somit ist $[n]!$ durch p^S teilbar, wobei $S = \sum_s \lfloor \frac{n}{r(s)} \rfloor$ ist. Man beachte, dass die Summation für jede Primzahl p wegen $p^s \leq f_n$ nur über eine endliche Zahl von Summanden läuft.

Mit Lemma 3.65 folgt nun $\sum_s \lfloor \frac{n}{r(s)} \rfloor \geq \sum_s \lfloor \frac{k}{r(s)} \rfloor + \sum_s \lfloor \frac{n-k}{r(s)} \rfloor$; dies bedeutet, dass der Zähler des Bruchs $\begin{bmatrix} n \\ k \end{bmatrix}$ mindestens durch eine ebenso große Potenz von p teilbar ist wie der Nenner. Da dies für alle Primzahlen gilt, ist $\begin{bmatrix} n \\ k \end{bmatrix}$ ganzzahlig und positiv, da alle Fibonaccizahlen positiv sind. $\Diamond$

3.5 Quadratzahlen in der Fibonacci- und der Lucasfolge

Wir untersuchen nun die Frage, ob Quadratzahlen in der Fibonacci- und der Lucasfolge vorkommen und welche Fibonacci- bzw. Lucaszahlen das sind. Die folgenden Ergebnisse gehen auf Arbeiten von *J.H.E. Cohn* und *O. Wyler* zurück.

Für Fibonaccizahlen hat man das folgende Resultat:

Satz 3.72

Die einzigen Quadratzahlen in der Fibonaccifolge sind $f_1 = f_2 = 1$ und $f_{12} = 144$.

Beweis: Als erstes betrachten wir die Fibonaccizahlen f_n mit $n \leq 12$. Es ist $f_1 = f_2 = 1, f_3 = 2, f_4 = 3, f_5 = 5, f_6 = 8, f_7 = 13, f_8 = 21, f_9 = 34, f_{10} = 55, f_{11} = 89, f_{12} = 144 = 12^2$, und es ist offensichtlich, dass unter den ersten zwölf Fibonaccizahlen nur f_1, f_2 und f_{12} Quadratzahlen sind.

Nun nehmen wir an, dass f_n für $n > 12$ Quadratzahl ist. Insbesondere ist f_n dann auch modulo 8 Quadratzahl, also gilt $f_n \equiv 0, 1$ oder $4 \pmod 8$. Die Fibonaccifolge modulo 8 lautet

$$1, 1, 2, 3, 5, 0, 5, 5, 2, 7, 1, 0, \mathbf{1}, \mathbf{1}, \ldots,$$

hat also Periodenlänge 12. Den Fibonaccizahlen $f_n \equiv 0 \pmod 8$ entsprechen Indizes $n \equiv 0$ oder $6 \pmod{12}$, den Fibonaccizahlen $f_n \equiv 1 \pmod 8$ entsprechen Indizes $n \equiv 1, 2$ oder $11 \pmod{12}$, und Fibonaccizahlen mit $f_n \equiv 4 \pmod 8$ kommen nicht vor. Bei der Suche nach Quadratzahlen in der Fibonaccifolge können wir uns also auf Indizes n mit $n \equiv 0, 1, 2, 6$ oder $11 \pmod{12}$ beschränken. Wir unterscheiden zwei Fälle:

1. Fall: n ist ungerade. In diesem Fall ist $n \equiv 1$ oder $11 \pmod{12}$ und man kann n in der Form $n = 12k \pm 1$ mit einem $k \in \mathbb{N}$ darstellen. Nach Satz 1.27(b) gilt

$$f_n = f_{12k \pm 1} = f_{6k \pm 1} l_{6k} - (-1)^{6k} f_{\pm 1} = f_{6k \pm 1} l_{6k} - 1. \tag{3.18}$$

Man beachte, dass f_n wegen $3 \nmid n$ nach Korollar 3.32(a) ungerade ist. Nun zerlegen wir $6k$ in der Form $6k = 2 \cdot 3^j h$ mit $h > 1$ und $h \nmid 3$. Dann ist $2h$ ein Teiler von $6k$ und der Quotient $\frac{6k}{2h} = 3^j$ ist ungerade. Somit gilt $l_{2h} \mid l_{6k}$ nach Satz 3.43.

Die Lucasfolge modulo 8 ist

$$1, 3, 4, 7, 3, 2, 5, 7, 4, 3, 7, 2, \mathbf{1}, \mathbf{3}, \ldots$$

und hat ebenfalls die Periodenlänge 12. Modulo 4 lautet die Lucasfolge

$$1, 3, 0, 3, 3, 2, \mathbf{1}, \mathbf{3}, \ldots$$

und hat die Periodenlänge 6. Es gilt also $l_{2m} \equiv 3 \pmod 4$ für $3 \nmid m$ und $l_{2m} \equiv 2 \pmod 4$ für $3 \mid m$. In unserem Fall ist $3 \nmid 2h$, somit gilt $l_{2h} \equiv 3 \pmod 4$, und l_{2h} muss einen Primteiler $p \equiv 3 \pmod 4$ besitzen. Wegen (3.18) ist $f_n \equiv -1 \pmod p$; wir nehmen an, dass f_n Quadratzahl ist, also etwa $f_n = x^2$. Nach dem kleinen Satz von Fermat ist dann $x^{p-1} = (x^2)^{\frac{p-1}{2}} \equiv 1 \pmod p \equiv f_n^{\frac{p-1}{2}} \pmod p \equiv (-1)^{\frac{p-1}{2}} \pmod p$; das kann nur richtig sein, wenn $\frac{p-1}{2}$ gerade ist, wenn also z. B. $\frac{p-1}{2} = 2q$ oder $p = 4q + 1$ mit $q \in \mathbb{N}$ gilt. Dies ist ein Widerspruch zu $p \equiv 3 \pmod 4$ und f_n kann keine Quadratzahl sein.

2. Fall: n ist gerade, also $n = 6k$ oder $n = 12k + 2$ mit $k \in \mathbb{N}$.

Angenommen, $f_{12k+2} = f_{6k+1} l_{6k+1} - (-1)^{6k+1} f_0 = f_{6k+1} l_{6k+1}$ ist Quadratzahl; da f_{6k+1} und l_{6k+1} nach Satz 3.47 teilerfremd sind, wäre dann f_{6k+1} Quadratzahl, was nach dem 1. Fall ausgeschlossen ist.

Nun nehmen wir an, dass f_{6k} Quadratzahl ist und schreiben $6k = 2h \cdot 2^i \cdot 3^j$ mit $i \geq 0$, $j \geq 1$, $2 \nmid h$ und $3 \nmid h$. Nach Satz 3.31 gilt $f_{2h} \mid f_{6k}$ und wir können $f_{6k} = f_{2h} z$ schreiben; nach Satz 3.39 gilt $\mathrm{ggT}(f_{2h}, z) \mid 2^i \cdot 3^j$. Wegen $3 \nmid h$ ist f_{2h} ungerade und wegen $2 \nmid h$ gilt $3 \nmid f_{2h}$ nach Korollar 3.32(a) und (b). Somit folgt $\mathrm{ggT}(f_{2h}, z) = 1$, also muss f_{2h} Quadratzahl sein. Da aber 3 kein Teiler von h ist, ist $2h$ nicht durch 12 teilbar und es muss $2h \equiv 2 \pmod{12}$ gelten, was, wie wir schon gesehen haben, nicht sein kann. Damit ist der Satz gezeigt. $\diamond$

Nun untersuchen wir die Lucasfolge auf Quadratzahlen.

Satz 3.73

In der Lucasfolge sind $l_1 = 1$ und $l_3 = 4$ die einzigen Quadratzahlen.

Beweis: $l_1 = 1$ und $l_3 = 4 = 2^2$ sind offensichtlich Quadratzahlen, aber $l_2 = 3$ ist kein Quadrat. Wir nehmen nun an, dass l_n mit $n > 3$ eine Quadratzahl ist, und dass n minimal gewählt ist.
Dann ist l_n auch modulo 8 ein Quadrat und es gilt $l_n \equiv 0, 1$ oder $4 \pmod 8$. Ein Vergleich mit der Lucasfolge modulo 8 (vgl. den vorigen Beweis) zeigt, dass dann $n \equiv 1, 3$ oder 9 $\pmod{12}$ sein muss.
Ist $n \equiv 1 \pmod{12}$, also $n = 12k + 1$, so gilt nach Satz 1.16

$$l_{12k+1} = l_{6k+1}l_{6k} - (-1)^{6k}l_1 = l_{6k+1}l_{6k} - 1.$$

Wir schreiben $6k = 2 \cdot 3^j h$ mit $j \geq 1$, $3 \nmid h$; somit ist $2h \mid 6k$ mit ungeradem $\frac{6k}{2h}$ und l_{2h} teilt l_{6k} nach Satz 3.43. Wegen $3 \nmid 2h$ ist $l_{2h} \equiv 3 \pmod 4$; es existiert also ein Primteiler $p \mid l_{2h}$ mit $p \equiv 3 \pmod 4$. Wie im Beweis des vorigen Satzes schließen wir nun, dass dies unmöglich ist.

Ist $n \equiv 3$ oder 9 $\pmod{12}$, so können wir $n = 12k \pm 3 = 3 \cdot (4k \pm 1)$ schreiben. Nach Satz 1.16 und Satz 1.15 ergibt sich

$$\begin{aligned} l_n &= l_{3 \cdot (4k\pm 1)} = l_{4k\pm 1}l_{2 \cdot (4k\pm 1)} - (-1)^{4k\pm 1}l_{4k\pm 1} \\ &= l_{4k\pm 1}(l_{4k\pm 1}^2 - 3 \cdot (-1)^{4k\pm 1}) = l_{4k\pm 1}(l_{4k\pm 1}^2 + 3), \end{aligned}$$

wobei $d := \mathrm{ggT}(l_{4k\pm 1}, l_{4k\pm 1}^2 + 3)$ nach Satz 3.4(d) ein Teiler von 3 sein muss. Nach Korollar 3.42(b) gilt $3 \mid l_n$, falls $n \equiv 2$ oder 6 $\pmod 8$, was hier nicht erfüllt ist. Daher ist $d = 1$ und sowohl $l_{4k\pm 1}$ als auch $l_{4k\pm 1}^2 + 3$ muss eine Quadratzahl sein. Da $n > 3$ minimal gewählt war, muss $4k \pm 1 = 3$ sein (da l_3 Quadratzahl ist) und es folgt $k = 1$, also $n = 9$. Die Lucaszahl $l_9 = 76$ ist aber keine Quadratzahl.
Damit ist alles gezeigt. $\diamond$

Fibonacci- und Lucaszahlen, die sich als Produkt ax^2 einer natürlichen Zahl a und einer Quadratzahl x^2 schreiben lassen, waren wiederholt Gegenstände wissenschaftlicher Arbeiten, s. hierzu auch die Arbeitsaufträge 3.6.2.2 und 3.6.2.3.
London und *Finkelstein* ([LF69]) sowie *Lagarias* und *Weisser* ([LW81]) untersuchten Kubikzahlen unter den Fibonacci- und den Lucaszahlen. Sie erhielten folgende Resultate:

- $f_1 = 1 = 1^3$ und $f_6 = 8 = 2^3$ sind die einzigen Kubikzahlen unter den Fibonacci-zahlen.

- Die einzige Lucaszahl, die Kubikzahl ist, ist $l_1 = 1$.

Damit wollen wir die Zahlentheorie verlassen und uns anderen Teilgebieten der Mathematik zuwenden.

3.6   Aufgaben

3.6.1   Übungsaufgaben

1. Beweisen Sie die Teilbarkeitsregeln von Lemma 3.2.

2. Beweisen Sie die bisher nicht gezeigten Teile von Satz 3.5.

3. Beweisen Sie die Aussagen über Binomialkoeffizienten von Satz 3.7.

4. Beweisen Sie den binomischen Lehrsatz (Satz 3.9).

5. Verifizieren Sie dass $\mathbb{Z}$, $\mathbb{Q}$, $\mathbb{R}$ und $\mathbb{C}$ mit der Addition als Verknüpfung eine abelsche Gruppe sind.

6. Verifizieren Sie dass $\mathbb{Z}^\star$, $\mathbb{Q}^\star$, $\mathbb{R}^\star$ und $\mathbb{C}^\star$ mit der Multiplikation als Verknüpfung eine abelsche Gruppe sind.

7. Erstellen Sie je eine Verknüpfungstafel für die Restklassen modulo 5 bezüglich Addition und Multiplikation.

8. Erstellen Sie je eine Verknüpfungstafel für die Restklassen modulo 6 bezüglich Addition und Multiplikation.

9. Beweisen Sie: Die Summe von zehn aufeinanderfolgenden Fibonaccizahlen ist durch 11 teilbar, genauer:
$$\sum_{k=n}^{n+9} f_k = 11 \cdot f_{n+6}.$$
(Hinweis: Geschicktes Umformen der linken Seite mithilfe der Rekursionsformel führt zum Ziel.)

10. Zeigen Sie: Besitzt eine ungerade natürliche Zahl n nur Primteiler der Form $4k+1$, so gilt $n \equiv 1 \pmod 4$.

11. Zeigen Sie: Eine natürliche Zahl $n \equiv 3 \pmod 4$ besitzt mindestens einen Primteiler $p \equiv 3 \pmod 4$.

12. Geben Sie die Fibonaccifolge/Lucasfolge modulo 7 an. Welche Periodenlänge hat die Folge?

3.6.2   Arbeitsaufträge

1. Zeigen Sie:
$$\mathrm{ggT}(f_m, l_n) = \begin{cases} l_d, & \text{falls } \frac{m}{d} \text{ gerade,} \\ 2, & \text{falls } \frac{m}{d} \text{ ungerade und } 3 \mid d, \\ 1 & \text{sonst,} \end{cases}$$

wobei $d = \mathrm{ggT}(m, n)$.

2. Zeigen Sie: Die einzigen Fibonaccizahlen der Form $2x^2$, wobei x^2 Quadratzahl ist, sind $f_3 = 2 = 2 \cdot 1^2$ und $f_6 = 8 = 2 \cdot 2^2$.

3. Zeigen Sie: Die einzige Lucaszahl der Form $2x^2$ ist $l_6 = 18 = 2 \cdot 3^2$.

Literatur zu Kapitel 3

Eine ausführliche Darstellung der algebraischen und zahlentheoretischen Begriffe aus Abschnitt 1 findet sich in [Bo2] und [Bu]. Die meisten der in den Abschnitten 3.2 bis 3.5 angesprochenen Themen werden bei [V] und [wBe] behandelt. Weitere Resultate zu Fibonacci- und Lucasfolge modulo m (Abschnitt 3.3) stehen in den Originalarbeiten [W60], [N72] und [KSh72]. Quadratzahlen in Fibonacci- und Lucasfolge wurden in [C81] und [Wy64], Kubikzahlen in [LW81] untersucht. Der Artikel [R05] gibt einen Überblick über die wichtigsten neueren Ergebnisse zur Fibonaccifolge aus der Zahlentheorie.

4   Fibonaccizahlen in der Analysis

Im ersten Teil dieses kurzen Abstechers in die Analysis untersuchen wir Folgen und Reihen im Zusammenhang mit den Fibonaccizahlen, z. B. Folgen mit dem Grenzwert Φ. Der zweite Teil befasst sich mit formalen Potenzreihen, insbesondere wird die erzeugende Funktion der Fibonaccizahlen hergeleitet und wir betrachten einige interessante Dezimalbruchentwicklungen.

4.1   Einige spezielle Folgen

In diesem Kapitel werden wir uns häufig mit Abschätzungen für Beträge reeller Zahlen herumschlagen müssen. Daher wollen wir uns hier nochmals die wichtigsten Eigenschaften des Betrags reeller Zahlen ins Gedächtnis rufen. Für $x \in \mathbb{R}$ ist der **Betrag** definiert durch

$$|x| = \begin{cases} x & \text{für} \quad x > 0, \\ 0 & \text{für} \quad x = 0, \\ -x & \text{für} \quad x < 0. \end{cases}$$

Für den Betrag gelten die folgenden Rechenregeln; dabei sind x und y beliebige reelle Zahlen.

$$|xy| = |x||y| \tag{4.1}$$

$$|x + y| \leq |x| + |y| \quad \text{Dreiecksungleichung} \tag{4.2}$$

$$|x - y| \geq |\, |x| - |y| \,| \quad \text{umgekehrte Dreiecksungleichung} \tag{4.3}$$

Die Leserin/der Leser sollte sich die Zeit nehmen, diese Regeln aus der Definition des Betrags herzuleiten.

Wir wenden uns nun einigen speziellen Folgen zu, die auf verschiedene Weise mit den Fibonaccizahlen zu tun haben. In Definition 1.1 hatten wir eine **Folge** als Abbildung $\varphi : \mathbb{N} \to X$ der natürlichen Zahlen in eine Menge X erklärt. Hier geht es jetzt um Folgen reeller Zahlen, also um Abbildungen $\varphi : \mathbb{N} \to \mathbb{R}$. Dabei werden uns weniger die Folgen selbst, sondern vielmehr ihre Grenzwerte interessieren. Daher schicken wir einige Definitionen voraus.

Definition 4.1

Eine Folge $\{x_n\}$ reeller Zahlen heißt **konvergent**, wenn es eine reelle Zahl $x \in \mathbb{R}$ mit der folgenden Eigenschaft gibt: Zu jedem $\varepsilon > 0$ gibt es ein $N \in \mathbb{R}$ so, dass

$$|x_n - x| < \varepsilon \quad \text{für alle} \quad n > N.$$

Die Zahl x nennt man den **Grenzwert** oder **Limes** der Folge und man schreibt

$$\lim_{n\to\infty} x_n = x \quad \text{oder} \quad x_n \to x \quad \text{für} \quad n \to \infty.$$

Eine Folge, die gegen 0 konvergiert, heißt **Nullfolge**.

Zum Nachweis der Konvergenz einer Folge werden wir meist nicht die Definition benutzen, sondern die in Lemma 4.2(b) angegebene etwas handlichere Version:

Lemma 4.2

Für eine Folge $\{x_n\}$ reeller Zahlen und $a \in \mathbb{R}$ gilt:

(a) Die Folge $\{x_n\}$ ist genau dann eine Nullfolge, wenn die Folge $\{|x_n|\}$ der Beträge eine Nullfolge ist.

(b) Die Folge $\{x_n\}$ konvergiert genau dann gegen den Grenzwert $a \in \mathbb{R}$, wenn die Folge $\{x_n - a\}$ eine Nullfolge ist. Etwas anders formuliert: $\{x_n\}$ konvergiert genau dann gegen den Grenzwert a, wenn $|x_n - a|$ für hinreichend große n beliebig klein wird.

Der sehr einfache Beweis ergibt sich unmittelbar aus der Definition 4.1; er sei der Leserin/dem Leser überlassen.

Für konvergente Folgen gelten einige Rechenregeln, die einem die Arbeit erheblich erleichtern können. Wir werden daher jetzt die für das Folgende wichtigen beweisen. Zuvor jedoch noch ein Hinweis auf die mathematische Terminologie: Wenn von einer Folge $\{x_n\}$ gesagt wird, dass „fast alle" Folgenglieder eine bestimmte Eigenschaft haben, so bedeutet das, dass es höchstens endlich viele Ausnahmen davon gibt. Wenn also fast alle Folgenglieder positiv sind, so ist es unerheblich, ob die ersten 3 oder die ersten 30 oder die ersten 5 Millionen Folgenglieder negativ oder 0 sind, wichtig ist nur, dass die Anzahl der Folgenglieder, die aus der Reihe tanzen, endlich ist.

Satz 4.3

Für zwei konvergente Folgen $\{x_n\}$ und $\{y_n\}$ mit $x_n \to x$ und $y_n \to y$ gelten:

(a) $x_n + y_n \to x + y$

(b) $ax_n \to ax$ für $a \in \mathbb{R}$

Beweis:

(a) Zu einem vorgegebenen $\varepsilon > 0$ wählen wir Zahlen N_1 und N_2 so, dass $|x_n - x| < \frac{\varepsilon}{2}$ für alle natürlichen Zahlen $n > N_1$ und $|y_n - y| < \frac{\varepsilon}{2}$ für alle natürlichen Zahlen $n > N_2$; solche Zahlen N_1 und N_2 existieren nach Definition 4.1. Für alles Indizes n, die größer als die größere der beiden Zahlen N_1 und N_2 sind, gelten dann beide Ungleichungen und es folgt

$$|x_n + y_n - (x + y)| \leq |x_n - x| + |y_n - y| < \varepsilon,$$

dabei haben wir die Dreiecksungleichung verwendet.

(b) Für $a = 0$ sind alle Glieder der Folge $\{ax_n\}$ gleich null und die Behauptung ist trivial. Sei also $a \neq 0$. Da die Folge $\{x_n\}$ gegen den Grenzwert x konvergiert, gibt es zu einem gegebenen $\varepsilon > 0$ ein $N \in \mathbb{N}$ mit $|ax_n - ax| = |a||x_n - x| \leq |a| \cdot \frac{\varepsilon}{|a|} = \varepsilon$ für $n \geq N$. Damit ist die Behauptung gezeigt. $\diamond$

Aus diesem Satz folgt insbesondere, dass die konvergenten Folgen einen Vektorraum bilden.

4.1.1 Folgen mit dem Grenzwert Φ

Nun sollen Folgen im Mittelpunkt stehen, deren Grenzwert die bereits aus Kapitel 1 bekannte Zahl $\Phi = \frac{1 + \sqrt{5}}{2}$ ist, die sogenannte „goldene Zahl", die auch in Kapitel 5 eine Hauptrolle spielen wird.

Wir betrachten die Folge $\{x_n\}$, die gegeben ist durch

$$x_0 := 1, \quad x_{n+1} := 1 + \frac{1}{x_n}. \tag{4.4}$$

Diese Folge definiert den **unendlichen Kettenbruch**

$$1 + \cfrac{1}{1 + \cfrac{1}{1 + \cfrac{1}{1 + \dots}}} \ . \tag{4.5}$$

Zwischen diesem Kettenbruch bzw. der durch (4.4) definierten Folge $\{x_n\}$ und der reellen Zahl Φ besteht folgender Zusammenhang:

Satz 4.4

Für die Folgenglieder x_n der durch (4.4) definierten Folge gilt:

$$|\, x_n - \Phi \,| \leq \frac{1}{\Phi^{n+1}} \quad \text{und} \quad \lim_{n \to \infty} x_n = \Phi.$$

Beweis: Aus Kapitel 1 wissen wir bereits, dass Φ die Beziehung $\Phi^2 = \Phi + 1$, oder, nach Division durch Φ, die Beziehung $\Phi = 1 + \frac{1}{\Phi}$ erfüllt. Die Rekursionsformel (4.4) für die Folge $\{x_n\}$ liefert weiter

$$| x_n - \Phi | = \left| 1 + \frac{1}{x_{n-1}} - \Phi \right|$$

$$= \left| 1 + \frac{1}{x_{n-1}} - (1 + \frac{1}{\Phi}) \right| = \left| \frac{1}{x_{n-1}} - \frac{1}{\Phi} \right|$$

$$= \left| \frac{\Phi - x_{n-1}}{\Phi x_{n-1}} \right| = \frac{| x_{n-1} - \Phi |}{\Phi x_{n-1}}.$$

Wiederholtes Anwenden der Rekursionsformel (4.4) ergibt schließlich

$$| x_n - \Phi | = \frac{| x_0 - \Phi |}{\Phi^n x_{n-1} x_{n-2} \cdots x_0} = \frac{| 1 - (1 + \frac{1}{\Phi}) |}{\Phi^n x_{n-1} \cdots x_0} = \frac{1}{\Phi^{n+1} x_{n-1} \cdots x_0}. \quad (4.6)$$

Nun müssen wir den Ausdruck ganz rechts in geeigneter Weise abschätzen. Dazu zeigen wir durch vollständige Induktion $x_n > 1$ für natürliche Zahlen $n \geq 1$. Nach Definition sind $x_0 = 1$ und $x_1 = 1 + 1 = 2 > 1$. Wenn bereits $x_n > 1$ bekannt ist, so gilt nach der Rekursionsformel (4.4) $x_{n+1} = 1 + \frac{1}{x_n} > 1$ wegen $0 < \frac{1}{x_n} < 1$ nach Induktionsvoraussetzung. Somit ist tatsächlich $x_n > 1$ für $n \geq 1$, wie behauptet.

Damit ist der Term im Nenner des letzten Ausdrucks von (4.6) auf jeden Fall größer als Φ^{n+1} und der Kehrwert davon kleiner als $\frac{1}{\Phi^{n+1}}$. Also folgt, wie wir zeigen wollten, $| x_n - \Phi | < \frac{1}{\Phi^{n+1}}$. Wegen $\Phi > 1$ wird $\frac{1}{\Phi^{n+1}}$ beliebig klein, sodass sich daraus nach Lemma 4.2(b) die Konvergenz der Folge gegen den Grenzwert Φ ergibt. $\diamond$

Mit dem soeben bewiesenen Satz haben wir auch die folgende Aussage gezeigt:

Korollar 4.5

Der unendliche Kettenbruch

$$1 + \cfrac{1}{1 + \cfrac{1}{1 + \cfrac{1}{1 + \cdots}}}$$

stellt die irrationale Zahl Φ dar.

Als ein Nebenprodukt liefert Satz 4.4 eine wichtige Aussage über den Grenzwert des Quotienten aufeinanderfolgender Fibonaccizahlen.

Satz 4.6

Für den Quotienten aufeinanderfolgender Fibonaccizahlen gilt

$$\left| \frac{f_{n+1}}{f_n} - \Phi \right| = \frac{1}{f_n} \cdot \frac{1}{\Phi^{n+1}} \quad \text{und} \quad \lim_{n \to \infty} \frac{f_{n+1}}{f_n} = \Phi.$$

Beweis: Aufgrund der Definition der Fibonaccifolge gilt $\frac{f_2}{f_1} = 1$ und

$$\frac{f_{n+1}}{f_n} = \frac{f_n + f_{n-1}}{f_n} = 1 + \frac{1}{\frac{f_n}{f_{n-1}}} \; ;$$

die Folge $\{\frac{f_{n+1}}{f_n}\}$ stimmt also mit der in Satz 4.4 betrachteten Folge $\{x_n\}$ überein. Daraus ergibt sich sofort die Aussage über den Grenzwert.
Aus Gleichung (4.6) folgt außerdem unmittelbar

$$\left| \frac{f_{n+1}}{f_n} - \Phi \right| = \frac{1}{\Phi^{n+1} \frac{f_n \cdots f_2}{f_{n-1} \cdots f_1}} = \frac{1}{f_n} \cdot \frac{1}{\Phi^{n+1}} \, ,$$

wie behauptet. $\diamond$

Die erste Gleichung in Satz 4.6 bedeutet, dass die Folge $\{\frac{f_{n+1}}{f_n}\}$ der Quotienten aufeinanderfolgender Fibonaccizahlen recht gute Näherungswerte für Φ liefert, weil $\frac{1}{\Phi^{n+1}}$ und damit $\frac{1}{f_n \Phi^{n+1}}$ rasch sehr klein wird.

In ähnlicher Weise wie den Kettenbruch bei (4.5) kann man eine „geschachtelte" Wurzel durch die Folge $\{y_n\}$ mit

$$y_0 = 1 \quad \text{und} \quad y_{n+1} = \sqrt{1 + y_n} \tag{4.7}$$

definieren.

Satz 4.7

Für die durch (4.7) definierte Folge $\{y_n\}$ gilt:

$$| \, y_n - \Phi \, | \leq \frac{1}{\Phi^{2n+1}} \quad \text{und} \quad \lim_{n \to \infty} y_n = \Phi \, .$$

Beweis: Durch vollständige Induktion zeigen wir zunächst $y_n \geq 1$ für alle $n \in \mathbb{N}_0$. Nach Definition ist $y_0 = 1$; sei also für ein $n \in \mathbb{N}$ bereits $y_n \geq 1$ gezeigt. Dann gilt $y_{n+1} = \sqrt{1 + y_n} \geq \sqrt{2} \approx 1,4142$, also $y_{n+1} \geq 1$, wie behauptet.
Nun können wir – wieder mithilfe der Beziehung $\Phi^2 = \Phi + 1$ – abschätzen. Bei der zweiten Umformung wurde die dritte binomische Formel verwendet.

$$| \, y_n - \Phi \, | = | \, \sqrt{1 + y_{n-1}} - \Phi \, | = \left| \frac{1 + y_{n-1} - \Phi^2}{\sqrt{1 + y_{n-1}} + \Phi} \right|$$

$$= \left| \frac{1 + y_{n-1} - (\Phi + 1)}{y_n + \Phi} \right| = \frac{| \, y_{n-1} - \Phi \, |}{y_n + \Phi}$$

$$\leq \frac{| \, y_{n-1} - \Phi \, |}{1 + \Phi} = \frac{| \, y_{n-1} - \Phi \, |}{\Phi^2} \, .$$

Dieses Verfahren können wir sukzessive auf den letzten Teil der Ungleichungskette anwenden, bis wir schließlich y_0 erreichen, d. h. wir erhalten

$$| y_n - \Phi | \leq \frac{| y_{n-1} - \Phi |}{\Phi^2} \leq \cdots \leq \frac{| y_0 - \Phi |}{\Phi^{2n}} = \frac{1}{\Phi^{2n+1}} \, ,$$

wobei wir beim letzten Gleichheitszeichen wie im letzten Schritt der Gleichungskette (4.6) umgeformt haben.

Daraus erhalten wir mithilfe von Lemma 4.2(b) sofort $\lim_{n \to \infty} y_n = \Phi$. $\Diamond$

Eine unmittelbare Folge von Satz 4.7 ist wegen (4.7)

Korollar 4.8

Die „geschachtelte" Wurzel

$$\sqrt{1 + \sqrt{1 + \sqrt{1 + \ldots}}}$$

hat den Grenzwert Φ.

4.1.2   Reihen mit Fibonaccizahlen

In Abschnitt 1.5.1 hatten wir bereits die Partialsummen der Glieder geometrischer Folgen definiert. Entsprechend kann man natürlich auch für beliebige Zahlenfolgen die Folge der Partialsummen bilden. Dies führt zum Begriff der Reihe:

Definition 4.9

Sei $\{r_n\}$ eine Folge reeller Zahlen. Durch

$$s_n := \sum_{i=0}^{n} r_i \, , n \in \mathbb{N}$$

definiert man eine neue Folge $\{s_n\}$; diese Folge wird **Reihe** genannt und mit $\sum r_i$ oder $\sum_i r_i$ bezeichnet. Dabei sind s_n die n-te Partialsumme und r_i der i-te Summand der Reihe $\sum r_i$. Eine Reihe ist somit die Folge ihrer Partialsummen.

Man nennt die Reihe $\sum r_i$ **konvergent**, wenn die Folge $\{s_n\}$ ihrer Partialsummen konvergiert. Der (eindeutig bestimmte) Grenzwert von $\{s_n\}$ wird der **Wert der Reihe** $\sum_i r_i$ genannt und mit $\sum_{i=0}^{\infty} r_i$ bezeichnet.

Alle für Grenzwerte von Folgen geltenden Sätze gelten also auch für Reihen. Somit kann der folgende Satz ohne weitere Vorbemerkungen formuliert und gezeigt werden.

Satz 4.10

$$\sum_{n=1}^{\infty} \frac{1}{f_n f_{n+2}} = 1$$

Beweis: Es gilt

$$\frac{1}{f_n f_{n+1}} - \frac{1}{f_{n+1} f_{n+2}} = \frac{f_{n+2} - f_n}{f_n f_{n+1} f_{n+2}} = \frac{f_{n+1}}{f_n f_{n+1} f_{n+2}} = \frac{1}{f_n f_{n+2}}.$$

Damit bekommt man für die n-te Partialsumme

$$s_n = \sum_{i=1}^{n} \frac{1}{f_i f_{i+2}} = \sum_{i=1}^{n} \left(\frac{1}{f_i f_{i+1}} - \frac{1}{f_{i+1} f_{i+2}} \right) = \frac{1}{f_1 f_2} - \frac{1}{f_{n+1} f_{n+2}}.$$

Wegen $f_1 = f_2 = 1$ hat der Summand $\frac{1}{f_1 f_2}$ den Wert 1, und der Term $\frac{1}{f_{n+1} f_{n+2}}$ geht für wachsendes n gegen null. Also ist

$$\lim_{n \to \infty} s_n = \lim_{n \to \infty} \left(\frac{1}{f_1 f_2} - \frac{1}{f_{n+1} f_{n+2}} \right) = 1$$

und die Behauptung ist gezeigt. $\Diamond$

Ganz anders sieht die Sache aus, wenn wir die Folge der Inversen der Fibonaccizahlen $\{\frac{1}{f_n}\}$ für $n \in \mathbb{N}^*$ betrachten. Aus Satz 1.19 wissen wir, dass die Fibonaccizahlen beliebig groß werden können und sogar streng monoton wachsen, denn für $m, n \geq 2$ gilt $f_m < f_n$ für $m < n$. Für die Inversen der Fibonaccizahlen bedeutet dies:

- $\frac{1}{f_m} > \frac{1}{f_n}$ für $m < n$, d.h. die Folge $\{\frac{1}{f_n}\}$ ist streng monoton fallend;

- $\{\frac{1}{f_n}\}$ ist eine Nullfolge.

Alle, die sich etwas in der Analysis auskennen, wissen nun, dass mit letzterem eine notwendige Bedingung für die Konvergenz der Reihe $\sum_{i=1}^{\infty} \frac{1}{f_n}$ erfüllt ist. Trotzdem ist natürlich Vorsicht geboten, denn die Folge $\{\frac{1}{f_n}\}$ ist eine Teilfolge der Folge $\{\frac{1}{n}\}$, und die zugehörige Reihe $\sum_{i=1}^{\infty} \frac{1}{n}$ – die harmonische Reihe – ist das Standardbeispiel einer nicht konvergenten Reihe. Es bleibt also nichts anderes übrig, als die Folge der Partialsummen genauer zu betrachten. Dazu setzen wir

$$S_n := \sum_{i=1}^{n} \frac{1}{f_i}.$$

Zunächst einmal gilt $\frac{1}{f_1} = 1$ und für $n \geq 1$ entsteht S_{n+1} dadurch aus S_n, dass ein positiver Summand, nämlich $\frac{1}{f_{n+1}}$, dazuaddiert wird. Somit gilt

$$1 \leq S_n, \; n \in \mathbb{N}^*; \qquad\qquad\qquad\qquad\qquad\qquad\qquad (4.8)$$

außerdem ist die Folge $\{S_n\}$ streng monoton wachsend. Nun versuchen wir, sie nach oben abzuschätzen. Dabei hilft das folgende Lemma:

Lemma 4.11

Für alle $n \in \mathbb{N}^*$ gilt

$$\Phi^{n-1} < \Phi^n - \Psi^n.$$

Beweis   durch vollständige Induktion.
Für $n = 1$ ist die Behauptung wegen $1 < \Phi - \Psi = \frac{1+\sqrt{5}}{2} - \frac{1-\sqrt{5}}{2} = \sqrt{5}$ offensichtlich richtig.
Für $n = 2$ gilt $\Phi^2 - \Psi^2 = (\Phi - \Psi)(\Phi + \Psi) = \sqrt{5} \cdot 1 = \sqrt{5} > \frac{1+\sqrt{5}}{2} = \Phi$, was die Behauptung ebenfalls zeigt.
Nun nehmen wir an, dass für ein n bereits

$$\Phi^{n-1} < \Phi^n - \Psi^n$$

richtig ist. Wir müssen nun die Richtigkeit von

$$\Phi^n < \Phi^{n+1} - \Psi^{n+1}$$

zeigen. Dazu betrachten wir den Term

$$\frac{\Phi^{n+1} - \Psi^{n+1}}{\Phi^n} = \Phi - \Psi \cdot \left(\frac{\Psi}{\Phi}\right)^n \geq \Phi - \left|\Psi\left(\frac{\Psi}{\Phi}\right)^n\right|;$$

im letzten Schritt wurde benutzt, dass für beliebige reelle Zahlen x und y stets $x - y \geq x - |y|$ gilt. Wegen $\left|\frac{\Psi}{\Phi}\right| = \left|\frac{1-\sqrt{5}}{1+\sqrt{5}}\right| < 1$ gilt

$$\Phi - \left|\Psi\left(\frac{\Psi}{\Phi}\right)^n\right| = \Phi - |\Psi|\left|\left(\frac{\Psi}{\Phi}\right)^n\right| \geq \Phi - \Psi = \sqrt{5} > 1.$$

Kombinieren der beiden Abschätzungen liefert

$$1 < \frac{\Phi^{n+1} - \Psi^{n+1}}{\Phi^n},$$

oder, nach Multiplikation mit Φ^n,

$$\Phi^n < \Phi^{n+1} - \Psi^{n+1},$$

was zu zeigen war. $\Diamond$

Mit Lemma 4.11 erhalten wir für $n \in \mathbb{N}^*$

$$\frac{1}{f_n} = \frac{\sqrt{5}}{\Phi^n - \Psi^n} < \frac{\sqrt{5}}{\Phi^{n-1}}.$$

Damit ergibt sich für die n-te Partialsumme die Abschätzung

$$S_n = \sum_{i=1}^{n} \frac{1}{f_i} < \sqrt{5} \cdot \sum_{i=1}^{n} \frac{1}{\Phi^{i-1}}. \tag{4.9}$$

Auf der rechten Seite der Ungleichung (4.9) steht nun eine Partialsumme einer geometrischen Reihe. Für geometrische Reihen $\sum_{i=0}^{n} q^i$ mit $|q| < 1$ gilt die Formel (siehe Aufgabe 4.3)

$$\sum_{i=0}^{\infty} q^i = \frac{1}{1-q}. \tag{4.10}$$

Also gilt in unserem Fall

$$S_n = \sum_{i=1}^{\infty} \frac{1}{f_i} < \sqrt{5} \cdot \frac{1}{1 - \frac{1}{\Phi}} = \frac{\Phi \cdot \sqrt{5}}{\Phi - 1} = \frac{5 + 3\sqrt{5}}{2} < 6.$$

Zusammen mit (4.8) liefert dies

$$1 < S_n < 6; \tag{4.11}$$

in der Terminologie der Analysis bedeutet das: Die Folge der Partialsummen S_n ist beschränkt. Sie ist, wie wir oben bereits festgestellt haben, aber auch streng monoton wachsend. Allen Analysis-Kundigen geht spätestens jetzt ein Licht auf:

Jede monotone und beschränkte Folge ist konvergent.

Dieser Satz gehört zum Standardrepertoire der Analysis und kann in jedem Lehrbuch der Analysis nachgesehen werden, siehe z.B. [AE], Theorem 4.1 auf Seite 175 oder [K], Seite 46; hier würde die Herleitung des Satzes zu weit führen. Damit ist jedenfalls Folgendes klar:

Satz 4.12

Die Reihe

$$\sum_{i=1}^{\infty} \frac{1}{f_i}$$

konvergiert gegen einen Grenzwert $S \in \mathbb{R}$.

Sehr viel mehr kann man jedoch nicht zu diesem Grenzwert S sagen: Man weiß zwar, dass er existiert, aber man kennt seinen genauen Wert nicht. Immerhin ist bekannt, dass S irrational ist, doch bedarf es noch einiger Arbeit, um S explizit zu bestimmen.

4.2   Potenzreihen mit Fibonaccizahlen

Im Folgenden wird eine Verallgemeinerung des Reihenbegriffs benötigt, die sogenannten formalen Potenzreihen.

Definition 4.13

Für eine Folge $\{r_n\}$ reeller Zahlen definiert man die formale **Potenzreihe** in einer Variablen x durch

$$P(x) = \sum_{i=0}^{\infty} r_i x^i \,.$$

Wird für x eine feste reelle Zahl a eingesetzt, so erhält man die Reihe

$$P(a) = \sum_{i=0}^{\infty} r_i a^i \,,$$

die konvergieren kann oder auch nicht. Zu jeder formalen Potenzreihe gibt es eine reelle Zahl R so, dass die Potenzreihe für alle $|x| < R$ konvergiert; R heißt dann der **Konvergenzradius** der Potenzreihe. (Anmerkung: Potenzreihen werden im Allgemeinen über den komplexen Zahlen betrachtet. Daher spricht man nicht von einem Konvergenzintervall, sondern von einem Konvergenzkreis mit dem zugehörigen Konvergenzradius.)

Für eine natürliche Zahl n definieren wir die Funktion $F_n : \mathbb{R} \to \mathbb{R}$ durch

$$F_n(x) = \sum_{i=1}^{n} f_i x^i.$$

Die Formel von Binet liefert

$$F_n(x) = \sum_{i=1}^{n} \frac{1}{\sqrt{5}} (\Phi^i - \Psi^i) x^i = \frac{1}{\sqrt{5}} \sum_{i=1}^{n} \Phi^i x^i - \frac{1}{\sqrt{5}} \sum_{i=1}^{n} \Psi^i x^i. \tag{4.12}$$

Für $\Phi x \neq 1$ und $\Psi x \neq 1$ ergibt sich daher mithilfe der Formel (1.17) für die n-te Partialsumme einer geometrischen Reihe sowie der Formeln (1.6) bis (1.8)

$$\begin{aligned}
F_n(x) &= \frac{1}{\sqrt{5}} \cdot \frac{\Phi^{n+1} x^{n+1} - \Phi x}{\Phi x - 1} - \frac{1}{\sqrt{5}} \frac{\Psi^{n+1} x^{n+1} - \Psi x}{\Psi x - 1} \\
&= \frac{1}{\sqrt{5}} \cdot \frac{\Phi\Psi(\Phi^n - \Psi^n)x^{n+2} - (\Phi^{n+1} - \Psi^{n+1})x^{n+1} + (\Phi - \Psi)x}{\Phi\Psi x^2 - (\Phi + \Psi)x + 1} \\
&= \frac{1}{\sqrt{5}} \cdot \frac{\sqrt{5}x - (\Phi^n - \Psi^n)x^{n+2} - (\Phi^{n+1} - \Psi^{n+1})x^{n+1}}{1 - x - x^2} \,.
\end{aligned}$$

Setzt man jetzt wieder Fibonaccizahlen ein, so erhält man

$$F_n(x) = \frac{x - f_n x^{n+2} - f_{n+1} x^{n+1}}{1 - x - x^2} \,. \tag{4.13}$$

Für $\Phi x = 1$, und also $x = \frac{1}{\Phi} = -\Psi$, erhalten wir mithilfe von $\frac{\Psi^2}{1+\Psi^2} = \frac{5-\sqrt{5}}{10}$

$$
\begin{aligned}
F_n\left(\frac{1}{\Phi}\right) = F_n(-\Psi) &= \frac{1}{\sqrt{5}}n - \frac{1}{\sqrt{5}}\sum_{i=1}^{n}(-\Psi^2)^i \\
&= \frac{1}{\sqrt{5}}\left[n - \frac{\Psi^2(1-(-\Psi^2)^n)}{1+\Psi^2}\right] \\
&= \frac{1}{\sqrt{5}}\left[n - \frac{\Psi^2}{1+\Psi^2}\left(1-(-1)^n\Psi^{2n}\right)\right] \\
&= \frac{n}{\sqrt{5}} - \frac{\sqrt{5}-1}{10} + (-1)^n\Psi^{2n}\frac{\sqrt{5}-1}{10}.
\end{aligned}
\tag{4.14}
$$

Wir lassen nun n gegen unendlich gehen und definieren die formale Potenzreihe

$$
F(x) := \lim_{n\to\infty} F_n(x),
$$

deren Konvergenzverhalten untersucht werden soll.
Für $x = \frac{1}{\Phi}$ sehen wir, dass der erste Summand in der letzten Zeile von (4.14) mit wachsendem n beliebig groß werden kann, während der dritte Summand wegen $|\Psi| < 1$ immer kleiner wird. Daher konvergiert die Reihe für $x = \frac{1}{\Phi}$ nicht.
Wir betrachten also nur $x \in \mathbb{R}$ mit $|x| < \frac{1}{\Phi}$; für jedes solche x gilt $|\Phi x| < 1$ und erst recht $|\Psi x| < 1$ wegen $|\Phi| > |\Psi|$. Aus (4.12) erhalten wir für die formale Potenzreihe

$$
F(x) := \lim_{n\to\infty} F_n(x) = \frac{1}{\sqrt{5}}\lim_{n\to\infty}\sum_{i=1}^{n}(\Phi x)^i - \frac{1}{\sqrt{5}}\lim_{n\to\infty}\sum_{i=1}^{n}(\Psi x)^i.
\tag{4.15}
$$

Unter unserer Voraussetzung $|x| < \frac{1}{\Phi}$ existieren die Grenzwerte der beiden geometrischen Reihen, da nach dem oben Gesagten $|\Phi x| < 1$ und $|\Psi x| < 1$ gilt. Somit existiert für solche x auch der Grenzwert $F(x)$.
Wegen (4.13) können wir schreiben

$$
\begin{aligned}
F(x) &= \lim_{n\to\infty}\frac{x - f_n x^{n+2} - f_{n+1}x^{n+1}}{1-x-x^2} \\
&= \frac{x}{1-x-x^2}\left(1 - \lim_{n\to\infty} f_n x^{n+1} - \lim_{n\to\infty} f_{n+1}x^n\right).
\end{aligned}
$$

Nach Satz 1.19 gilt $f_n \le \frac{\Phi^n}{\sqrt{5}} + 1$; dies liefert

$$
\lim_{n\to\infty} f_n x^{n+1} \le \lim_{n\to\infty}\left(\frac{\Phi^n}{\sqrt{5}} + 1\right)x^{n+1} = \frac{x}{\sqrt{5}}\lim_{n\to\infty}(\Phi x)^n + \lim_{n\to\infty} x^{n+1}.
$$

Wegen $|\Phi x| < 1$ und $|x| < 1$ erhalten wir $\lim_{n\to\infty} f_n x^{n+1} = 0$ und entsprechend $\lim_{n\to\infty} f_{n+1}x^{n+1} = 0$. Damit ergibt sich insgesamt $F(x) = \frac{x}{1-x-x^2}$. Wir haben also gezeigt:

Satz 4.14

Die formale Potenzreihe

$$F(x) = \sum_{i=0}^{\infty} f_i x^i$$

konvergiert für $|x| < \frac{1}{\Phi}$, d. h. der Konvergenzradius der Reihe ist $\frac{1}{\Phi}$. Weiter gilt

$$F(x) = \frac{x}{1 - x - x^2} \, ;$$

die Funktion F wird die **erzeugende Funktion** der Fibonaccizahlen genannt.

Mithilfe dieser Formel kann man für vorgegebene Werte von x leicht den Wert der Reihe berechnen, z. B. ist $F(\frac{1}{2}) = 2$ oder $F(\frac{1}{4}) = \frac{4}{11}$.

Der soeben bewiesene Satz 4.14 lässt interessante Aussagen über die Dezimalbruchentwicklung bestimmter Brüche zu. Wir betrachten einige Spezialfälle:

Korollar 4.15

$$\frac{1}{f_{11}} = \frac{1}{89} = \sum_{i=0}^{\infty} \frac{f_i}{10^{i+1}}$$

Beweis:

$$\sum_{i=0}^{\infty} \frac{f_i}{10^{i+1}} = \frac{1}{10} \sum_{i=0}^{\infty} \frac{f_i}{10^i} = \frac{1}{10} \cdot \frac{\frac{1}{10}}{1 - \frac{1}{10} - \frac{1}{100}} = \frac{1}{100 \cdot \frac{89}{100}} = \frac{1}{89} \quad \diamond$$

Die Dezimalbruchentwicklung von $\frac{1}{89}$ beginnt also mit den Gliedern der Fibonaccifolge:

$$\frac{1}{89} = 0, 011235\,8$$
$$13$$
$$\ddots$$

Die folgenden Aussagen dieser Art ergeben sich ebenfalls unmittelbar aus Satz 4.14, vgl. die Übungsaufgaben 4.3.4 und 4.3.5.

$$\frac{1}{f_5} = \frac{1}{5} = \sum_{i=0}^{\infty} \frac{f_i}{3^{i+1}} \tag{4.16}$$

$$\frac{1}{f_{10}} = \frac{1}{55} = \sum_{i=0}^{\infty} \frac{f_i}{8^{i+1}} \tag{4.17}$$

Weger konnte in [We95] zeigen, dass die vorstehend in Korollar 4.15 und in (4.16) sowie (4.17) genannten die einzigen ganzzahligen Lösungen der Gleichung

$$\frac{1}{f_n} = \sum_{i=0}^{\infty} \frac{f_i}{m^{i+1}}$$

sind.
Außerdem gilt (vgl. [Lo81]):

$$\frac{1}{109} = \sum_{i=0}^{\infty} \frac{f_i}{(-10)^{i+1}} \, . \tag{4.18}$$

4.3 Aufgaben

1. Beweisen Sie die Rechenregeln (4.1), (4.2) und (4.3) für den Betrag reeller Zahlen. Zeigen Sie außerdem $x - y \geq x - |y|$ für beliebige reelle Zahlen x und y.

2. Beweisen Sie Lemma 4.2.

3. Zeigen Sie die Formel (4.10) für den Wert einer geometrischen Reihe.

4. Zeigen Sie (4.13), indem Sie $(1 - x - x^2)F_n(x)$ betrachten und darauf die Rekursionsformel geschickt anwenden.

5. Zeigen Sie (4.16).

6. Zeigen Sie (4.17).

7. Zeigen Sie (4.18).

8. Untersuchen Sie die Folge $\{\frac{l_{n+1}}{l_n}\}$ der Quotienten aufeinanderfolgender Lucaszahlen auf Konvergenz.

9. Berechnen Sie den Wert der Reihe $\sum_{n=0}^{\infty} \frac{1}{l_n l_{n+2}}$.

Literatur zu Kapitel 4
Einführungen in die Analysis sind z. B. [AE] oder [K]. Die Grenzwertaussagen aus dem ersten Abschnitt werden bei [wBe] aufgeführt. Die Ergebnisse des zweiten Abschnitts finden sich bei [Lo81] und [We95]; [Kö85] behandelt das Thema in etwas allgemeinerem Zusammenhang.

5 Fibonaccizahlen in der Geometrie

Das Kapitel beginnt mit einem eher zahlentheoretischen Auftakt: Hier geht es um pythagoreische Tripel, die mithilfe von Fibonacci- oder Lucaszahlen angegeben werden. Der zweite Abschnitt bringt den wohl berühmtesten Zusammenhang der Fibonaccifolge mit der Geometrie, den goldenen Schnitt. Im dritten Teil verwenden wir goldene Dreiecke dazu, das reguläre Zehneck und das reguläre Fünfeck genauer zu untersuchen und jeweils den Flächeninhalt zu berechnen. Die Betrachtung goldener Rechtecke führt im letzten Abschnitt zur goldenen Spirale. Ferner werden die Fibonacci-Spirale und die Näherung der goldenen Spirale mithilfe von Viertelkreisen vorgestellt.

5.1 Rechtwinklige Dreiecke

Einer der zentralen Sätze im Geometrieunterricht ist der **Satz des Pythagoras**:
In einem rechtwinkligen Dreieck mit der Hypotenuse c und den Katheten a und b hat das Quadrat über der Hypotenuse den gleichen Flächeninhalt wie die Quadrate über den beiden Katheten zusammen, d. h. es gilt die Beziehung

$$a^2 + b^2 = c^2. \tag{5.1}$$

Auch die Umkehrung dieses Satzes ist richtig:
Erfüllen die Seiten eines Dreiecks die Beziehung (5.1), so ist das Dreieck rechtwinklig bei C; der rechte Winkel liegt der längsten Seite c gegenüber.

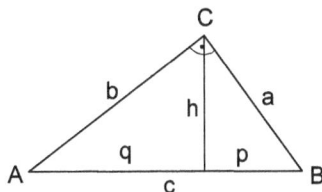

Der Vollständigkeit halber seien hier noch die beiden „Ableger" des Satzes des Pythagoras erwähnt:

Kathetensatz: *Das Quadrat über einer Kathete eines rechtwinkligen Dreiecks ist flächengleich zum Rechteck, dessen Seitenlängen die Länge des anliegenden Hypotenusenabschnitts und die Länge der Hypotenuse sind:* $a^2 = p \cdot c$; $b^2 = q \cdot c$.

Höhensatz: *Das Quadrat über der Höhe eines rechtwinkligen Dreiecks ist flächengleich zum Rechteck, dessen Seitenlängen die Längen der beiden Hypotenusenabschnitte sind:* $h^2 = p \cdot q$.

Im alten Ägypten wurde eine Knotenschnur mit zwölf Knoten in gleichen Abständen dazu verwendet, rechte Winkel herzustellen, indem man mithilfe der Schnur ein Dreieck mit den Seitenlängen 3, 4 und 5 Knotenabstände absteckte. Dieses Dreieck ist wegen $3^2 + 4^2 = 5^2$ rechtwinklig. Von besonderem Interesse sind daher Tripel $(a; b; c)$ natürlicher Zahlen a, b und c, die (5.1) erfüllen. Derartige Zahlentripel werden **pythagoreische Tripel** genannt. Überraschenderweise kann man Fibonaccizahlen dazu verwenden, pythagoreische Tripel zu bilden:

Satz 5.1

Die Zahlen $a_n = 2f_n f_{n-1}$, $b_n = f_n^2 - f_{n-1}^2$ und $c_n = f_{2n-1}$ bilden für $n > 2$ ein pythagoreisches Tripel mit $a_n^2 + b_n^2 = c_n^2$.

Beweis: Es gilt $a_n^2 + b_n^2 = (2f_n f_{n-1})^2 + (f_n^2 - f_{n-1}^2)^2 = 4f_n^2 f_{n-1}^2 + f_n^4 - 2f_n^2 f_{n-1}^2 + f_{n-1}^4 = f_n^4 + 2f_n^2 f_{n-1}^2 + f_{n-1}^4 = (f_n^2 + f_{n-1}^2)^2$. Nach (1.4) ist $f_{2n-1} = f_n^2 + f_{n-1}^2$, woraus sofort die Behauptung folgt. $\diamond$

Beispiel: Sei $n = 5$, also $a = 2f_5 f_4 = 2 \cdot 5 \cdot 3 = 30$, $b = f_5^2 - f_4^2 = 5^2 - 3^2 = 16$, $c = f_9 = 34$. Damit erhält man $a^2 + b^2 = 30^2 + 16^2 = 900 + 256 = 1156 = 34^2$. Also ist das Tripel $(30; 16; 34)$ ein pythagoreisches Tripel.

Vier aufeinanderfolgende Fibonaccizahlen f_n, f_{n+1}, f_{n+2} und f_{n+3} erzeugen ebenfalls ein pythagoreisches Tripel:

Satz 5.2

Setzt man $a_n = f_n f_{n+3}$, $b_n = 2f_{n+1} f_{n+2}$ und $c_n = f_{n+1}^2 + f_{n+2}^2 = f_{2n+3}$, so bilden $(a_n; b_n; c_n)$ für $n \geq 1$ ein pythagoreisches Tripel mit $a_n^2 + b_n^2 = c_n^2$.

Beweis: Man hat also $a_n^2 + b_n^2 = (f_n f_{n+3})^2 + (2f_{n+1} f_{n+2})^2$. Einsetzen von $f_n = f_{n+2} - f_{n+1}$ und $f_{n+3} = f_{n+2} + f_{n+1}$ liefert $a_n^2 + b_n^2 = [(f_{n+2} - f_{n+1})(f_{n+2} + f_{n+1})]^2 + 4f_{n+1}^2 f_{n+2}^2 = (f_{n+2}^2 - f_{n+1}^2)^2 + 4f_{n+1}^2 f_{n+2}^2 = (f_{n+2}^2 + f_{n+1}^2)^2 = c_n^2$, was zu zeigen war. Wegen (1.4) gilt außerdem $c_n = f_{2n+3}$. $\diamond$

Beispiel: Wir wählen wieder $n = 5$, also $f_5 = 5, f_6 = 8, f_7 = 13, f_8 = 21$ und setzen $a = 5 \cdot 21 = 105, b = 2 \cdot 8 \cdot 13 = 208$ und $c = 8^2 + 13^2 = 64 + 169 = 233$. Damit gilt $a^2 + b^2 = 105^2 + 208^2 = 11025 + 43264 = 54289 = 233^2$, d.h. $(105; 208; 233)$ ist ein pythagoreisches Tripel.

Abschließend seien noch pythagoreische Tripel vorgestellt, in denen Lucas- und Fibonaccizahlen vorkommen.

Satz 5.3

Die Zahlen $a_n = l_n l_{n+3}$, $b_n = 2l_{n+1}l_{n+2}$ und $c_n = 5f_{2n+3}$ bilden für alle $n \in \mathbb{N}$ ein pythagoreisches Tripel mit $a_n^2 + b_n^2 = c_n^2$.

Beweis: Der Nachweis ist etwas trickreicher als in den beiden vorigen Fällen. Wir formen den Ausdruck für a_n^2 zunächst einmal mithilfe der Rekursionsformel um, rechnen dann aus und fassen zusammen:

$a_n^2 + b_n^2 = (l_n l_{n+3})^2 + 4l_{n+1}^2 l_{n+2}^2 = [(l_{n+2} - l_{n+1})(l_{n+2} + l_{n+1})]^2 + 4l_{n+1}^2 l_{n+2}^2$
$= [l_{n+2}^2 - l_{n+1}^2]^2 + 4l_{n+1}^2 l_{n+2}^2 = l_{n+1}^4 + 2l_{n+1}^2 l_{n+2}^2 + l_{n+2}^4 = (l_{n+1}^2 + l_{n+2}^2)^2$.
Nun schreiben wir $l_{n+1}^2 + l_{n+2}^2$ mithilfe von Satz 1.29 um:
$l_{n+1}^2 + l_{n+2}^2 = 5f_{n+1}^2 + 4 \cdot (-1)^{n+1} + 5f_{n+2}^2 + 4 \cdot (-1)^{n+2} = 5 \cdot (f_{n+1}^2 + f_{n+2}^2) = 5f_{2n+3} = c_n$;
dabei wurde im vorletzten Schritt (1.4) verwendet. $\diamond$

Beispiel: Für $n = 1$ erhalten wir $a = l_1 l_4 = 1 \cdot 7 = 7$, $b = 2l_2 l_3 = 2 \cdot 3 \cdot 4 = 24$ und $c = 5f_5 = 5 \cdot 5 = 25$. Es gilt $c^2 = 25^2 = 625 = 49 + 576 = 7^2 + 24^2 = a^2 + b^2$. Wir haben also das pythagoreische Tripel $(7; 24; 25)$ erhalten.

5.2 Der goldene Schnitt

Dieser Abschnitt ist einer besonderen Art der Teilung einer Strecke, dem sogenannten goldenen Schnitt, gewidmet. In Architektur und Kunst nimmt diese als besonders harmonisch und schön empfundene Teilung eine herausragende Stellung ein: Die Fassaden vieler Bauwerke sowie die Kompositionen bedeutender Gemälde orientieren sich am goldenen Schnitt. Daher betrachten wir zuerst die Eigenschaften des goldenen Schnitts und zeigen dann, wie er mit Zirkel und Lineal konstruiert werden kann.

5.2.1 Teilung einer Strecke

Zunächst klären wir den Begriff „Teilverhältnis" allgemein und untersuchen dann die besondere Art der Teilung einer Strecke, die als goldener Schnitt bezeichnet wird.

Definition 5.4

Wird eine Strecke $[AB]$ durch einen Punkt T auf der Geraden AB geteilt, so nennt man das Zahlenverhältnis $\overline{AT} : \overline{TB} = \lambda$ das **Teilverhältnis** der Streckenlängen $\overline{AT}$ und $\overline{TB}$. Man sagt dann, dass T die Strecke $[AB]$ im Verhältnis λ teilt. Der Punkt T kann dabei innerhalb oder außerhalb der Strecke $[AB]$ liegen. Im ersten Fall ist T ein **innerer Teilpunkt** von $[AB]$, im zweiten Fall ein **äußerer Teilpunkt**.

```
├────────┼────────┤   ├──────────────┼────────┤
A        T        B   A              B        T
```

Die innere Teilung einer Strecke [AB] wird als besonders harmonisch angesehen, wenn sich die Länge der größeren der beiden Teilstrecken zur Länge der kleineren so verhält wie die Länge der Gesamtstrecke zur Länge der größeren Strecke, wenn also gilt

$$\frac{\overline{AT}}{\overline{TB}} = \frac{\overline{AB}}{\overline{AT}},$$

wobei $\overline{AB} = \overline{AT} + \overline{TB}$; damit ergibt sich

$$\frac{\overline{AT}}{\overline{TB}} = \frac{\overline{AT} + \overline{TB}}{\overline{AT}}. \tag{5.2}$$

In diesem Fall spricht man von einer **Teilung im Verhältnis des goldenen Schnitts**.

Umformen von Gleichung (5.2) liefert

$$\frac{\overline{AT}}{\overline{TB}} = 1 + \frac{\overline{TB}}{\overline{AT}}.$$

Bezeichnet man das Teilverhältnis $\overline{AT} : \overline{TB}$ mit $\Phi = \frac{\overline{AT}}{\overline{TB}}$, so gilt

$$\Phi = 1 + \frac{1}{\Phi} \Leftrightarrow \Phi^2 - \Phi - 1 = 0. \tag{5.3}$$

Diese Gleichung kennen wir bereits aus Abschnitt 1.4. Sie hat die Lösungen

$$\Phi = \frac{1 + \sqrt{5}}{2}$$

und

$$\Psi = \frac{1 - \sqrt{5}}{2},$$

wobei die Bezeichnungen von Satz 1.17 verwendet wurden. Φ wird auch **goldene Zahl** genannt. Für Φ und Ψ gelten Satz 1.17 sowie die Beziehungen (1.6) bis (1.8) aus Abschnitt 1.4.

Die Teilung einer Strecke im Verhältnis des goldenen Schnitts wird manchmal als **stetige Teilung** bezeichnet. Dieser Name erklärt sich durch die folgende Eigenschaft der Teilung im Verhältnis des goldenen Schnitts:

Lemma 5.5

Verhalten sich die Längen a und b zweier Strecken im Verhältnis des goldenen Schnitts zueinander, so gilt dies auch für Strecken der Längen b und $a - b$, d. h. $\frac{a}{b} = \Phi = \frac{b}{a-b}$.

Beweis: Sei $\frac{a}{b} = \Phi$, also $a = \Phi \cdot b$. Dann gilt $\frac{b}{a-b} = \frac{b}{(\Phi-1)b} = \frac{1}{\Phi-1} = \frac{1}{\frac{1+\sqrt{5}}{2}-1} =$
$\frac{2}{\sqrt{5}-1} = \frac{2 \cdot (\sqrt{5}+1)}{(\sqrt{5}-1)(\sqrt{5}+1)} = \frac{\sqrt{5}+1}{2} = \Phi.$ $\diamondsuit$

5.2.2   Konstruktionsverfahren für den goldenen Schnitt

Es gibt viele verschiedene Konstruktionsverfahren für den goldenen Schnitt. Wir geben hier exemplarisch vier verschiedene Konstruktionsverfahren dafür an.

1. Konstruktion: Zunächst ein Verfahren zur inneren Teilung. Gegeben ist eine Strecke $[AB]$, gesucht ist ein innerer Punkt T von $[AB]$, der $[AB]$ im Verhältnis des goldenen Schnitts teilt. Bei dieser Konstruktion geht man folgendermaßen vor:
1. Schritt: Im Punkt B errichtet man die Senkrechte auf $[AB]$ und wählt darauf den Punkt C so, dass $\overline{BC} = \frac{1}{2}\overline{AB}$.
2. Schritt: Man verbindet die Punkte A und C. Der Kreis um C mit Radius $\overline{CB}$ schneidet $[AC]$ im Punkt D.
3. Schritt: Der Kreis um A mit Radius $\overline{AD}$ schneidet $[AB]$ im Punkt T. Dieser Punkt teilt $[AB]$ im Verhältnis Φ des goldenen Schnitts.

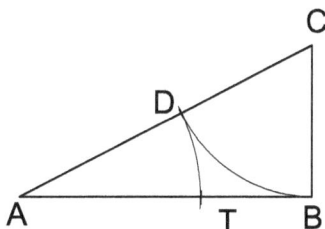

Dass das Konstruktionsverfahren tatsächlich das Gewünschte leistet, müssen wir erst beweisen. Dazu ist $\overline{AT} = \overline{AD}$ zu berechnen.
Nach dem Satz des Pythagoras gilt

$$\overline{AC}^2 = \overline{AB}^2 + \overline{BC}^2,$$

und wegen $\overline{BC} = \frac{1}{2}\overline{AB}$ folgt

$$\overline{AC}^2 = \frac{5}{4}\overline{AB}^2,$$

also

$$\overline{AC} = \frac{\sqrt{5}}{2}\overline{AB}.$$

Damit ergibt sich

$$\overline{AT} = \overline{AD} = \overline{AC} - \overline{CD} = \frac{\sqrt{5}}{2}\overline{AB} - \frac{1}{2}\overline{AB} = \frac{\sqrt{5}-1}{2}\overline{AB}.$$

Somit ist

$$\frac{\overline{AB}}{\overline{AT}} = \frac{\sqrt{5}+1}{2} = \Phi$$

und

$$\frac{\overline{AT}}{\overline{TB}} = \frac{\sqrt{5}-1}{3-\sqrt{5}} = \frac{(\sqrt{5}-1)\cdot(3+\sqrt{5})}{(3-\sqrt{5})\cdot(3+\sqrt{5})} = \frac{\sqrt{5}+1}{2} = \Phi. \quad \Diamond$$

2. Konstruktion: Das folgende Verfahren geht angeblich auf Euklid zurück. Gegeben ist wieder eine Strecke $[AB]$ und gesucht ist der Teilpunkt T im Inneren der Strecke $[AB]$, der $[AB]$ im Verhältnis des goldenen Schnitts teilt.
1. Schritt: Im Punkt A wird die Senkrechte zu $[AB]$ errichtet und darauf die Strecke $[AC]$ mit $\overline{AC} = \frac{1}{2}\overline{AB}$ abgetragen.
2. Schritt: Der Kreis um C mit Radius $\overline{CB}$ schneidet die Halbgerade $[CA$ im Punkt D.
3. Schritt: Der Kreis um A mit Radius $\overline{AD}$ schneidet die Strecke $[AB]$ im Punkt T. T teilt $[AB]$ im Verhältnis des goldenen Schnitts.

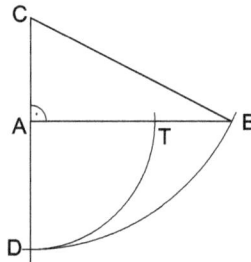

Der Beweis für die Richtigkeit dieser Konstruktion sei der Leserin/dem Leser überlassen.

3. Konstruktion: Nun betrachten wir ein Konstruktionsverfahren, bei dem ein Punkt außerhalb der gegebenen Strecke zu konstruieren ist. Diesmal ist eine Strecke $[AT]$ gegeben und gesucht ist ein Punkt B außerhalb von $[AT]$, sodass $[AB]$ durch T im Verhältnis des goldenen Schnitts geteilt wird.
1. Schritt: Man errichtet die Senkrechte zu $[AT]$ in T und trägt darauf $\overline{AT}$ ab; dies liefert den Punkt C.
2. Schritt: Man konstruiert den Mittelpunkt M von $[AT]$.
3. Schritt: Der Kreis um M mit Radius $\overline{MC}$ schneidet die Verlängerung von $[AT]$ über T hinaus im Punkt B. Dann teilt T die Strecke $[AB]$ im Verhältnis des goldenen Schnitts.

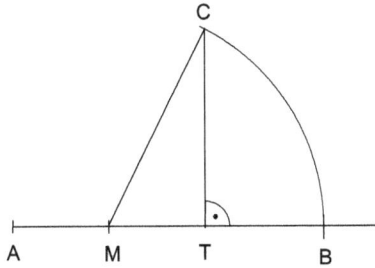

Dies ist wieder zu zeigen: Mit dem Satz des Pythagoras gilt

$$\overline{MC}^2 = \overline{MT}^2 + \overline{TC}^2 = \frac{1}{4}\overline{AT}^2 + \overline{AT}^2 = \frac{5}{4}\overline{AT}^2,$$

also

$$\overline{MC} = \overline{MB} = \frac{\sqrt{5}}{2}\overline{AT}.$$

Nun ist

$$\overline{AB} = \overline{AM} + \overline{MB} = \frac{1}{2}\overline{AT} + \frac{\sqrt{5}}{2}\overline{AT} = \frac{1+\sqrt{5}}{2}\overline{AT}$$

und

$$\overline{TB} = \overline{AB} - \overline{AT} = \frac{\sqrt{5}-1}{2}\overline{AT},$$

woraus sofort die Behauptung folgt. $\diamondsuit$.

4. Konstruktion: Die folgende schöne Konstruktion wurde erst 1982 von dem Maler *George Odom* gefunden. *Odom* war mit *H. S. M. Coxeter* (1907-2003), einem der größten Geometer des 20. Jahrhunderts, befreundet.

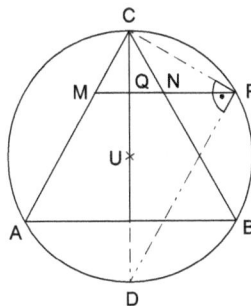

In einem gleichseitigen Dreieck ABC der Seitenlänge $2a$ werden zwei Seiten halbiert (Mittelpunkte M und N) sowie der Umkreis des Dreiecks gezeichnet. Verlängert man die Verbindungsstrecke $[MN]$ der Seitenmittelpunkte über N hinaus, so erhält man einen Schnittpunkt P von MN mit dem Umkreis des Dreiecks. Der Punkt N teilt jetzt die Strecke $[MP]$ im Verhältnis des goldenen Schnitts.

Um dies einzusehen, müssen wir $\overline{NP}$ berechnen. Zunächst beachten wir, dass der Punkt P auf dem Kreis über dem Durchmesser $[CD]$ des Umkreises des Dreiecks ABC liegt; nach dem Satz des Thales ist das Dreieck CDP daher rechtwinklig bei P. Wir können also den Höhensatz anwenden und erhalten

$$\overline{QP}^2 = \overline{CQ} \cdot \overline{QD}.$$

Die Strecke $[CQ]$ ist nach dem Strahlensatz halb so lang wie die Höhe des Dreiecks ABC, also

$$\overline{CQ} = \frac{1}{2}\sqrt{3}a.$$

Der Umkreismittelpunkt U teilt die Höhe (die gleichzeitig Seitenhalbierende ist) des Dreiecks ABC im Verhältnis $2:1$, daher gilt

$$\overline{CD} = 2 \cdot \overline{UD} = \frac{4}{3}a\sqrt{3}$$

und weiter

$$\overline{QD} = \overline{CD} - \overline{CQ} = \frac{4}{3}a\sqrt{3} - \frac{1}{2}a\sqrt{3} = \frac{5}{6}a\sqrt{3}.$$

Damit ergibt sich

$$\overline{QP}^2 = \frac{1}{2}\sqrt{3}a \cdot \frac{5}{6}\sqrt{3}a = \frac{5}{4}a^2,$$

also

$$\overline{QP} = \frac{1}{2}a\sqrt{5}.$$

Wegen $\overline{QN} = \frac{a}{2}$ folgt

$$\overline{NP} = \overline{QP} - \overline{QN} = \frac{1}{2}a\sqrt{5} - \frac{1}{2}a = \frac{\sqrt{5}-1}{2}a.$$

Insgesamt erhält man also:

$$\frac{\overline{MN}}{\overline{NP}} = \frac{a}{\frac{\sqrt{5}-1}{2}a} = \frac{2}{\sqrt{5}-1} = \frac{\sqrt{5}+1}{2} = \Phi,$$

wie behauptet.   ◇

Ist die Strecke $[MN]$ gegeben, so kann man daraus leicht das Dreieck MNC und daraus wiederum das Dreieck ABC konstruieren. Der Umkreismittelpunkt ergibt sich als Schnittpunkt zweier Seitenhalbierender (die hier gleichzeitig Höhen, Mittelsenkrechte und Winkelhalbierende sind) des Dreiecks. Somit kann man diese Konstruktion ebenfalls dazu benutzen, zu einer Strecke $[RT]$ einen dritten Punkt S so zu bestimmen, dass $[RS]$ durch T im Verhältnis des goldenen Schnitts geteilt wird.

5.3   Goldene Dreiecke

Ein gleichschenkliges Dreieck, bei dem zwei Seiten im Verhältnis des goldenen Schnitts stehen, nennt man **goldenes Dreieck**. Als erstes wird geklärt, wie solche Dreiecke aussehen und dann decken wir auf, wo sie sonst noch zu finden sind.

5.3.1   Die Winkel im goldenen Dreieck

Es wird sich herausstellen, dass man die Innenwinkel eines goldenen Dreiecks genau angeben kann. Um herauszufinden, welche Winkel ein goldenes Dreieck besitzt, beweisen wir zunächst ein Lemma, bei dem es um Trigonometrie geht:

Lemma 5.6

$$\sin 18° = \frac{1}{4} \cdot (\sqrt{5} - 1) = \frac{1}{2 \cdot \Phi}$$

Beweis: Wir betrachten zunächst $\sin 72° = \cos(90° - 72°) = \cos 18°$ und wenden die Formeln für das halbe Argument zweimal nacheinander an. Es ergibt sich:

$$\sin 72° = 2 \cdot \sin 36° \cdot \cos 36° = 4 \cdot \sin 18° \cdot \cos 18° \cdot (1 - 2 \cdot (\sin 18°)^2),$$

also

$$\cos 18° = 4 \cdot \sin 18° \cdot \cos 18° \cdot (1 - 2 \cdot (\sin 18°)^2).$$

Da $\cos 18° \neq 0$, darf man die letzte Gleichung durch $\cos 18°$ dividieren und erhält

$$1 = 4 \cdot \sin 18° \cdot (1 - 2 \cdot (\sin 18°)^2).$$

Mit der Substitution $x = \sin 18°$ ergibt sich die Gleichung

$$1 = 4x(1 - 2x^2) \text{ bzw. } 8x^3 - 4x + 1 = 0.$$

Wir zerlegen die linke Seite der letzten Gleichung und erhalten

$$(2x - 1)(4x^2 + 2x - 1) = 0.$$

Da $\sin 18° \neq \frac{1}{2}$, muss $x = \sin 18°$ Lösung der Gleichung $4x^2 + 2x - 1 = 0$ sein; als Lösungen dieser Gleichung ergeben sich $x_1 = \frac{1}{4}(\sqrt{5} - 1)$ und $x_2 = -\frac{1}{4}(\sqrt{5} + 1)$. Wegen $\sin 18° > 0$ müssen wir die zweite Lösung ausschließen. Wir erhalten also $\sin 18° = \frac{1}{4}(\sqrt{5} - 1) = \frac{(\sqrt{5}-1)(\sqrt{5}+1)}{4(\sqrt{5}+1)} = \frac{1}{\sqrt{5}+1} = \frac{1}{2\Phi}$. $\diamondsuit$

Mithilfe der Additionstheoreme folgt aus Lemma 5.6:

$$
\begin{aligned}
\sin 54^\circ &= \sin 18^\circ \cdot \cos 36^\circ + \cos 18^\circ \cdot \sin 36^\circ \\
&= \sin 18^\circ \cdot (1 - 2 \cdot (\sin 18^\circ)^2) + \cos 18^\circ \cdot 2 \cdot \sin 18^\circ \cdot \cos 18^\circ \\
&= \sin 18^\circ \cdot (1 - 2 \cdot (\sin 18^\circ)^2) + 2 \cdot \sin 18^\circ \cdot (\cos 18^\circ)^2 \\
&= \sin 18^\circ \cdot [1 - 2 \cdot (\sin 18^\circ)^2 + 2 \cdot (1 - (\sin 18^\circ)^2)] \\
&= \sin 18^\circ \cdot [3 - 4 \cdot (\sin 18^\circ)^2] \\
&= \frac{1}{4}(\sqrt{5} - 1) \cdot \left[3 - \frac{1}{4}(\sqrt{5} - 1)^2\right] \\
&= \frac{1}{4}(\sqrt{5} - 1) \cdot \left[3 - \frac{1}{2}(3 - \sqrt{5})\right] \\
&= \frac{1}{8}(\sqrt{5} - 1)(3 + \sqrt{5}) \\
&= \frac{1}{8}(3\sqrt{5} - 3 + 5 - \sqrt{5}) \\
&= \frac{1}{4}(1 + \sqrt{5}) \\
&= \frac{1}{2}\Phi \quad \diamond
\end{aligned}
\tag{5.4}
$$

In einem gleichschenkligen Dreieck mit Schenkeln der Länge a und einer Basis der Länge b gilt

$$
\sin \frac{\gamma}{2} = \frac{\frac{b}{2}}{a} = \frac{b}{2a}.
\tag{5.5}
$$

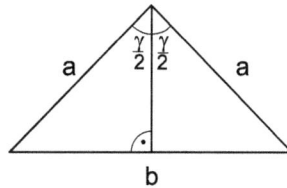

Andererseits gilt in einem goldenen Dreieck entweder

$$
\frac{a}{b} = \Phi
\tag{5.6}
$$

oder

$$
\frac{b}{a} = \Phi.
\tag{5.7}
$$

Aus (5.6) folgt $\frac{b}{a} = \frac{1}{\Phi}$ und, nach Multiplikation mit $\frac{1}{2}$, $\frac{b}{2a} = \frac{1}{2\Phi}$. Lemma 5.6 und (5.5) liefern $\frac{\gamma}{2} = 18^\circ$, also

$$
\gamma = 36^\circ.
$$

Die beiden Basiswinkel sind in diesem Fall

$$\alpha = \beta = (180° - 36°) : 2 = 72°.$$

Hat ein gleichschenkliges Dreieck umgekehrt einen Winkel γ von 36° an der Spitze, so ist wegen (5.5) und Lemma 5.6 $\sin \frac{\gamma}{2} = \sin 18° = \frac{1}{2\Phi} = \frac{b}{2a}$, also $a = \Phi b$, d. h. das Dreieck ist ein goldenes Dreieck.

Die Beziehung (5.7) liefert entsprechend $\frac{b}{2a} = \frac{1}{2}\Phi$, also ergibt sich aus (5.5) und (5.4) $\frac{\gamma}{2} = 54°$, d. h.

$$\gamma = 108°.$$

In diesem Fall betragen die Basiswinkel daher

$$\alpha = \beta = (180° - 108°) : 2 = 36°.$$

Für ein gleichschenkliges Dreieck mit einem Winkel γ von 108° an der Spitze gilt wegen (5.4) und (5.5) $\sin \frac{\gamma}{2} = \sin 54° = \frac{\Phi}{2} = \frac{b}{2a}$, also $b = \Phi a$. Auch ein solches Dreieck ist somit ein goldenes Dreieck.

Da Dreiecke, die in den Winkeln übereinstimmen, zueinander ähnlich sind, ist damit geklärt, wie goldene Dreiecke aussehen:

Satz 5.7

Ein gleichschenkliges Dreieck ist genau dann ein goldenes Dreieck, wenn es entweder zu Typ 1 oder zu Typ 2 gehört.

Typ 1: Basiswinkel 72°, Winkel an der Spitze 36°.

Typ 2: Basiswinkel 36°, Winkel an der Spitze 108°.

Aus den Konstruktionen zum goldenen Schnitt folgt insbesondere, dass sich goldene Dreiecke mit Zirkel und Lineal allein konstruieren lassen. Das bedeutet auch, dass man Winkel von 36°, 72° und 108° mit Zirkel und Lineal konstruieren kann.

In den folgenden Abschnitten wollen wir untersuchen, wo derartige Dreiecke natürlicherweise auftreten.

5.3.2   Das regelmäßige Zehneck

Goldene Dreiecke vom Typ 1 treten offensichtlich als Bestimmungsdreiecke regelmäßiger Zehnecke auf: Soll ein regelmäßiges Zehneck einem Kreis einbeschrieben werden, so ist der Mittelpunktswinkel eines Bestimmungsdreiecks 360° : 10 = 36° und die beiden Basiswinkel betragen 72°.

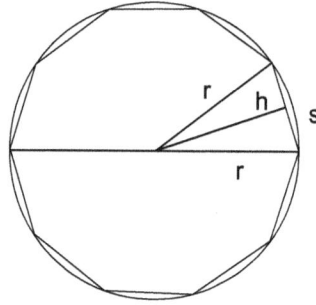

Daraus kann man einige Ausagen über regelmäßige Zehnecke herleiten. Die Länge der Seite eines regelmäßigen Zehnecks sei s. Dann gelten:

- Für den Umkreisradius r des Zehnecks gilt $r = \Phi s = \frac{1+\sqrt{5}}{2}s$ und umgekehrt ist $s = \frac{\sqrt{5}-1}{2}$. Anders ausgedrückt: Eine Seite des Zehnecks ist ebenso lang wie das größere Teilstück, wenn eine Strecke der Länge r im Verhältnis des goldenen Schnitts geteilt wird.

- Die Länge einer Diagonale des Zehnecks ist $d = 2r = (1 + \sqrt{5})s$.

- Damit kann man den Flächeninhalt des Zehnecks leicht berechnen: Für die Höhe h eines Bestimmungsdreiecks gilt nach dem Satz des Pythagoras

$$h^2 = r^2 - \left(\frac{s}{2}\right)^2 = \Phi^2 s^2 - \frac{s^2}{4} = \frac{1 + 2\sqrt{5} + 5 - 1}{4}s^2 = \frac{2\sqrt{5}+5}{4}s^2,$$

also

$$h = \frac{s}{2}\sqrt{2\sqrt{5}+5}.$$

Für den **Flächeninhalt des Zehnecks** erhält man daraus

$$A = 10 \cdot \frac{1}{2} \cdot s \cdot h = 5 \cdot s \cdot \frac{s}{2} \cdot \sqrt{2\sqrt{5}+5} = \frac{5}{2}s^2\sqrt{2\sqrt{5}+5}$$

oder, in Abhängigkeit von r,

$$A = \frac{5}{2} \cdot \frac{6-2\sqrt{5}}{4} \cdot r^2\sqrt{2\sqrt{5}+5} = \frac{5}{4}r^2(3-\sqrt{5})\sqrt{2\sqrt{5}+5}$$

$$= \frac{5}{4}r^2\sqrt{(14-6\sqrt{5})(2\sqrt{5}+5)} = \frac{5}{4}r^2\sqrt{10-2\sqrt{5}}.$$

5.3.3   Das regelmäßige Fünfeck

Bei der Untersuchung regelmäßiger Fünfecke werden uns beide Typen von goldenen Dreiecken begegnen.

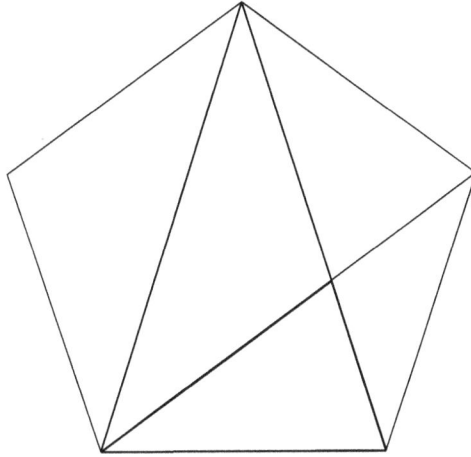

Als erstes stellen wir einige grundlegende Aussagen über regelmäßige Fünfecke zusammen:

Satz 5.8

In einem regelmäßigen Fünfeck $ABCDE$ gelten:

(a) Ein Innenwinkel beträgt 108°.

(b) Alle Diagonalen sind gleich lang.

(c) Jede Seite ist zu der ihr gegenüberliegenden Diagonale parallel, z. B. $AB \parallel EC$.

(d) Je zwei Diagonalen, die sich nicht in einem Eckpunkt schneiden, teilen einander im Verhältnis Φ des goldenen Schnitts.

(e) Das Verhältnis der Länge einer Diagonale zur Länge einer Seite ist Φ.

Beweis: In einem Fünfeck beträgt die Summe der Innenwinkel $(5-2) \cdot 180° = 540°$, daher hat ein Innenwinkel des regelmäßigen Fünfecks die Größe $540° : 5 = 108°$, daraus folgt (a).
Bei einem regelmäßigen Fünfeck ist die Verbindungsgerade eines jeden Eckpunkts mit dem Mittelpunkt der gegenüberliegenden Seite eine Symmetrieachse des Fünfecks. Daher sind die beiden Diagonalen, die vom selben Eckpunkt ausgehen, gleich lang. Nun betrachtet man den nächsten Eckpunkt und zeigt so sukzessive, dass alle Diagonalen gleich lang sind, das ist (b). Außerdem steht diese Symmetrieachse auf der Seite und der dazu gegenüberliegenden Diagonalen senkrecht, dies zeigt (c).
Nun betrachten wir die Diagonalen $[AD]$ und $[EC]$; ihr Schnittpunkt sei S. Mit s bezeichnen wir die Länge einer Seite und mit d die Länge einer Diagonalen.

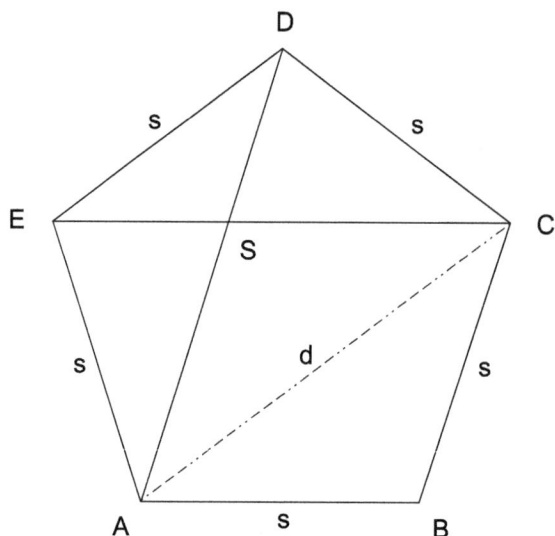

Wegen $AD \parallel BC$ und $AB \parallel EC$ ist das Viereck $ABCS$ nach (c) ein Parallelogramm und es gilt $\overline{AS} = \overline{SC} = s$; somit ist das Viereck $ABCS$ sogar eine Raute.

Da wieder nach (c) $ED \parallel AC$, kann man den Strahlensatz (mit dem Zentrum S) anwenden und erhält

$$\frac{\overline{AC}}{\overline{ED}} = \frac{d}{s} = \frac{\overline{SC}}{\overline{ES}}.$$

Andererseits gilt aber auch

$$\frac{d}{s} = \frac{\overline{EC}}{\overline{SC}},$$

also insgesamt

$$\frac{\overline{SC}}{\overline{ES}} = \frac{\overline{EC}}{\overline{SC}},$$

was nichts anderes bedeutet, als dass S die Strecke $[EC]$ im Verhältnis des goldenen Schnitts teilt. Insbesondere ergibt sich daraus $\frac{d}{s} = \Phi$; daher ist (e) richtig. Die gleiche Argumentation zeigt, dass auch $[AD]$ durch S im Verhältnis des goldenen Schnitts geteilt wird. Somit ist auch (d) gezeigt. $\diamond$

Aus dem obigen Satz folgt, dass beide Typen goldener Dreiecke in einem regelmäßigen Fünfeck auftauchen: Vom Typ 1 ist ein Dreieck, das aus einer Seite und zwei Diagonalen gebildet wird, während ein Dreieck, das von zwei Seiten und einer Diagonalen gebildet wird, vom Typ 2 ist.

Diese Ergebnisse kann man ausnutzen, um den Flächeninhalt eines regelmäßigen Fünfecks in Abhängigkeit von der Seitenlänge s zu berechnen. Die Fünfecksfläche setzt sich zusammen aus einem Dreieck des Typs 1 und zwei Dreiecken des Typs 2.

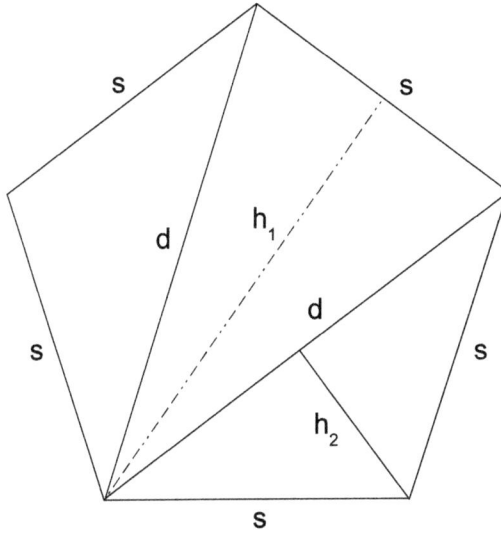

Für das Dreieck vom Typ 1 bestimmt man die Höhe h_1 mittels

$$h_1^2 = d^2 - \left(\frac{s}{2}\right)^2 = \left(\frac{\sqrt{5}+1}{2}\right)^2 s^2 - \frac{s^2}{4} = \frac{5+2\sqrt{5}}{4} s^2,$$

also

$$h_1 = \frac{s}{2}\sqrt{5+2\sqrt{5}}.$$

Damit berechnet sich die Fläche eines Dreiecks vom Typ 1 zu

$$A_1 = \frac{1}{2}s \cdot h_1 = \frac{s^2}{4}\sqrt{5+2\sqrt{5}}.$$

Im Dreieck vom Typ 2 gilt für die Höhe h_2

$$h_2^2 = s^2 - \left(\frac{d}{2}\right)^2 = s^2 - \left(\frac{\sqrt{5}+1}{4}\right)^2 s^2 = \frac{10-2\sqrt{5}}{16} s^2,$$

somit

$$h_2 = \frac{s}{4}\sqrt{10-2\sqrt{5}}.$$

Die Fläche eines Dreiecks vom Typ 2 ist also

$$A_2 = \frac{1}{2} \cdot d \cdot h_2 = \frac{1}{2} \cdot \frac{\sqrt{5}+1}{2} \cdot s \cdot \frac{s}{4}\sqrt{10-2\sqrt{5}} = \frac{s^2}{16}(\sqrt{5}+1)\sqrt{10-2\sqrt{5}}.$$

Für den **Flächeninhalt des Fünfecks** ergibt sich insgesamt

$$A = A_1 + 2A_2 = \frac{s^2}{4}\sqrt{5 + 2\sqrt{5}} + \frac{s^2}{8}(\sqrt{5} + 1)\sqrt{10 - 2\sqrt{5}}$$

$$= \frac{s^2}{8}\left(2\sqrt{5 + 2\sqrt{5}} + \sqrt{(6 + 2\sqrt{5})(10 - 2\sqrt{5})}\right)$$

$$= \frac{s^2}{4}\left(\sqrt{5 + 2\sqrt{5}} + \sqrt{(3 + \sqrt{5})(5 - \sqrt{5})}\right)$$

$$= \frac{s^2}{4}\left(\sqrt{5 + 2\sqrt{5}} + \sqrt{10 + 2\sqrt{5}}\right).$$

Diese Art der Zerlegung eines Fünfecks in ein goldenes Dreieck vom Typ 1 und zwei goldene Dreiecke vom Typ 2 bietet auch eine gute Möglichkeit, ein regelmäßiges Fünfeck zu konstruieren: Zu einer Strecke der Länge a kann man nach der 3. Konstruktion eine Strecke der Länge Φa konstruieren. Man beginnt mit dem mittleren goldenen Dreieck vom Typ 1 und ergänzt es um die beiden goldenen Dreiecke vom Typ 2.

Eine Betrachtung über den goldenen Schnitt wäre unvollständig ohne die aus den Diagonalen eines regelmäßigen Fünfecks gebildete Figur, das **Pentagramm**, zu erwähnen.

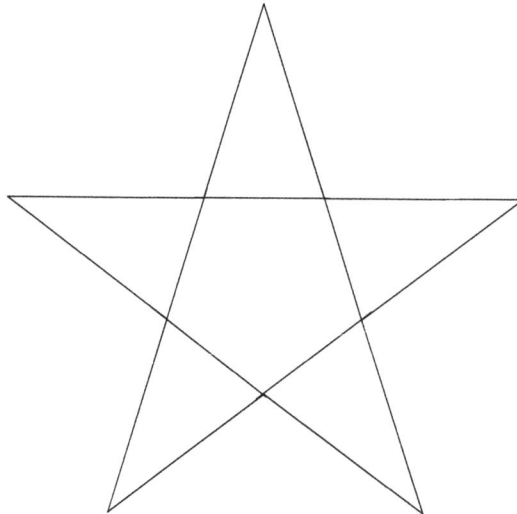

Diesem Zeichen wurden von alters her besondere Kräfte zugeschrieben. So ist es Zeichen der Venus (der Göttin und des Planeten), für Pythagoras bedeutete es Gesundheit, und schließlich stand jedes seiner Ecken für die Tugenden Klugheit, Gerechtigkeit, Stärke, Mäßigkeit und Fleiß. Und als Drudenfuß (also auf einer Spitze stehend) soll es böse Geister und gar den Teufel bannen – nein, Goethe zitieren wir jetzt nicht, obwohl sich die Pudelszene aus der Faust-Tragödie erster Teil natürlich aufdrängt. Bei so viel Zauberei ist es kein Wunder, dass das Pentagramm auch heute noch als Schmuckstück getragen wird.

5.4   Fibonaccispirale und goldene Spirale

Quadrate, deren Seitenlängen die Fibonaccizahlen sind, können so angeordnet werden, dass sich eine spiralförmige Folge von Quadraten ergibt: Man fügt an ein Quadrat der Seitenlänge 1 (in der Abbildung schwarz) ein weiteres Quadrat der Seitenlänge 1 an, daran anschließend ein Quadrat der Seitenlänge 2, dann der Seitenlängen 3, 5, 8, 13 usw. wie in der Abbildung auf der folgenden Seite zu sehen. Bei dieser Darstellung kann man gut erkennen, wie rasch die Fibonaccizahlen wachsen. Außerdem illustriert sie die Formel aus Satz 1.5 für die Summe der n ersten Quadrate von Fibonaccizahlen, denn alle Quadrate mit den Seitenlängen $f_1, \ldots, f_n$ füllen ein Rechteck mit den Seitenlängen f_n und f_{n+1} aus.

Trägt man in jedes Quadrat einen Viertelkreis ein wie eingezeichnet, erhält man eine „Spirale", die wir **Fibonaccispirale** nennen wollen. Nach jeder 90°-Drehung wird der Radius des Viertelkreises um einen Faktor vergrößert, der sich als Verhältnis $\frac{f_{n+1}}{f_n}$ zweier Fibonaccizahlen darstellen lässt. Aus Satz 4.6 wissen wir bereits, dass sich der Quotient $\frac{f_{n+1}}{f_n}$ für wachsendes n der Zahl Φ annähert.

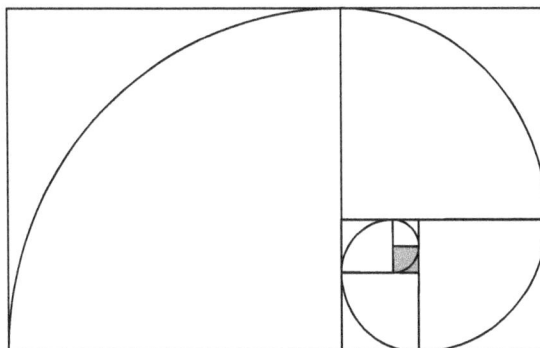

Im Folgenden sollen noch zwei weitere Spiralen vorgestellt werden. Zunächst aber ein Exkurs über goldene Rechtecke. Ein **goldenes Rechteck** ist ein Rechteck, dessen Seiten im Verhältnis Φ des goldenen Schnitts zueinander stehen.

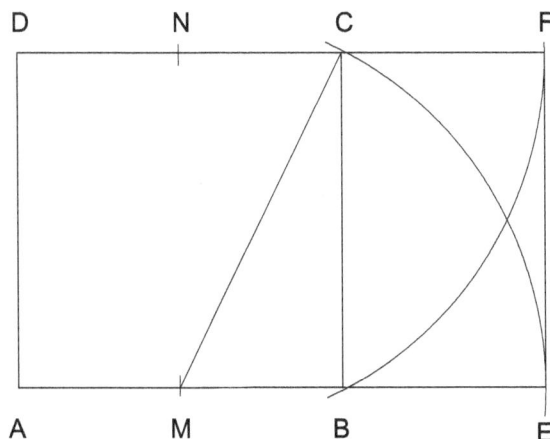

Konstruktion eines goldenen Rechtecks: Ausgehend von einem Quadrat $ABCD$ halbiert man zwei Seiten, etwa $[AB]$ und $[CD]$; die Mittelpunkte dieser Seiten seien M und N. Nun zieht man je einen Kreis um M und N mit Radius $\overline{MC}$; die beiden Kreise schneiden $[AB$ im Punkt E und $[DC$ im Punkt F des Rechtecks. Dieses Rechteck ist tatsächlich ein goldenes Rechteck, wie man sich leicht überlegen kann. Insbesondere teilt der Eckpunkt B des Quadrats die Rechteckseite $[AE]$ im Verhältnis des goldenen Schnitts, also $\frac{\overline{AE}}{\overline{AB}} = \Phi = \frac{\overline{AB}}{\overline{BE}}$.

Spaltet man also vom – ebenfalls goldenen – Rechteck BEFC ein Quadrat der Seitenlänge $\overline{BE}$ ab, bleibt wieder ein goldenes Rechteck übrig. Diesen Vorgang kann man beliebig oft fortsetzen. Fügt man wie bei der Fibonacci-Spirale in jedem Quadrat einen Viertelkreis ein, wie in der Abbildung unten dargestellt, erhält man eine **Näherung für die goldene Spirale**, die jetzt genauer untersucht werden soll.

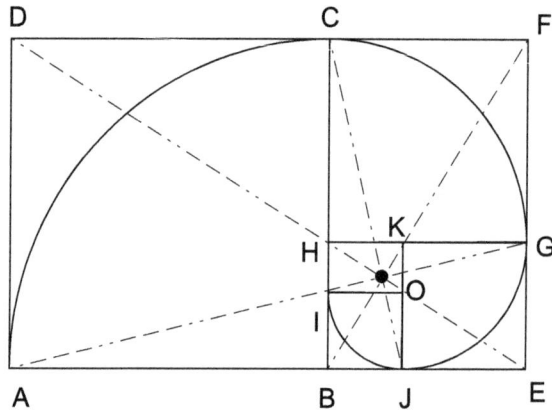

Dazu nehmen wir die fortgesetzte Teilung des goldenen Rechtecks in ein Quadrat und ein kleineres goldenes Rechteck genauer unter die Lupe, indem wir das erste goldene Rechteck so in ein Koordinatensystem legen, dass das Ausgangsquadrat $ABCD$ ein Einheitsquadrat ist. Die Punkte haben also folgende Koordinaten:

$$A(0|0); B(1|0); C(1|1); D(0|1); E(\Phi|0); F(\Phi|1).$$

Zur Bestimmung der Koordinaten der übrigen Punkte müssen wir ein bisschen rechnen: Es ist $\overline{EF} = 1$; $\frac{\overline{FG}}{\overline{EG}} = \Phi$, d. h. $\frac{1-\overline{EG}}{\overline{EG}} = \Phi$, also $\overline{EG}(\Phi + 1) = 1$, somit $\overline{EG} = \frac{1}{\Phi+1} = \frac{1}{\Phi^2}$ nach Satz 1.18. Damit gilt

$$G(\Phi|\frac{1}{\Phi^2}); \ H(1|\frac{1}{\Phi^2}).$$

Weiter ist $\overline{BE} = \Phi - 1$, $\frac{\overline{JE}}{\overline{BJ}} = \Phi$, also $\frac{\Phi-1-\overline{BJ}}{\overline{BJ}} = \Phi$ und $\Phi - 1 = \overline{BJ}(\Phi + 1)$, somit $\overline{BJ} = \frac{\Phi-1}{\Phi+1}$. Also gilt

$$J(1 + \frac{\Phi - 1}{\Phi + 1}|0); \ K = (1 + \frac{\Phi - 1}{\Phi + 1}|\frac{1}{\Phi^2}).$$

Mit $\overline{BH} = \frac{1}{\Phi^2}$, $\frac{\overline{BI}}{\overline{IH}} = \Phi$, also $\frac{\overline{BI}}{\frac{1}{\Phi^2}-\overline{BI}} = \Phi$ und weiter $(1+\Phi)\overline{BI} = \frac{1}{\Phi}$, also $\overline{BI} = \frac{1}{\Phi^3}$ (wieder mit Satz 1.18) ergibt sich

$$I(1|\frac{1}{\Phi^3}).$$

Wir betrachten nun die Geraden

$$AG : y = \frac{1}{\Phi^3}x,$$

$$DE : y = -\frac{1}{\Phi}x + 1,$$

$$BF : y = \frac{1}{\Phi-1}x - \frac{1}{\Phi-1},$$

$$CJ : y = -\frac{\Phi+1}{\Phi-1}x + 2\frac{\Phi}{\Phi-1}.$$

Zunächst beobachten wir, dass H auf DE liegt; dabei beachte man die Beziehungen $\Phi^2 = \Phi + 1$, also $\Phi^2 - \Phi = 1$ und, nach Division durch Φ^2, $1 - \frac{1}{\Phi} = \frac{1}{\Phi^2}$. Außerdem liegen I auf AG und K auf BF, wie man leicht nachrechnet.
Da sich die Konstruktion bei jedem Schritt wiederholt, aber in kleinerem Maßstab, bedeutet dies:

Lemma 5.9

Alle Eckpunkte von goldenen Rechtecken, die sich im Lauf der Konstruktion ergeben, liegen auf einer der vier Geraden AG, DE, BF oder CJ.

Wir berechnen nun den Schnittpunkt O der Geraden AG und DE. Für die x-Koordinate dieses Punktes muss gelten:

$$\frac{1}{\Phi^3}x = -\frac{1}{\Phi}x + 1$$

$$(\frac{1}{\Phi^3} + \frac{1}{\Phi})x = 1$$

$$\frac{1+\Phi^2}{\Phi^3}x = 1$$

$$x = \frac{\Phi^3}{1+\Phi^2};$$

setzt man dies in die Gleichung von AG ein, so erhält man $y = \frac{1}{1+\Phi^2}$; O hat also die Koordinaten

$$O = (\frac{\Phi^3}{1+\Phi^2}|\frac{1}{1+\Phi^2}).$$

Durch Einsetzen der Koordinaten von O in die Gleichungen von BF und CJ verifiziert man, dass O auch auf BF und CJ liegt; dabei beachte man wieder Satz 1.18. Wir haben also erhalten:

Lemma 5.10

Der Punkt $O(\frac{\Phi^3}{1+\Phi^2}|\frac{1}{1+\Phi^2})$ liegt auf jeder der Geraden AG, BF, CJ und DE.

Als nächstes zeigen wir:

Lemma 5.11

Die Geraden AG und CJ sowie die Geraden DE und BF stehen aufeinander senk-recht.

Beweis: Das Produkt der Steigung von AG und der Steigung von CJ ist

$$\frac{1}{\Phi^3} \cdot \left(\frac{\Phi+1}{\Phi-1}\right) = -\frac{\Phi^2}{\Phi^3(\Phi-1)} = -\frac{1}{\Phi^2-\Phi} = -\frac{1}{\Phi+1-\Phi} = -1,$$

also gilt $AG \perp CJ$.
Das Produkt der Steigung von DE und der Steigung von BF ist

$$-\frac{1}{\Phi} \cdot \frac{1}{\Phi-1} = -\frac{1}{\Phi^2-\Phi} = -1,$$

d. h. $DE \perp BF$. $\Diamond$

Im rechtwinkligen Dreieck DEF ist O nach Lemma 5.11 der Höhenfußpunkt. Das be-deutet, dass die rechtwinkligen Dreiecke DOF und OEF ähnlich zueinander sind; der Ähnlichkeitsfaktor ist $\Phi^{-1} = \frac{EF}{DF}$. Ferner sind auch die Dreiecke AJO und CIO zuein-ander ähnlich mit dem Faktor Φ^{-1}.
Man kann die Abbildung, die A auf C, C auf G, G auf J usw. abbildet, beschrei-ben durch eine Abbildung σ, die sich aus einer Drehung um 90° nach rechts um das Drehzentrum O und aus einer Stauchung um den Faktor Φ^{-1} zusammensetzt. Dieselbe Abbildung bildet auch D auf F, F auf E, E auf B, B auf H usw. ab. Bei der Abbildung σ handelt es sich also um eine sogenannte **Drehstauchung** um den Punkt O.
Ausgehend vom Punkt O – dem sogenannten **Pol** – kann man die Umkehrabbildung σ^{-1} der Drehstauchung, also die **Drehstreckung** σ^{-1}, mithilfe von Polarkoordinaten beschreiben. In **Polarkoordinaten** wird jeder Punkt P mithilfe seines Abstands vom Koordinatenursprung O und des Winkels ϑ zwischen der x-Achse und der Geraden OP beschrieben, d. h. $P = (r; \vartheta)$. Die Abbildung σ^{-1} besteht aus einer Drehung nach links um $90° = \frac{\pi}{2}$, gefolgt von einer Streckung um den Faktor Φ. Durch σ^{-1} wird der Punkt $P = (r; \vartheta)$ auf den Punkt $\sigma^{-1}P = (\Phi r; \vartheta + \frac{\pi}{2})$ abgebildet.
Wir wählen nun ein neues Koordinatensystem mit dem Ursprung O und $\overline{OG} = 1$, also $G = (1; \vartheta)$. Durch Anwenden von σ^{-1} erhalten wir nacheinander

$$C = (\Phi; \frac{\pi}{2}), A = (\Phi^2; \pi), \ldots$$

sowie

$$J = (\Phi^{-1}; -\frac{\pi}{2}), I = (\Phi^{-2}; -\pi), \dots$$

Insgesamt ergibt sich also eine unendliche Folge von Punkten $(r; \vartheta)$ mit $r = \Phi^m, \vartheta = m \cdot \frac{\pi}{2}$ für $m \in \mathbb{Z}$. Aus der zweiten Gleichung folgt $m = \frac{2\vartheta}{\pi}$, sodass man schreiben kann

$$r = \Phi^{\frac{2\vartheta}{\pi}};\tag{5.8}$$

diese Gleichung beschreibt eine Spirale, die meist als **goldene Spirale** bezeichnet wird. Sie sieht folgendermaßen aus:

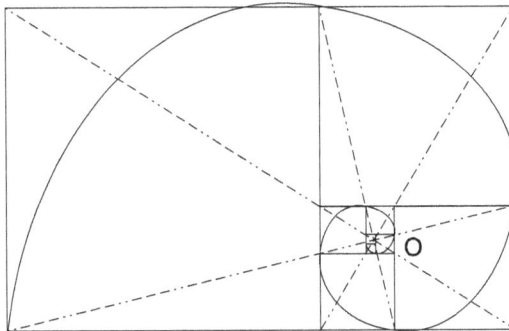

5.5   Aufgaben

5.5.1   Übungsaufgaben

1. Berechnen Sie die pythagoreischen Tripel, die sich für $n = 2$ und $n = 3$ in den Sätzen 5.1, 5.2 und 5.3 ergeben.

2. Beweisen Sie, dass die 2. Konstruktion für den goldenen Schnitt aus Abschnitt 5.2 tatsächlich das Gewünschte leistet.

3. Konstruieren Sie ein regelmäßiges Zehneck mit der Seitenlänge 3 cm und berechnen Sie seinen Flächeninhalt.

4. Konstruieren Sie ein regelmäßiges Fünfeck mit der Seitenlänge 4 cm und berechnen Sie seinen Flächeninhalt.

5. Zeigen Sie, dass die in Abschnitt 5.4 angegebene Konstruktion tatsächlich ein goldenes Rechteck liefert.

6. Ein Quader soll ein Volumen von einem Kubikdezimeter haben, seine Raumdiagonalen sollen 20 cm lang sein. Wie lang sind die Kanten eines solchen Quaders?

7. Das Dreieck ABE liegt so in dem Quadrat $ABCD$, dass E der Mittelpunkt der Seite $[CD]$ ist. Zeigen Sie: Das Verhältnis der Quadratseite AB zum Durchmesser des Inkreises des Dreiecks ABE beträgt Φ.

8. Zeigen Sie: Einem gegebenen Quadrat kann man so ein goldenes Rechteck einbeschreiben, dass die Quadratseiten von den Eckpunkten des Rechtecks im Verhältbis des goldenen Schnitts geteilt werden.

9. Führen Sie die Details bei der Herleitung der Gleichung (5.8) der goldenen Spirale aus.

5.5.2   Arbeitsaufträge

1. In ein gegebenes Rechteck soll ein Dreieck so eingezeichnet werden, dass eine Ecke mit einer Ecke des Rechtecks übereinstimmt und die beiden anderen Ecken auf den Seiten des Rechtecks liegen; dabei sollen die drei durch das eingezeichnete Dreieck „abgeschnittenen" Dreiecke flächengleich sein.

2. Beschreiben Sie die Eigenschaften eines regulären Ikosaeders und zeigen Sie: In einem regulären Ikosaeder bilden die zwölf Ecken drei paarweise aufeinander senkrecht stehende goldene Rechtecke.

3. Suchen Sie in Ihrer Stadt bzw. Ihrem Landkreis nach Beispielen für die Verwendung des goldenen Schnitts in der Architektur und dokumentieren Sie diese.

Literatur zu Kapitel 5

Die Aussagen über pythagoreische Tripel finden sich bei [Ho82]. Eine gute und leicht lesbare Quelle für alles, was mit dem goldenen Schnitt zu tun hat, ist [BP]. Dieses Werk enthält auch ein sehr ausführliches Literaturverzeichnis. Grundlagen der Elementargeometrie mit Beweisen kann man z. B. bei [Sch] nachlesen.

6 Das Fibonaccizahlensystem und Nim-Spiele

Mithilfe der Fibonaccizahlen f_n, $n \geq 2$, kann man ein Zahlensystem konstruieren, mit dessen Hilfe sich alle natürlichen Zahlen auf eindeutige Weise durch eine sogenannte Zeckendorfsequenz darstellen lassen. Dies besagt der Satz von Zeckendorf. Im zweiten Teil werden zwei Nim-Spiele für zwei Spieler, nämlich das Spiel „Euklid" und das Spiel von Wythoff, analysiert. Überraschenderweise ergibt sich in beiden Fällen ein Zusammenhang mit der goldenen Zahl Φ. Es stellt sich heraus, dass das Fibonaccizahlensystem besonders geeignet ist, die Gewinnpositionen im Spiel von Wythoff zu bestimmen.

6.1 Die Darstellung natürlicher Zahlen durch Fibonaccizahlen

Bevor wir die Besonderheiten der Darstelung natürlicher Zahlen durch Fibonaccizahlen untersuchen, rekapitulieren wir noch einmal, was eigentlich ein Stellenwertsystem ausmacht und betrachten dazu das Dezimalsystem etwas genauer. Dieses „Bauprinzip" wird dann zur g-adischen Darstellung natürlicher Zahlen verallgemeinert. Als besonderes Stellenwertsystem schauen wir uns schließlich noch das Dualsystem eingehend an.

6.1.1 Stellenwertsysteme

Die Schreibweise 2345 für die Zahl zweitausenddreihundertfünfundvierzig ist eigentlich nur eine verkürzte Darstellung von $2 \cdot 1000 + 3 \cdot 100 + 4 \cdot 10 + 5 \cdot 1 = 2 \cdot 10^3 + 3 \cdot 10^2 + 4 \cdot 10^1 + 5 \cdot 10^0$. Wie wir bereits aus der Schule wissen, sind die Potenzen von 10 die Stufenzahlen unseres Zahlensystems, und mithilfe der zehn Ziffern 0, 1, 2, 3, 4, 5, 6, 7, 8 und 9 lässt sich jede natürliche Zahl n im **Zehner-** oder **Dezimalsystem** eindeutig in der Form

$$n = \sum_{i=0}^{k} a_i 10^i, \ a_i \in \{0, 1, ..., 9\}, \ a_k \neq 0$$

schreiben. Die Zahl 10 hat hier offenbar eine Sonderrolle, sie ist die Basis unseres Zahlensystems. Die Anzahl der Stellen ist $k + 1$ und es gilt $k = \lfloor \log n \rfloor$, wobei log den dekadischen Logarithmus und $\lfloor \ \rfloor$ wie üblich die Gaußklammer bezeichnen.

Nun kann man auf die Idee kommen, dass die Wahl von 10 als Basis eines Zahlensystems doch recht willkürlich ist, und wer des Französischen mächtig ist, denkt vielleicht an die

Ansätze eines Zwanzigersystems in dieser Sprache: ‚*soixante-dix*‘ für siebzig, ‚*quatre-vingts*‘ für achtzig, ‚*quatre-vingt-onze*‘ für einundneunzig, usw. Beim Zwanzigersystem wären die Potenzen von 20 die Stufenzahlen, und wir benötigten 20 Ziffern zur Darstellung einer jeden beliebigen natürlichen Zahl in diesem System. Und im Deutschen haben wir Ansätze eines Zwölfersystems. Dies belegen nicht nur die Zahlwörter „elf" und „zwölf", sondern auch die in der Kaufmannssprache gebräuchlichen Wörter „Dutzend" für zwölf, „Schock" für $60 = 5 \cdot 12$ und „Gros" für $144 = 12^2$ Stück. Was spricht dagegen, irgendeine andere natürliche Zahl g zur Basis eines Zahlensystems zu küren? Eigentlich nichts, außer dass es für uns ungewohnt ist. Lediglich die Wahl $g = 1$ erweist sich als untauglich, da alle Potenzen von 1 wieder 1 ergeben; außerdem braucht man mindestens ein Symbol für die Null und noch ein weiteres Symbol, etwa 1, um „Nicht-Null" darzustellen – ein sehr unhandliches System, da man jede natürliche Zahl darin praktisch durch eine Art „Strichliste" notieren müsste. Daher befassen wir uns fortan nur noch mit natürlichen Zahlen $g > 1$. Die Stufenzahlen eines Stellenwertsystems mit der Basis g sind dann offenbar die Potenzen von g, also $g^0 = 1$, $g^1 = g$, g^2, g^3, g^4, ... Aber wie viele Ziffern brauchen wir? Beim Zehnersystem genügen die zehn Ziffern 0, 1, ..., 9 zur Darstellung einer jeden beliebigen natürlichen Zahl. Daher liegt die Vermutung nahe, dass man bei einer Darstellung bezüglich der Basis g so viele Ziffern benötigt, wie es Reste modulo g gibt, nämlich g Stück; der Einfachheit halber bezeichnen wir diese Ziffern mit $0, 1, ..., g - 1$. Obwohl es offensichtlich zu sein scheint, dass jede natürliche Zahl eine Darstellung bezüglich der Basis g besitzt, müssen wir doch unsere Vermutungen zunächst einmal formal beweisen:

Satz 6.1

Jede natürliche Zahl n hat bezüglich der Basis $g \in \mathbb{N}^*$, $g \geq 2$, eine eindeutig bestimmte Darstellung der Form

$$n = \sum_{i=0}^{k} a_i g^i, \; a_i \in \{0, 1, ..., g-1\}, \; a_k \neq 0. \tag{6.1}$$

Diese Darstellung heißt die **g-adische Darstellung** von n.

Beweis: Zunächst zeigen wir, dass eine Darstellung der Form (6.1) überhaupt existiert. Dazu geben wir ein sukzessives Verfahren an: Als Erstes setzen wir

$$\nu_0 := n.$$

Dann bitten wir unserern alten Bekannten, den Divisionsalgorithmus, um Hilfe und suchen natürliche Zahlen ν_1 und a_0 mit

$$\nu_0 = \nu_1 g + a_0, \; 0 \leq a_0 < g.$$

Nun knöpfen wir uns ν_1 vor und bestimmen ν_2 und a_1 mit

$$\nu_1 = \nu_2 g + a_1, \; 0 \leq a_1 < g \leq \nu_1.$$

Wir sehen jetzt schon, wie es weitergeht: Seien bereits natürliche Zahlen $\nu_0, \ldots, \nu_j$ und $a_0, \ldots a_{j-1}$ für $j \in \mathbb{N}$ so bestimmt, dass die Bedingungen

$$\nu_i = \nu_{i+1}g + a_i,\ 0 \le a_i < g \le \nu_i \tag{6.2}$$

für $i = 0, \ldots, j-1$ erfüllt sind. Dann ist offenbar $\frac{\nu_i}{g} \ge \nu_{i+1} > 0$ für $i = 0, \ldots, j-1$ und $\nu_0 g^{-j} \ge \nu_1 g^{-(j-1)} \ge \cdots \ge \nu_j \ge 0$.

Wir müssen nun zwei Fälle unterscheiden: Ist $\nu_j \ge g$, wendet man den Divisionsalgorithmus wie in (6.2) auf ν_j und g an; in diesem Fall erhält man (6.2) für $i = j$ mit natürlichen Zahlen ν_j, a_j. Falls jedoch $\nu_j < g$, setzt man $a_j := \nu_j$ und beendet das Verfahren, denn es gilt dann $0 < a_j < g$.

Letzteres ist wegen $\nu_0 g^{-j} \ge \nu_j$, also $n = \nu_0 = g^j \nu_j$, für $j > \log_g n = \frac{\log n}{\log g}$ der Fall (dabei bezeichnet $\log_g$ den Logarithmus zur Basis g und $\log$ den dekadischen Logarithmus). Wir nehmen an, dass diese Situation nach genau $k > 0$ Schritten eintritt. Dann gilt (6.2) für $i = 0, \ldots, k-1$ und außerdem ist $0 < a_k := \nu_k < g$.

Mittels Induktion ergibt sich für $j = 0, \ldots, k$

$$\nu_0 = \nu_j g^j + \sum_{i=0}^{j-1} a_i g^i;$$

daraus folgt (6.1) für $j = k$. Aufgrund des Konstruktionsprinzips gilt dann wie behauptet $a_0, \ldots, a_k \in \{0, \ldots, g-1\}$. Damit ist die Existenz einer Darstellung der Form (6.1) gezeigt.

Nun müssen wir noch die Eindeutigkeit dieser Darstellung nachweisen. Aus (6.1) und den Eigenschaften der a_i ergibt sich $g^k \le n < g^{k+1}$, daher ist $k = \lfloor \frac{\log n}{\log g} \rfloor$ und damit eindeutig festgelegt. Jede weitere Darstellung der Form (6.1) hat daher die Gestalt

$$n = \sum_{i=0}^{k} a_i' g^i$$

mit $a_0', \ldots, a_k' \in \{0, \ldots, g-1\}$ und $a_k' \ne 0$. Subtrahieren wir die beiden verschiedenen Darstellungen für n, so ergibt sich

$$\sum_{i=0}^{k} (a_i' - a_i)g^i = 0. \tag{6.3}$$

Daher muss $a_0' - a_0$ durch g teilbar sein, und wegen $|a_0' - a_0| < g$ folgt $a_0' = a_0$. Daraus und aus (6.3) ergibt sich, dass $(a_1' - a_1)g$ durch g^2 teilbar, also $a_1' - a_1$ durch g teilbar sein muss. Mittels Induktion folgt also $a_i' = a_i$ für $i = 0, \ldots, k$. Somit ist auch die Eindeutigkeit der Darstellung gezeigt. $\Diamond$

Ein besonders wichtiges Zahlensystem ist das kleinstmögliche mit ganzzahliger Basis, nämlich dasjenige mit der Basis $g = 2$. Es heißt **Dualsystem** oder **Binärsystem** oder eben **Zweiersystem** und kommt mit den Ziffern 0 und 1 aus. Seine Stufenzahlen sind

die Potenzen von 2. Um unser Beispiel 2345 im Dualsystem darzustellen, zerlegen wir
2345 in eine Summe von Zweierpotenzen:

$$\begin{aligned}
2345 &= 1 \cdot 2048 + 1 \cdot 256 + 1 \cdot 32 + 1 \cdot 8 + 1 \\
&= 1 \cdot 2^{11} + 0 \cdot 2^{10} + 0 \cdot 2^9 + 1 \cdot 2^8 + 0 \cdot 2^7 + 0 \cdot 2^6 + 1 \cdot 2^5 \\
&\quad + 0 \cdot 2^4 + 1 \cdot 2^3 + 0 \cdot 2^2 + 0 \cdot 2^1 + 1 \cdot 2^0 \\
&= (100100101001)_2
\end{aligned}$$

und erhalten somit die Darstellung $(100100101001)_2$ von 2345 im Dualsystem; die tief-
gestellte 2 gibt die Basis des Zahlensystems an.
Hat man umgekehrt eine Darstellung im Dualsystem, z. B. $(1110100)_2$, so schreibt man
die dargestellte Zahl wie in (6.1) mithilfe von Zweierpotenzen auf, also

$$\begin{aligned}
(1110100)_2 &= 1 \cdot 2^6 + 1 \cdot 2^5 + 1 \cdot 2^4 + 0 \cdot 2^3 + 1 \cdot 2^2 + 0 \cdot 2^1 + 0 \cdot 2^0 \\
&= 1 \cdot 64 + 1 \cdot 32 + 1 \cdot 16 + 1 \cdot 4 \\
&= 116,
\end{aligned}$$

und erhält so ihre Darstellung im Zehnersystem.
Dies bedeutet insbesondere, dass jede beliebige endliche Folge von Einsen und Nullen
eine Binärdarstellung einer natürlichen Zahl ist.

Im folgenden Abschnitt wird ein Zahlensystem vorgestellt, das auch nur die Ziffern 0
und 1 verwendet, wobei aber nicht mehr jede beliebige Folge von Einsen und Nullen
erlaubt ist. Dieses Zahlensystem verwendet die Fibonaccizahlen als Stufenzahlen.

6.1.2   Der Satz von Zeckendorf

Die Antwort auf die Frage nach der Darstellbarkeit natürlicher Zahlen durch Fibonaccizahlen liefert der Satz von Zeckendorf. Der Belgier *Edouard Zeckendorf* (1901-1983) war
eigentlich Arzt und beschäftigte sich nur nebenbei mit Mathematik. Er veröffentlichte
einige Arbeiten zur elementaren Zahlentheorie, darunter auch den nach ihm benannten
Satz.
Zunächst führen wir den Begriff der Zeckendorfsequenz ein. Dadurch lassen sich die
folgenden Sätze einfacher formulieren.

Definition 6.2

Eine **Zeckendorfsequenz** ist eine (endliche) Folge

$$(\varphi_1, \varphi_2, ..., \varphi_k) \text{ mit } \varphi_1 = 1, \ \varphi_i \in \{0, 1\}, \ \varphi_i \cdot \varphi_{i+1} = 0 \text{ für } i = 1, ..., k-1.$$

Die Bedingung $\varphi_i \cdot \varphi_{i+1} = 0$ impliziert, dass zwei aufeinanderfolgende Glieder einer
Zeckendorfsequenz niemals beide gleichzeitig 1 sein können, jedoch ist $\varphi_i = \varphi_{i+1} = 0$

erlaubt. Eine Zeckendorfsequenz ist also eine endliche Folge von Nullen und Einsen, die mit einer Eins beginnt und in der niemals zwei Einsen hintereinander auftreten. Dies ist ein wesentlicher Unterschied zur Binärdarstellung einer natürlichen Zahl! Unser Ziel ist es, zu zeigen, dass man jeder natürlichen Zahl eindeutig eine Zeckendorfsequenz und jeder Zeckendorfsequenz eindeutig eine natürliche Zahl zuordnen kann. Im ersten Schritt zeigen wir durch ein konstruktives Verfahren, wie man zu einer natürlichen Zahl n die zugehörige Zeckendorfsequenz $\phi(n)$ findet.

Satz 6.3

Jeder natürlichen Zahl n mit $f_k \leq n < f_{k+1}$ lässt sich eindeutig eine Zeckendorf-sequenz $\phi(n) = (\varphi_1, \varphi_2, ..., \varphi_{k-1})$ zuordnen. Außerdem wird $\phi(0) = (0)$ gesetzt.

Beweis: Für eine gegebene natürliche Zahl $n > 0$ setzen wir zuerst $n_0 := n$ und $\varphi_1 = 1$. Dann suchen wir die größte Fibonaccizahl f_k mit $f_k \leq n_0$ und setzen $n_1 := n_0 - f_k$. Damit ist der erste Konstruktionsschritt beendet.
Nun nehmen wir an, die ersten j Konstruktionsschritte sind bereits durchgeführt; es gibt also eine Zahl n_j und eine Zeckendorfsequenz $(\varphi_1, \varphi_2, ..., \varphi_k)$. Im $(j+1)$-ten Schritt müssen wir n_j mit mit f_{k-j} vergleichen. Gilt $n_j < f_{k-j}$, so setzen wir $\varphi_{j+1} = 0$ und $n_{j+1} = n_j$. Falls jedoch $n_j \geq f_{k-j}$, legen wir $\varphi_{j+1} = 1$ und $n_{j+1} = n_j - f_{k-j}$ fest.

Wir müssen nun noch nachweisen, dass die Konstruktion tatsächlich nach $k-1$ Schritten abbricht, dass also $n_{k-1} = 0$ gilt. Dazu zeigen wir die folgende Aussage:

$$n_k < f_{k-j+1} \text{ für } j = 0, 1, ..., k-1. \tag{6.4}$$

Vollständige Induktion nach j lässt uns die Richtigkeit dieser Aussage leicht einsehen. Für $j = 0$ gilt $n_0 = n < f_{k+1}$, da wir f_k größtmöglich mit $f_k \leq n_0 = n$ gewählt haben. Angenommen, für ein $l < k-1$ wissen wir bereits $n_l < f_{k-l+1}$. Falls $n_{l+1} = n_l$, so ist $n_{l+1} < f_{k-l}$ nach unserem Konstruktionsverfahren. Im Fall $n_{l+1} = n_l - f_{k-l}$ ergibt sich $n_{l+1} = n_l - f_{k-l} < f_{k-l+1} - f_{n-l} = f_{k-l-1} \leq f_{k-l}$ und unsere Behauptung gilt.
Wegen (6.4) muss $n_{k-1} < f_{k-(k-1)+1} = f_2 = 1$, also $n_{k-1} = 0$ gelten. Das Verfahren ist also nach dem $(k-1)$-ten Schritt beendet. Die Eindeutigkeitsaussage folgt aus der Konstruktion.
Es bleibt uns noch zu überprüfen, dass die durch das Konstruktionsverfahren gewonnenen Folgen tatsächlich Zeckendorfsequenzen sind. Offensichtlich beginnt jede Folge für $n \neq 0$ mit $\varphi_1 = 1$. Wir müssen lediglich $\varphi_i \cdot \varphi_{i+1} = 1$ für $i = 1, ..., n-2$ ausschließen. Diesen Nachweis führen wir durch einen Widerspruchsbeweis, den wir in zwei Fälle untergliedern:
1. Fall: Wäre $\varphi_1 = \varphi_2 = 1$, so folgte $n_1 = n_0 - f_k \geq f_{k-1}$ wegen $\varphi_2 = 1$. Damit wäre $n_0 \geq f_{k-1} + f_k = f_{k+1}$ im Widerspruch zu $f_k < n_0 < f_{k+1}$. Daher muss $\varphi_2 = 0$ sein.
2. Fall: Angenommen, es gilt $\varphi_j = 0$, $\varphi_{j+1} = \varphi_{j+2} = 1$ für ein $j \in \{2, ..., n-3\}$. Das dürfen wir annehmen, da wir ja schon wissen, dass insbesondere $\varphi_2 = 0$ sein muss. Wir

untersuchen nun diese Beziehungen im Einzelnen:

$$\varphi_j = 0 \Rightarrow n_{j-1} < f_{k-j+1} \tag{6.5}$$

$$\varphi_j = 0 \Rightarrow n_{j-1} = n_j \tag{6.6}$$

$$\varphi_{j+1} = 1 \Rightarrow n_j - f_{k-j} = n_{j+1} \tag{6.7}$$

$$\varphi_{j+2} = 1 \Rightarrow n_{j+1} \geq f_{k-j-1} \tag{6.8}$$

Addieren wir jetzt die drei (Un-)Gleichungen bei (6.6), (6.7) und (6.8), so erhalten wir $n_{j-1} - f_{k-j} \geq f_{k-j-1}$, also $n_{j-1} \geq f_{k-j} + f_{k-j-1} = f_{k-j+1}$ im Widerspruch zu (6.5). Speziell ist also mindestens eines der Folgenglieder φ_3 und φ_4 gleich null, daher könnten als nächstes $\varphi_3 = 0$, $\varphi_4 = \varphi_5 = 1$ bzw. $\varphi_4 = 0$, $\varphi_5 = \varphi_6 = 1$ auftreten usw., was aber nicht sein kann, wie wir gerade gesehen haben. Sukzessive folgt jetzt, dass es in der gesamten Folge keine zwei aufeinanderfolgenden Einsen geben kann. Somit liegt in der Tat eine Zeckendorfsequenz vor. ◇

Hat man zu der natürlichen Zahl n die Zeckendorfsequenz $\phi(n)$ berechnet wie in Satz 6.3, so lässt sich n mithilfe dieser Zeckendorfsequenz als Summe von Fibonaccizahlen darstellen:

Korollar 6.4

Ist $\phi(n) = (\varphi_1, \varphi_2, ..., \varphi_{k-1})$ die Zeckendorfsequenz der natürlichen Zahl n, so gilt $n = f_k \varphi_1 + f_{k-1} \varphi_2 + ... + f_2 \varphi_{k-1}$.

Beweis: Für $n = 0$ oder $n = 1$ ist $\phi(n) = (0)$ bzw. $\phi(n) = (1)$ und die Behauptung ist offensichtlich richtig. Sei jetzt also $n > 1$. Wegen $\varphi_1 = 1$ und $\varphi_i \in \{0, 1\}$ für $i \in \{2, ..., k-1\}$ besagt die Darstellung von n im Korollar, dass man n als Summe gewisser Fibonaccizahlen f_{n-j_i}, $j_i \in \{0, ..., k-2\}$, $i = 1, ...l$, $l \leq k-2$ schreiben kann, also

$$n = f_{k-j_1} + f_{k-j_2} + ... + f_{k-j_l}. \tag{6.9}$$

Wir verwenden nun die Bezeichnungen aus dem Konstruktionsverfahren von Satz 6.3, subtrahieren die auf der rechten Seite von (6.9) stehenden Fibonaccizahlen sukzessive von n und zeigen schließlich, dass am Ende null herauskommt:

$$n_0 - f_{k-j_1} = n_{j_1} - f_{k-j_1} = n_{j_1+1}$$

$$(n_0 - f_{k-j_1}) - f_{k-j_2} = n_{j_1+1} - f_{k-j_2} = n_{j_2} - f_{k-j_2} = n_{j_2+1}$$

$$\vdots$$

$$((\ldots(n_0 - f_{k-j_1}) - f_{k-j_2}) - \ldots) - f_{k-j_l} = n_{j_{l-1}+1} - f_{k-j_l} = n_{j_l} - f_{k-j_l}.$$

Nun wissen wir aber aus dem Beweis des vorigen Satzes, dass $n_{j_l} - f_{k-j_l} = n_{j_l+1} = 0$ ist, da entweder $\varphi_{j_l+1} = \varphi_{k-1}$ ist oder alle auf φ_{j_l+1} folgenden Glieder der Zeckendorfsequenz null sind. Also ergibt sich $n_0 - f_{k-j_1} - \ldots - f_{k-j_l} = 0$ und damit $n = f_{k-j_1} + \ldots + f_{k-j_l}$, wie behauptet. ◇

Insgesamt haben wir also gezeigt: Zu jeder natürlichen Zahl findet man eindeutig eine Zeckendorfsequenz. Nun packen wir die Umkehrung dieses Satzes an.

Satz 6.5

Jeder Zeckendorfsequenz $(\varphi_1, \varphi_2, \ldots, \varphi_{k-1})$ entspricht eindeutig eine natürliche Zahl n mit $f_k \leq n < f_{k+1}$. Dabei lässt sich n als Summe $n = f_k \varphi_1 + f_{k-1} \varphi_2 + \ldots + f_2 \varphi_{k-1}$ darstellen.

Beweis: Die Eindeutigkeit der Darstellung ist offensichtlich. Allerdings müssen wir für $n = f_k \varphi_1 + f_{k-1} \varphi_2 + \ldots + f_2 \varphi_{k-1}$ noch $f_k \leq n < f_{k+1}$ nachweisen. Wir zeigen dies durch Induktion nach k:
Für $k = 1$ ist offenbar $n = 0$.
Für $k = 2$ haben wir $n = f_2 \varphi_1 = f_2 = 1 < f_3 = 2$.
Sei jetzt unsere Annahme für alle $l < k - 1$ richtig. Wegen $\varphi_2 = 0$ ist dann $n = f_k + m$ mit $m = f_{k-2} \varphi_3 + \ldots + f_2 \varphi_{k-1}$. Falls $\varphi_3 = 1$ ist, gilt nach Induktionsvoraussetzung $f_{k-2} \leq m < f_{k-1}$. Allerdings ist in unserer Situation auch $\varphi_3 = 0$ möglich und es folgt $0 \leq m < f_{k-1}$. Addiert man in beiden Fällen f_k zur jeweils letzten Ungleichung, erhält man $f_k < f_{k-2} + f_k \leq m + f_k = n < f_{k-1} + f_k = f_{k+1}$. Die gewünschte Ungleichung ist also stets erfüllt. $\diamond$

An einem Beispiel erläutern wir nun, wie man die Zeckendorfsequenz zu einer gegebenen natürlichen Zahl praktisch berechnet.

Beispiel : Sei $n = n_0 = 87$. Dann gilt:

$$f_{10} = 55 \leq 87 < f_{11} = 89, \; \varphi_1 = 1, \; n_1 = 87 - 55 = 32;$$
$$f_9 = 34 > n_1, \; \varphi_2 = 0, \; n_2 = n_1;$$
$$f_8 = 21 \leq n_2, \; \varphi_3 = 1, \; n_3 = 32 - 21 = 11;$$
$$f_7 = 13 > n_3, \; \varphi_4 = 0, \; n_4 = n_3;$$
$$f_6 = 8 \leq n_4, \; \varphi_5 = 1, \; n_5 = 11 - 8 = 3;$$
$$f_5 = 5 > n_5, \; \varphi_6 = 0, \; n_6 = n_5;$$
$$f_4 = 3 \leq n_6, \; \varphi_7 = 1, \; n_7 = 3 - 3 = 0;$$
$$f_3 = 2 > n_7, \; \varphi_8 = 0, \; n_8 = n_7;$$
$$f_2 = 1 > n_8, \; \varphi_9 = 0, \; n_9 = n_8.$$

Die zugehörige Zeckendorfsequenz ergibt sich zu $\phi(87) = (101010100)$ und man hat $87 = f_{10} + f_8 + f_6 + f_4 = 55 + 21 + 8 + 3$.

Der umgekehrte Weg von der Zeckendorfsequenz zur dadurch dargestellten Zahl ist einfacher:

Beispiel :   Gegeben ist die Zeckendorfsequenz $\phi(n) = (10010001)$. Dann erhalten wir
$n = f_9 + f_6 + f_2 = 34 + 8 + 1 = 43$.

Mithilfe der Überlegungen in diesem Abschnitt kann man auch die Frage beantworten,
wie viele Zeckendorfsequenzen mit k Ziffern es gibt.

Satz 6.6

Es gibt f_k Zeckendorfsequenzen mit k Ziffern.

Beweis: Jede solche Zeckendorfsequenz entspricht genau einer natürlichen Zahl n mit
$f_{k+1} \leq n < f_{k+2}$ und umgekehrt. Da genau $f_{k+2} - f_{k+1} = f_k$ Zahlen n existieren, die
diese Ungleichung erfüllen, muss es f_k Zeckendorfsequenzen mit k Ziffern geben. $\diamondsuit$

Mit dem Fibonaccizahlensystem ist ein Zahlensystem gefunden, das wie das Binärsystem nur die Ziffern 0 und 1 benötigt. Wenn man allerdings versucht, zwei Zahlen in diesem System zu addieren oder gar multiplizieren, stellt man sehr schnell fest, dass diese beiden elementaren Operationen nur unter großen Schwierigkeiten durchzuführen sind. Insbesondere bei der Multiplikation erweist es sich als störend, dass das Produkt zweier Stufenzahlen keine Stufenzahl ist. Im Vergleich der beiden Zahlensysteme schlägt also das Binärsystem das Fibonaccisystem um Längen. Das Fibonaccisystem kann lediglich einen kleinen Pluspunkt für sich verbuchen: Da eine Zeckendorfsequenz keine zwei aufeinanderfolgenden Einsen enthalten darf, kann man bei der Übertragung von Daten etwaige Fehler unter Umständen leichter entdecken.

6.2   Nim-Spiele

Dieser Abschnitt ist ein kleiner Ausflug in die Spieltheorie. Wir werden zwei sogenannte Nim-Spiele mit zwei Spielern, die abwechselnd Steine von zwei Häufchen von Spielsteinen ziehen, eingehender betrachten. Dabei unterscheiden sich jedoch die Regeln, nach denen gezogen werden darf, voneinander. Überraschenderweise treffen wir auch in diesem Zusammenhang auf die Fibonaccifolge und die goldene Zahl.

6.2.1   Das Spiel „Euklid"

Dieses Spiel wurde von *A. J. Cole* und *A. J. T. Davie* in einer Arbeit aus dem Jahr 1969 beschrieben (s. [CD69]) und von *Tamás Lengyel* in [Le03] diskutiert. Die Ausgangssituation des Spiels „Euklid" ist die folgende:
Von einem Häufchen mit a Spielsteinen und einem zweiten Häufchen mit b Spielsteinen dürfen zwei Spieler abwechselnd Spielsteine wegnehmen. Dabei muss vom größeren Häufchen eine Anzahl von Spielsteinen weggenommen werden, die ein Vielfaches der

kleineren der beiden Zahlen a und b ist, aber so, dass eine positive Zahl von Steinen liegen bleibt.

Etwas formaler kann man das Spiel so beschreiben: Ein Paar $(a; b)$ positiver ganzer Zahlen, z. B. mit $b > a$, wird so verändert, dass die kleinere Zahl – hier a – stehen bleibt und b um ein Vielfaches von a, z. B. $k \cdot a$, vermindert wird, wobei $b - k \cdot a > 0$ ist. Offensichtlich endet das Spiel mit der Position $(d; d)$, wobei d der größte gemeinsame Teiler von a und b ist. Die Nähe zum euklidischen Algorithmus wird hier ganz deutlich – kein Wunder, dass die Erfinder dem Spiel den Namen „Euklid" gaben.

Betrachten wir ein Beispiel: Ausgehend vom Paar $(10; 3)$ kann der erste Spieler beim ersten Zug die Paare $(7; 3), (4; 3)$ oder $(1; 3)$ bilden. Hat der erste Spieler die Position $(7; 3)$ gewählt, kann der zweite Spieler beim zweiten Zug die Zustände $(4; 3)$ oder $(1; 3)$ herstellen. Im ersten Fall hat Spieler 1 beim dritten Zug die Möglichkeiten $(1; 2)$ oder $(1; 1)$. Entscheidet sich Spieler 1 für $(1; 3)$, so kann Spieler 2 beim vierten Zug $(1; 2)$ oder $(1; 1)$ wählen. Im fünften Zug hat Spieler 2 im ersten Fall nur die Möglichkeit $(1; 1)$ und gewinnt damit das Spiel, im zweiten Fall kann Spieler 2 nicht mehr ziehen und verliert. Kann Spieler 1 das Spiel so steuern, dass er sicher gewinnt? Wenn Spieler 1 die Position $(4; 3)$ wählt, bleibt Spieler 2 im zweiten Zug nur die Möglichkeit $(1; 3)$; im dritten Zug kann Spieler 1 die Situation $(1; 1)$ herstellen und Spieler 2 damit handlungsunfähig machen. Die Leserin/der Leser sollte sich davon überzeugen, dass die Wahl der beiden anderen Möglichkeiten $(7; 3)$ und $(1; 3)$ für Spieler 1 keine gute Wahl ist.
Nun erheben sich ganz natürlich folgende Fragen:

- Gibt es Ausgangspositionen, die einen der beiden Spieler begünstigen?

- Wie sieht eine optimale Strategie aus?

Dazu einige Vorüberlegungen: Wenn es ein Spieler im Lauf des Spiels schafft, eine Position $(c; c)$ zu erreichen, hat er gewonnen, denn der andere Spieler kann nicht mehr ziehen, da ja keine der beiden Zahlen null werden bzw. kein Häufchen komplett abgeräumt werden darf. Erinnern wir uns weiter an eine besondere Eigenschaft des goldenen Schnitts: Falls $\frac{b}{a} = \Phi$, ist auch $\frac{a}{b-a} = \Phi$; in diesem Fall könnte man das Spiel also ewig weiterspielen. Nun ist Φ aber eine irrationale Zahl und kann daher nicht als Verhältnis zweier ganzer Zahlen auftreten, sondern es gilt entweder $\frac{b}{a} > \Phi$ oder $\frac{b}{a} < \Phi$. Wir unterscheiden diese zwei Fälle:
1. Fall: Sei das Paar $(a; b)$ mit $a \neq b$ so gewählt, dass $\frac{1}{\Phi} < \frac{b}{a} < \Phi$. Im Fall $b > a$, also $\frac{b}{a} < \Phi$, ist wegen $\Phi \approx 1,618$ der einzig mögliche Zug $(a; b - a)$ und es gilt $\frac{a}{b-a} > \Phi$, d. h. es liegt danach der zweite Fall vor.
2. Fall: Falls $\frac{b}{a} > \Phi$, so gibt es ein eindeutig bestimmtes Vielfaches $k \cdot a$ mit $k \in \mathbb{N}^*$ von a mit $\frac{1}{\Phi} < \frac{b-ka}{a} < \Phi$, denn nach (5.3) ist $\Phi a - \frac{1}{\Phi} a = a$. Für das neue Zahlenpaar $(b - ka; a)$ liegt also die Situation des ersten Falls vor.
Dies bedeutet: Startet Spieler 1 mit einer Ausgangslage $(a; b)$, wobei $\frac{a}{b} > \Phi$ oder $\frac{b}{a} > \Phi$, so kann er nach Fall 2 erzwingen, dass Spieler 2 eine Ausgangslage $(a_1; b_1)$ mit $\frac{1}{\Phi} < \frac{b_1}{a_1} < \Phi$ vorfindet, in der er nur einen einzigen möglichen Zug hat (Fall 1);

überdies katapultiert dieser Zug Spieler 1 automatisch wieder in den zweiten Fall. Behält Spieler 1 die optimale Strategie bei, so wird Spieler 2 im letzten Schritt das Paar $(d; d)$ mit $d = \mathrm{ggT}(a; b)$ vorgelegt bekommen und damit verlieren. Dieses Ergebnis fassen wir im folgenden Satz zusammen:

Satz 6.7

Beim Spiel „Euklid" gewinnt Spieler 1 bei optimaler Strategie sicher, wenn in der Startposition $(a; b)$ das Verhältnis der größeren Zahl zur kleineren größer ist als die goldene Zahl Φ, wenn also $\frac{b}{a} > \Phi$ oder $\frac{a}{b} > \Phi$ gilt.

6.2.2 Das Spiel von Wythoff

Im Jahr 1907 beschrieb und analysierte der niederländische Mathematiker *Willem Abraham Wythoff* (1865-1939) eine Variante des Nim-Spiels:
Auf einem Tisch liegen zwei Häufchen von beliebig vielen Spielsteinen. Die beiden Spieler sind abwechselnd an der Reihe und entfernen entweder eine beliebige Anzahl von Steinen aus einem der beiden Häufchen oder aus jedem der beiden Häufchen jeweils die gleiche Anzahl von Steinen. Der Spieler, der den letzten Stein wegnimmt, gewinnt.

Zunächst sehen wir uns ein paar einfache Beispiele an. Wie schon beim Spiel „Euklid" schreiben wir die Anzahl der Spielsteine in den beiden Haufen als Zahlenpaar auf. Trivialerweise gewinnt der erste Spieler bereits beim ersten Zug, wenn in jedem Haufen gleich viele Steine liegen oder wenn nur ein Haufen vorhanden ist, da er in jedem dieser Fälle alle Spielsteine abräumen darf.
Aber untersuchen wir jetzt die überschaubare Position $(2; 4)$ genauer! Der beginnende Spieler kann die Situationen $(1; 4)$, $(0; 4)$ oder $(2; 3)$, $(2; 2)$, $(2; 1)$, $(2; 0)$ oder $(1; 3)$, $(0; 2)$ herstellen. In den Fällen $(0; 4)$, $(2; 2)$, $(2; 0)$ oder $(0; 2)$ gewinnt der zweite Spieler sofort das Spiel. Wählt der erste Spieler $(1; 4)$, so hat der zweite Spieler die Möglichkeiten $(0; 4)$, $(1; 3)$, $(1; 2)$, $(1; 1)$ oder $(1; 0)$, wobei in den Fällen $(0; 4)$, $(1; 1)$ und $(1; 0)$ der Sieg des ersten Spielers unausweichlich ist (vorausgesetzt, er stellt sich nicht übermäßig dumm an!). Hat sich der zweite Spieler für $(1; 3)$ entschieden, so hat der erste Spieler beim dritten Zug die Möglichkeiten $(0; 3)$, $(1; 2)$, $(1; 1)$, $(1; 0)$ und $(0; 2)$. Vernünftigerweise sollte dieser dann die Position $(1; 2)$ wählen, denn in allen anderen Fällen gewinnt der Gegner im nächsten Zug. Aus der Position $(1; 2)$ heraus hat der zweite Spieler dann nur die Möglichkeiten $(0; 2)$, $(1; 1)$, $(1; 0)$ oder $(1; 1)$, und der erste Spieler gewinnt beim nächsten Zug.
Wir haben gesehen, dass das Vorliegen einer Position $(c; 0)$, $(0; c)$ oder $(c; c)$ mit $c \in \mathbb{N}$ dem Spieler, der gerade an der Reihe ist, den sicheren Sieg beschert, das sind sozusagen die trivialen Gewinnpositionen. Aber offenbar sind auch die Positionen $(1; 2)$ bzw. $(2; 1)$ sichere Gewinnpositionen. Hält man nach weiteren Gewinnpositionen Ausschau, so findet man durch systematisches Probieren $(3; 5)$ und $(4; 7)$ als nächste.

Wir definieren nun „Gewinnpositionen" $(a_k; b_k)$ mit $k \in \mathbb{N}$ wie folgt, werden jedoch erst in Satz 6.9 zeigen, dass es sich tatsächlich um Gewinnpositionen handelt.

(GP1) $a_0 = 0, b_0 = 0$,

(GP2) a_k ($k \geq 1$) ist die kleinste natürliche Zahl, die unter den Zahlen $a_0, \ldots, a_{k-1}$ und $b_0, \ldots, b_{k-1}$ nicht vorkommt,

(GP3) $b_k = a_k + k$.

Dabei notieren wir die Paare $(a_k; b_k)$ stets so, dass $a_k < b_k$ gilt, obwohl natürlich auch das Paar $(b_k; a_k)$ eine „Gewinnposition" ist.

Als erstes zeigen wir ein Lemma, das die Eigenschaften dieser „Gewinnpositionen" näher beschreibt.

Lemma 6.8

Die „Gewinnpositionen" $(a_k; b_k)$ können durch folgende Eigenschaften, die zu (GP1), (GP2) und (GP3) äquivalent sind, charakterisiert werden:

(1) $a_0 = 0$, $b_0 = 0$.

(2) Jede natürliche Zahl kommt genau einmal in einem Paar $(a_k; b_k)$ vor.

(3) Jede natürliche Zahl kommt genau einmal als Differenz $b_k - a_k$ vor.

(4) Die Folgen $a_0, a_1, a_2, \ldots$ und $b_0, b_1, b_2, \ldots$ sind streng monoton wachsend.

Beweis: Wir zeigen zuerst, dass sich die Eigenschaften (1) bis (4) aus den Eigenschaften (GP1) bis (GP3) ergeben.
(1) und (GP1) sind identisch.
Nach Konstuktion der a_k in (GP2) gilt sukzessive $a_1 > a_0, a_2 > a_1$ usw. Daher ist die Folge $a_0, a_1, a_2, \ldots$ streng monoton wachsend. Wegen $b_k = a_k + k < a_{k+1} + k + 1 = b_{k+1}$ ergibt sich daraus unmittelbar, dass auch die Folge $b_0, b_1, b_2, \ldots$ streng monoton wächst; dies zeigt (4).
(3) folgt unmittelbar aus (GP2), denn $b_k - a_k = k$.
Nach (GP2) ist a_n die kleinste natürlich Zahl, die unter $a_0, \ldots, a_{n-1}$ und $b_0, \ldots, b_{n-1}$ nicht vorkommt. Da die Folge der a_k streng monoton wächst, taucht a_n spätestens im n-ten Schritt auf und kommt wegen der strengen Monotonie unter den a_k kein zweites Mal vor. Aus dem gleichen Grund kommt auch unter den b_k keine Zahl doppelt vor. Es könnte aber noch der Fall $a_n = b_m$ auftreten. Dabei kann $n > m$ nach dem Auswahlverfahren für die a_k nicht sein, und falls $n < m$, so gilt $a_n < a_m < a_m + m = b_m$, ein Widerspruch. Der Fall $m = n$ ist wegen (GP3) ohnehin nicht möglich. Damit ist auch (1) gezeigt.
Jetzt müssen wir noch nachweisen, dass die Eigenschaften (GP1) bis (GP3) aus den Eigenschaften (1) bis (4) folgen.

Da die Folgen $\{a_k\}$ und $\{b_k\}$ nach (4) streng monoton wachsen und andererseits die Folge der natürlichen Zahlen selbst die einzige streng monoton wachsende Folge natürlicher Zahlen ist, die alle natürlichen Zahlen enthält, ergibt sich (GP3) wegen (3).

Zum Nachweis von (GP2) nehmen wir an, $n \in \mathbb{N}$ ist die kleinste natürliche Zahl, die unter $a_0, a_1, \ldots, a_{k-1}, b_0, b_1, \ldots, b_{k-1}$ nicht vorkommt. Wegen (4) ist dann $a_k \geq n$. Wäre $a_k > n$, könnte n wegen der strengen Monotonie nicht in der Folge $\{a_i\}$ auftreten. Also müsste wegen (2) $n = b_l$ für ein $l \geq k$ gelten; nach (GP3) hätten wir dann $n = b_l = a_l + l$ und somit $a_l = n - l < n$; d.h. a_l müsste bereits unter $a_0, \ldots a_{k-1}, b_0, \ldots, b_{k-1}$ vorkommen – ein Widerspruch zu (2).

Damit ist die Äquivalenz der beiden Charakterisierungen bewiesen. ◇

Nun zeigen wir, dass es sich bei den im vorigen Lemma charakterisierten Positionen tatsächlich um Gewinnpositionen handelt.

Satz 6.9

Für Positionen mit den Eigenschaften (1) bis (4) aus Lemma 6.8, die Gewinnpositionen, gelten die beiden folgenden Aussagen:

(a) Liegt eine der Gewinnpositionen vor, so ergibt sich im nächsten Zug zwangsläufig eine Position, die keine Gewinnposition ist.

(b) Im Fall einer Position, die keine Gewinnposition ist, kann im folgenden Zug eine Gewinnposition hergestellt werden.

Beweis: (a) Sei $(a_k; b_k)$ die vorliegende Gewinnposition. Nimmt der Spieler jetzt nur Steine von einem Haufen weg, so verbleibt eine Position der Gestalt $(a_k - c; b_k)$ oder $(a_k; b_k - c)$. Da a_k bzw. b_k nach 6.6.(2) in genau einer Gewinnposition vorkommen, kann keine dieser Positionen eine Gewinnposition sein. Entfernt der Spieler von beiden Haufen die gleiche Anzahl Steine, so erhält er eine Position der Form $(a_k - c; b_k - c)$, wobei $(b_k - c) - (a_k - c) = b_k - a_k$; diese Differenz kommt nach 6.8.(3) jedoch nur im Paar $(a_k; b_k)$ vor. Der Spieler erreicht also niemals eine Gewinnposition.

(b) Angenommen, es liegt die Position $(c; d)$ vor, die keine Gewinnposition ist. Dann darf man $c \leq d$ voraussetzen (sonst vertauscht man einfach die beiden Zahlen). Falls $c = d$, kann der Spieler alle Spielsteine abräumen und gewinnt sofort. Ist $c > d$, so sei $(c; c')$ die Gewinnposition, in der c vorkommt. Natürlich ist $c' \neq d$, da $(c; d)$ nach Voraussetzung keine Gewinnposition ist. Falls $c' < d$, nimmt man vom Haufen mit d Steinen genau $d - c'$ Steine weg und landet damit auf der Gewinnposition $(c; c')$. Ist $c' > d$, so gilt $d - c < c' - c$ und man sucht diejenige Gewinnposition $(a_m; b_m)$ mit $b_m - a_m = d - c$. Die Eigenschaft 6.8.(4) erfordert $a_m < c$ wegen $b_m - a_m < c' - c$. Daher muss der Spieler vom Haufen mit c Steinen genau $c - a_m$ und vom Haufen mit d Steinen genau $d - b_m$ Steine wegnehmen, um die Gewinnposition $(a_m; b_m)$ mit $b_m - a_m = d - c$ zu erreichen. ◇

Mit Satz 6.9 ist jetzt klar, dass der Spieler, der zuerst auf eine Gewinnposition kommt, das Spiel sicher gewinnt, sofern er nichts mehr falsch macht. Die Startposition entscheidet bei diesem Spiel bereits dessen Ausgang, falls beide Spieler die Gewinnstrategie kennen. Allerdings dürfte in den meisten Fällen der beginnende Spieler gewinnen, da es mehr Nicht-Gewinnpositionen als Gewinnpositionen gibt. Überraschend ist aber, dass man die Gewinnpositionen berechnen kann. Doch bevor wir dies in Angriff nehmen, schicken wir noch ein Lemma voraus, das sich später als sehr nützlich erweisen wird. Wir benötigen hier wieder die Gaußklammer aus Definition 3.64.

Lemma 6.10

Seien x und y zwei positive irrationale Zahlen mit

$$\frac{1}{x} + \frac{1}{y} = 1. \tag{6.10}$$

Dann kommt jede natürliche Zahl genau einmal unter den Gliedern der Folgen

$$r_n = \lfloor nx \rfloor \quad \text{und} \quad s_n = \lfloor ny \rfloor \text{ für } n \in \mathbb{N} \tag{6.11}$$

vor, und zwar in genau einer dieser Folgen.

Beweis: Offensichtlich gilt $x, y > 1$. Sei N eine beliebige natürliche Zahl. Dann betrachten wir alle natürlichen Zahlen n mit $\lfloor nx \rfloor < N$, also mit $n < \frac{N}{x}$. Die letztere Ungleichung gilt für alle $n = 1, 2, \ldots, \lfloor \frac{N}{x} \rfloor$. Entsprechend gilt $ny < N$ für alle $n = 1, 2, \ldots, \lfloor \frac{N}{y} \rfloor$.
Daher gibt es unter den Zahlen $1, 2, \ldots, N-1$ genau $\lfloor \frac{N}{x} \rfloor + \lfloor \frac{N}{y} \rfloor$ Mitglieder der Folgen $\{r_n\}$ und $\{s_n\}$. Da $\frac{N}{x}$ und $\frac{N}{y}$ irrational sind, folgt

$$\frac{N}{x} - 1 < \left\lfloor \frac{N}{x} \right\rfloor < \frac{N}{x} \text{ und } \frac{N}{y} - 1 < \left\lfloor \frac{N}{y} \right\rfloor < \frac{N}{y}.$$

Addieren dieser beiden Ungleichungen zusammen mit (6.10) liefert

$$N \cdot \left(\frac{1}{x} + \frac{1}{y} \right) - 2 = N - 2 < \left\lfloor \frac{N}{x} \right\rfloor + \left\lfloor \frac{N}{y} \right\rfloor < N \cdot \left(\frac{1}{x} + \frac{1}{y} \right) = N,$$

d. h. $\lfloor \frac{N}{x} \rfloor + \lfloor \frac{N}{y} \rfloor$ ist eine natürliche Zahl aus dem Intervall $]N-2; N[$. Die einzige natürliche Zahl mit dieser Eigenschaft ist $N - 1$, somit gilt $\lfloor \frac{N}{x} \rfloor + \lfloor \frac{N}{y} \rfloor = N - 1$. Für jede natürliche Zahl N gibt es damit genau $N - 1$ Mitglieder der Folgen (6.11), die kleiner als N sind. Somit sind alle natürlichen Zahlen echt kleiner N von dieser Form. Da N beliebig war, ist das Lemma damit gezeigt. $\Diamond$

Der folgende Satz gibt eine explizite Formel zur Berechnung der Gewinnpositionen an.

Satz 6.11

Für eine Gewinnposition $(a_k; b_k)$ des Spiels von Wythoff gilt

$$a_k = \lfloor k\Phi \rfloor \quad \text{und} \quad b_k = \lfloor k\Phi^2 \rfloor$$

für alle $k \in \mathbb{N}$.

Beweis: Hierbei spielt das Lemma 6.10 die Hauptrolle. Seinen x und y wie im Lemma mit $\frac{1}{x} + \frac{1}{y} = 1$, und sei zusätzlich $y = x + 1$. Multiplizieren der ersten dieser beiden Gleichungen mit $x \cdot y$ liefert $y + x = x \cdot y$; Einsetzen der zweiten Gleichung ergibt $x + 1 + x = x \cdot (x + 1)$ und weiter $x + 1 = x^2$. Wegen $x > 1$ folgt daraus $x = \Phi$ und $y = \Phi + 1 = \Phi^2$; Φ und Φ^2 sind beide irrational. Nach Lemma 6.10 kommt jede natürliche Zahl in den Folgen $\{\lfloor k\Phi \rfloor\}$ und $\{\lfloor k\Phi^2 \rfloor\}$ zusammen genau einmal vor; dies ist Eigenschaft (2) aus Lemma 6.8. Wegen $\lfloor 0 \cdot \Phi \rfloor = \lfloor 0 \cdot \Phi^2 \rfloor = 0$ ist auch 6.8.(1) erfüllt. Weiter gilt $\lfloor k\Phi^2 \rfloor - \lfloor k\Phi \rfloor = \lfloor k \cdot (\Phi+1) \rfloor - \lfloor k\Phi \rfloor = \lfloor k\Phi + k \rfloor - \lfloor k\Phi \rfloor = \lfloor k\Phi \rfloor + k - \lfloor k\Phi \rfloor = k$, d. h. 6.8.(3) gilt und die Folge der Differenzen $b_k - a_k$ wächst streng monoton. Wegen $\lfloor (k+1)\Phi \rfloor = \lfloor k\Phi + \Phi \rfloor \geq \lfloor k\Phi \rfloor + \lfloor \Phi \rfloor > \lfloor k\Phi \rfloor$ wachsen die Folgen $a_k = \lfloor k\Phi \rfloor$ und $b_k = \lfloor k\Phi^2 \rfloor$ streng monoton und es gilt auch 6.8.(4).
Damit ist gezeigt, dass die sicheren Gewinnpositionen (außer den trivialen) des Spiels von Wythoff genau die Paare $(\lfloor k\Phi \rfloor; \lfloor k\Phi^2 \rfloor)$ sind und daher relativ leicht berechnet werden können. $\diamond$

Somit haben wir das Spiel von Wythoff vollständig analysiert. Trotzdem soll hier noch eine weitere Art angegeben werden, die Gewinnpositionen zu berechnen, nämlich mithilfe des Fibonaccizahlensystems.

6.2.3   Das Spiel von Wythoff und das Fibonaccizahlensystem

Wie in Abschnitt 6.1 sei $\phi(n) = (\varphi_1, \ldots, \varphi_{t-1})$ die Darstellung der natürlichen Zahl n im Fibonaccizahlensystem, es gilt also nach Korollar 6.4 $n = \varphi_1 f_t + \varphi_2 f_{t-1} + \cdots + \varphi_{t-1} f_2$. Die Zeckendorfsequenz $(\varphi_1, \ldots, \varphi_{t-1})$ enthält nur Einsen und Nullen (aber keine zwei aufeinanderfolgenden Einsen) und endet mit einer bestimmten Anzahl von Nullen; falls $\varphi_{t-1} = 1$, ist die Anzahl der Endnullen natürlich null. Wir unterteilen die Menge der natürlichen Zahlen folgendermaßen in zwei Teilmengen: Sei

- A die Menge der natürlichen Zahlen, deren Zeckendorfsequenz auf eine **gerade Zahl von Nullen** endet,

- B die Menge der natürlichen Zahlen, deren Zeckendorfsequenz auf eine **ungerade Zahl von Nullen** endet.

Dann kann man die Zeckendorfsequenz eines jeden Elements $b \in B$ dadurch aus der Zeckendorfsequenz einer Zahl $a \in A$ erhalten, indem man eine Null rechts an $\phi(a)$ anhängt.

Wie decken nun einen Zusammenhang mit einer Teilmenge R der Menge $A \times B = \{(a; b) | a \in A, b \in B\}$ mit den Gewinnpositionen des Spiels von Wythoff auf. Die Menge R konstruieren wir folgendermaßen:

(R1) R enthält das Paar $(0; 0)$.

Damit ist die Bedingung (1) aus Lemma 6.8 erfüllt.

(R2) Zu jeder natürlichen Zahl d wird durch (6.13) bzw. (6.14) ein eindeutig bestimmtes Paar $(a; b)$ mit $a \in A$ und $b \in B$ angegeben, sodass $d = b - a$ gilt.

Es sei

$$\phi(d) = (\varphi_1, \ldots, \varphi_{l-1}) \tag{6.12}$$

die Zeckendorfsequenz von d im Fibonaccizahlensystem, d. h. $d = \varphi_1 f_l + \cdots + \varphi_{l-1} f_2$. Falls die Zeckendorfsequenz von d mit einer **ungeraden Zahl von Nullen** endet, wählen wir die Zeckendorfsequenzen

$$\phi(a) = (\varphi_1, \ldots, \varphi_{l-1}, 0) \quad \text{und} \quad \phi(b) = (\varphi_1, \ldots, \varphi_{l-1}, 0, 0); \tag{6.13}$$

offensichtlich ist $a \in A$ und $b \in B$. Dann gilt:

$$\begin{aligned}
b - a &= (\varphi_1 f_{l+2} + \cdots + \varphi_{l-1} f_4) - (\varphi_1 f_{l+1} + \cdots + \varphi_{l-1} f_3) \\
&= \varphi_1 (f_{l+2} - f_{l+1}) + \cdots + \varphi_{l-1} (f_4 - f_3) \\
&= \varphi_1 f_l + \cdots + \varphi_{l-1} f_2 \\
&= d.
\end{aligned}$$

Endet die Zeckendorfsequenz von d mit einer **geraden Zahl von Nullen**, also $\varphi_{l-1} = \varphi_{l-2} = \cdots = \varphi_{l-2m} = 0$ und $\varphi_{l-2m-1} = 1$, so setzen wir

$$\begin{aligned}
\phi(a) &= (\varphi_1, \ldots, \varphi_{l-2m-2}, \underline{0, 1, \ldots, 0, 1}), \\
\phi(b) &= (\varphi_1, \ldots, \varphi_{l-2m-2}, \underline{0, 1, \ldots, 0, 1}, 0),
\end{aligned} \tag{6.14}$$

wobei die unterstrichenen Stellen aus $m + 1$ Wiederholungen von $0, 1$ bestehen. Wieder gilt $a \in A$, $b \in B$. Damit erhalten wir

$$\begin{aligned}
b - a &= (\varphi_1 f_{l+2} + \cdots + \varphi_{l-2m-2} f_{2m+5} + f_{2m+3} + \cdots + f_3) \\
&\quad - (\varphi_1 f_{l+1} + \cdots + \varphi_{l-2m-2} f_{2m+4} + f_{2m+2} + \cdots + f_2) \\
&= \varphi_1 (f_{l+2} - f_{l+1}) + \cdots + \varphi_{l-2m-2} (f_{2m+5} - f_{2m+4}) \\
&\quad + (f_{2m+3} - f_{2m+2}) + \cdots + (f_3 - f_2) \\
&= \varphi_1 f_l + \cdots + \varphi_{l-2m-2} f_{2m+3} + f_{2m+1} + \cdots + f_1 \\
&= \varphi_1 f_l + \cdots + \varphi_{l-2m-2} f_{2m+3} + \varphi_{l-2m-1} f_{2m+2} \\
&= d;
\end{aligned}$$

dabei wurden im vorletzten Schritt Satz 1.3(b) und $\varphi_{l-2m-1} = 1$ verwendet.

Die Leserin/der Leser vergewissere sich, dass die durch (6.13) und (6.14) gegebenen Zahlenpaare $(a; b)$ sich tatsächlich eindeutig aus der Zeckendorfsequenz von d ergeben. Insbesondere im Fall (6.14) ist eine genaue Analyse unerlässlich. Damit ist dann die Eigenschaft (3) von Lemma 6.8 verifiziert.

(R3) Zu jeder natürlichen Zahl n kann man eine eindeutig bestimmte natürliche Zahl m angeben, sodass $(n; m) \in R$ oder $(m; n) \in R$ gilt, s. (6.16) bzw. (6.17).

Sei

$$\phi(n) = (\varphi_1, \dots, \varphi_{t-1}) \tag{6.15}$$

die zu n gehörende Zeckendorfsequenz.
Angenommen, $\phi(n)$ endet auf eine **ungerade Anzahl von Nullen**, d. h. $\varphi_{t-1} = 0$ und $n \in B$. Dann definieren wir $m \in A$ durch

$$\phi(m) = (\varphi_1, \dots, \varphi_{t-2}). \tag{6.16}$$

In diesem Fall ist $(m; n) \in R$.

Falls $\phi(n)$ auf eine **gerade Zahl von Nullen** endet, gilt sicher $n \in A$, und wir definieren $m \in B$ durch seine Zeckendorfsequenz

$$\phi(m) = (\varphi_1, \dots, \varphi_{t-1}, 0); \tag{6.17}$$

in diesem Fall ist also $(n; m) \in R$.

Durch (R3) ist sichergestellt, dass jede natürliche Zahl in genau einem Paar $(a; b) \in R$ vorkommt, es ist also auch die Eigenschaft (2) aus Lemma 6.8 erfüllt.
Aufgrund des Konstruktionsverfahrens ist klar, dass auch die Monotonieeigenschaft (4) von Lemma 6.8 gelten muss.

Das soeben angegebene Konstruktionsverfahren ermöglicht es, zu einer gegebenen natürlichen Zahl anhand ihrer Zeckendorfsequenz ihren Partner in einer Gewinnposition des Spiels von Wythoff zu bestimmen. Einige Beispiele sollen dies verdeutlichen.

Beispiele
(a) Sei $n = 6$. Es gilt $6 = 5 + 1 = f_5 + f_2$. Die zugehörige Zeckendorfsequenz ist also $\phi(6) = (1, 0, 0, 1)$. Also ist $6 \in A$, und die Zeckendorfsequenz ihres Partners $b \in B$ lautet $\phi(b) = (1, 0, 0, 1, 0)$, d. h. $b = f_6 + f_3 = 8 + 2 = 10$. Somit ist die Gewinnposition $(6; 10)$.
(b) Sei $n = 13$; $13 = f_7$ mit der Zeckendorfsequenz $\phi(13) = (1; 0; 0; 0; 0; 0)$; $13 \in B$. Somit gilt $\phi(a) = (1; 0; 0; 0; 0)$, $a \in A$ und $a = f_6 = 8$. Wir erhalten also die Gewinnposition $(8; 13)$.
(c) Für $n = 19$ gilt $n = 13 + 5 + 1 = f_7 + f_5 + f_2$ mit der Zeckendorfsequenz $\phi(19) = (1; 0; 1; 0; 0; 1)$, $19 \in A$. Damit ist $\phi(b) = (1; 0; 1; 0; 0; 1; 0)$, $b \in B$ und $b = f_8 + f_6 + f_3 = 21 + 8 + 2 = 31$. Die Gewinnposition ist daher $(19; 31)$.

Außerdem kann man natürlich auch die Paare mit vorgegebener Differenz berechnen. Auch hierzu zwei Beispiele.

Beispiele
(a) Sei $d = 6$. Dann gilt wie oben $\phi(6) = (1, 0, 0, 1)$ und wir erhalten $\phi(a) = (1, 0, 0, 0, 1)$ sowie $\phi(b) = (1, 0, 0, 0, 1, 0)$, also $a = f_6 + f_2 = 8 + 1 = 9$ und $b = f_7 - f_3 = 13 + 2 = 15$. Die Gewinnposition ist also $(9; 15)$.
(b) Für $n = 13$ ist $\phi(13) = (1, 0, 0, 0, 0, 0)$. Somit ist $\phi(a) = (1, 0, 0, 0, 0, 0, 0)$ und $\phi(b) = (1, 0, 0, 0, 0, 0, 0, 0)$, also $a = f_8 = 21$ und $b = f_9 = 34$; die Gewinnposition lautet daher $(21; 34)$.

6.3   Aufgaben

6.3.1   Übungsaufgaben

1. Berechnen Sie die Zeckendorfsequenz für $n = 100; 125; 256$.

2. Welche natürlichen Zahlen werden durch die Zeckendorfsequenzen
   $\phi(a) = (1, 0, 0, 1, 0, 1); \phi(b) = (1, 0, 1, 0, 1, 0, 1)$ und $\phi(c) = (1, 0, 0, 0, 1, 0, 0, 1, 0, 1)$
   beschrieben?

3. Warum ist $(1, 0, 1, 1, 0)$ keine Zeckendorfsequenz? Welche Zahl könnte gemeint sein? Geben Sie die korrekte Zeckendorfsequenz an.

4. Wie viele Zeckendorfsequenzen mit sechs Ziffern gibt es? Nennen Sie alle diese Zeckendorfsequenzen und geben sie jeweils an, welche natürliche Zahl dargestellt werden.

5. Kann man auch für die Lucaszahlen ein Zahlensystem angeben, das dem Fibonaccizahlensystem entspricht?

6. Stellen Sie die natürlichen Zahlen von 1 bis 10 mithilfe geeigneter Potenzen der goldenen Zahl Φ dar (negative Exponenten sind erlaubt). Könnte man Φ zur Basis eines Zahlensystems machen?

7. Spielen Sie „Euklid" mehrmals mit einem Partner. Welcher Spieler ist im Vorteil?

8. Spielen Sie das Spiel von Wythoff mehrmals mit einem Partner. Ist jemand im Vorteil?

9. Berechnen Sie für das Spiel von Wythoff diejenigen Gewinnpositionen, in denen die Zahlen 64, 100 und 125 vorkommen.

10. Berechnen Sie für das Spiel von Wythoff diejenigen Gewinnpositionen, bei denen die Differenz der beiden Zahlen 10, 11 oder 12 beträgt.

6.3.2 Arbeitsaufträge

1. Vergleichen Sie Binär- und Fibonaccisystem miteinander. Untersuchen Sie insbesondere die Anzahl der Stellen einer natürlichen Zahl in beiden Darstellungen. Wie sieht es mit der Darstellbarkeit reeller Zahlen in beiden Systemen aus?

2. Beschreiben Sie Addition und Multiplikation im Fibonaccisystem. Vergleichen Sie auch mit dem Binärsystem.

3. Informieren Sie sich, z. B. aus der angegebenen Literatur oder aus dem Internet über das goldene Zahlensystem. (Hinweis: Die Darstellung in [V] ist nicht korrekt.) Stellen Sie Vor- und Nachteile dieses Zahlensystems dar und vergleichen Sie mit dem Binär- und dem Fibonaccisystem.

4. Implementieren Sie das Spiel „Euklid" auf einem Computer. Dabei kann die Ausgangsposition entweder vom Spieler eingegeben oder vom Rechner vorgegeben werden.

5. Implementieren Sie das Spiel von Wythoff auf einem Computer.

Literatur zu Kapitel 6

Das Fibonaccizahlensystem wird in [V] behandelt, jedoch ohne Erwähnung von Zeckendorfsequenzen, s. dazu auch [Z72] und [wBe]. Die Darstellung in 6.1 folgt [Az08]. Das Spiel „Euklid" wird in [CD69] analysiert und in [Le03] auf verschiedene Arten gedeutet, z. B. geometrisch. [V] und [BP] behandeln das Spiel von Wythoff, wobei nur [V] auf die Verwendung des Fibonaccizahlensystems eingeht. Es gibt noch andere Arten von Nim-Spielen im Zusammenhang mit Fibonaccizahlen, s. etwa [PH65] oder [Wi63].

7 Die Fibonaccizahlen in der Informatik

In diesem Kapitel werden zwei Datenstrukturen, nämlich AVL-Bäume und Fibonacci-Heaps, genauer betrachtet.

Bei der Einführung in die Programmierung dient die Berechnung der Fibonaccizahlen häufig als Beispiel dafür, die Effizienz verschiedener Algorithmen darzustellen und zu vergleichen, wie etwa die rekursive und iterierte Berechnung oder Berechnung durch iteriertes Quadrieren. Außerdem sind Paare aufeinanderfolgender Fibonaccizahlen so ziemlich das Schlimmste, was einem bei der Berechnng des größten gemeinsamen Teilers widerfahren kann. Sie sind nicht nur teilerfremd (Satz 3.26), sondern die Berechnung des größten gemeinsamen Teilers 1 ist auch besonders langwierig (dazu siehe Satz 4.6, die Kettenbruchentwicklung von Φ).

In diesem Kapitel soll es jedoch nicht um die Berechnung der Fibonaccizahlen gehen, sondern es sollen Datenstrukturen, bei deren Kostenanalyse die Fibonaccizahlen eine wichtige Rolle spielen, kurz angesprochen werden.

7.1 Binäre Suchbäume

Bei vielen Anwendungen, etwa bei Datenbanken, werden sehr große Datenmengen gespeichert, wie z. B. die Kundendaten einer Versandbuchhandlung. Jedem Kunden ist ein sogenannter **Schlüssel** zugeordnet – meist die Kundennummer, die den Kunden eindeutig identifiziert. Eine geeignete Datenstruktur speichert daher z. B. ganze Zahlen ab. In einer solchen Datenstruktur muss man möglichst rasch nach einem bereits vorhandenen Kunden suchen, einen neuen Kunden hinzuzufügen und Kundendaten löschen können. In diesem Zusammenhang sind spezielle Graphen, sogenannte Bäume, von besonderer Bedeutung. Wir beginnen daher mit ihrer Definition.

Definition 7.1

Ein **Baum** ist eine Datenstruktur, die folgendermaßen rekursiv definiert wird:
Ein einzelner **Knoten** v ist ein Baum. An v können beliebig viele Bäume T_i^v hängen. Der Knoten v wird die **Wurzel** des Baums genannt und hat den Level 1.
Ferner gibt es noch weitere Bezeichnungen:

- Ein Knoten, an dem kein weiterer Baum hängt, heißt **Blatt** oder **äußerer** bzw. **externer Knoten**.

- Knoten, die keine Blätter sind, heißen **innere** oder **interne Knoten**.

- Der Knoten v (also die Wurzel des Baums) ist der **Elter** der Wurzeln der Bäume T_i^v; die Wurzeln der Bäume T_i^v heißen **Kinder** des Knotens v.

- Einen Knoten v nennt man **Vorgänger** eines Knotens v', wenn v der Elter von v' ist oder wenn ein Kind von v ein Vorgänger von v' ist.

- Ein Knoten v heißt **Nachfolger** einees Knotens v', wenn v ein Kind von v' ist oder wenn der Elter von v ein Nachfolger von v' ist.

- Zwei Knoten mit demselben Elter werden **Geschwister** genannt.

- Der **Level** eines beliebigen Knotens ist der Level seines Elters plus eins.

- Die **Höhe** eines Baums ist der maximale Level eines Blatts minus eins.

Die folgende Abbildung veranschaulicht nochmals die wichtigsten Begriffe.

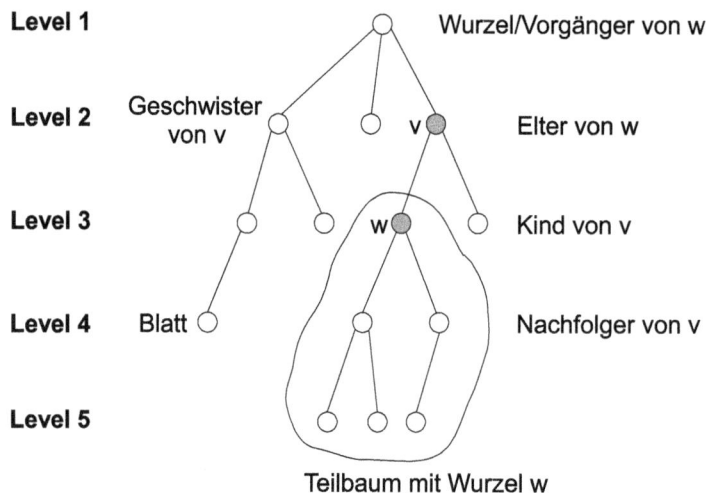

Definition 7.2

Man nennt einen Baum **binär**, wenn jeder Knoten des Baums höchstens zwei Kinder hat.

Der in der Abbildung dargestellte Baum ist kein binärer Baum, aber der Teilbaum mit der Wurzel w ist ein binärer Baum. Im Folgenden werden wir uns mit besonderen binären Bäumen befassen.

Definition 7.3

Ein Baum erfüllt die **Suchbaum-Eigenschaft**, wenn für jeden Knoten v der in v abgespeicherte Schlüssel größer ist als jeder Schlüssel, der in einem Knoten des an

v hängenden linken Teilbaum abgespeichert ist, aber kleiner ist als jeder Schlüssel, der in einem Knoten des an v hängenden rechten Teilbaums abgespeichert ist.
Wenn jeder Knoten in einem binären Baum die Suchbaum-Eigenschaft erfüllt, so liegt ein **binärer Suchbaum** vor.

Binäre Suchbäume sind dann sehr effizient, wenn ihre Höhe beschränkt ist. Daher erscheint es sinnvoll, solche Baumstrukturen zu wählen, bei denen sich die Höhen der linken und rechten Teilbäume nur wenig unterscheiden. Dies motiviert die folgende Definition:

Definition 7.4

Ein Knoten heißt **höhenbalanciert**, wenn sich die Höhen der an seinen Kindern hängenden Teilbäume um höchstens eins unterscheiden.
Ein binärer Suchbaum wird **AVL-Baum** genannt, wenn jeder Knoten des Baums höhenbalanciert ist.

Der Name „AVL-Baum" leitet sich von seinen Erfindern *Georgij Maksimovič Adel'son-Vel'skij* (* 1922) und *Evgenij Michaijlovič Landis* (1921-1997) ab, die diese Struktur im Jahr 1962 einführten. Die Anzahl der Knoten eines AVL-Baums kann man wie folgt abschätzen:

Satz 7.5

Ein AVL-Baum der Höhe h hat mindestens $f_{h+3} - 1$ und höchstens $2^{h+1} - 1$ Knoten.

Beweis: Nach Definition ist ein AVL-Baum insbesondere ein binärer Baum. Wenn dieser voll besetzt ist, hängen an jedem Knoten, der nicht im maximalen Level liegt, genau zwei weitere Knoten. Auf Level 1 gibt es also einen Knoten, auf Level 2 (maximal) zwei Knoten, und allgemein gibt es auf Level l höchstens 2^{l-1} Knoten. Da h der maximale Level ist, gibt es also insgesamt höchstens

$$\sum_{l=1}^{h+1} 2^{l-1} = \sum_{l=0}^{h} 2^l = 2^{h+1} - 1$$

Knoten (vgl. Aufgabe 7.3.1). Damit ist klar, dass der Baum höchstens $2^{h+1} - 1$ Knoten haben kann.
Nun überlegen wir uns, wie AVL-Bäume mit der geringsten Anzahl von Knoten aussehen. Dazu definieren wir sogenannte **Fibonacci-Bäume**. Der Baum F_3 bestehe aus einem einzigen Knoten, der Baum F_4 sei der Baum, der aus der Wurzel und ihrem linken Kind besteht. Allgemein bezeichnen wir mit F_n den Baum, an dessen Wurzel als linker Teilbaum ein Baum F_{n-1} und als rechter Teilbaum ein Baum F_{n-2} hängt; F_n hat nach Konstruktion die Höhe $n - 3$. Nun zeigen wir mit vollständiger Induktion, dass F_{h+3} (bis auf Isomorphie) der kleinste AVL-Baum der Höhe h ist.

Der kleinste AVL-Baum besteht aus genau einem Knoten. Der zweitkleinste AVL-Baum besteht aus einem Knoten und einem Kind. Bis auf Isomorphie sind also F_3 und F_4 die kleinsten AVL-Bäume der Höhe 0 bzw. 1.

Wir sehen uns nun einen minimalen AVL-Baum T der Höhe h an. Da seine Wurzel höhenbalanciert ist, hängen ein Teilbaum der Höhe $h-1$ und ein Teilbaum der Höhe $h-1$ oder $h-2$ an der Wurzel. Da ein Baum der Höhe $h-1$ offensichtlich mehr Knoten enthält als ein Baum der Höhe $h-2$, muss der zweite Teilbaum die Höhe $h-2$ haben, wenn der AVL-Baum minimal ist. Nach Induktionsvoraussetzung sind die beiden Teilbäume isomorph zu F_{h+2} bzw. F_{h+1}. Somit ist T isomorph zu F_{h+3}, wie behauptet.

Jetzt müssen wir noch die Anzahl der Knoten im Baum F_{h+3} berechnen. Sei k_n die Anzahl der Knoten im Fibonacci-Baum F_n. Es gilt $k_1 = 1$, $k_2 = 2$ und die Anzahl der Knoten von F_n ergibt sich als die Summe der Anzahl der Knoten von F_{n-1} und der Anzahl der Knoten von F_{n-2} plus eins (die Wurzel, an der die beiden Teilbäume hängen), d. h. es ist $k_n = k_{n-1} + k_{n-2} + 1$. Wegen $f_1 = f_2 = 1$, $f_3 = 2$, $f_4 = 3$ gilt $k_3 = 1 = f_3 - 1$, $k_4 = 2 = f_4 - 1$ und – wie man mithilfe einer vollständigen Induktion und der Rekursionsgleichung sieht – allgemein $k_n = k_{n-1} + k_{n-2} + 1 = (f_{n-1} - 1) + (f_{n-2} - 1) + 1 = f_{n-1} + f_{n-2} - 1 = f_n - 1$. Damit ist gezeigt, dass ein AVL-Baum der Höhe h mindestens $f_{h+3} - 1$ Knoten enthält, da nach Obigem ein AVL-Baum der Höhe h isomorph zu F_{h+3} ist. $\diamondsuit$

7.2   Fibonacci-Heaps

Im Jahr 1984 entwickelten *M. L. Fredman* und *R. E. Tarjan* mit den Fibonacci-Heaps eine Datenstruktur, mit der sich Vorrang-Warteschlangen effizient realisieren lassen.

Ein **Fibonacci-Heap** besteht aus mehreren binären Teilbäumen, deren Wurzeln in einer Liste, der sogenannten **Wurzelliste**, kreisförmig verkettet sind. Dabei erfüllt jeder Baum die **Heap-Eigenschaft**:

> In jedem Knoten ist die dort abgespeicherte Zahl mindestens so groß wie die in seinen Kindern abgespeicherten Zahlen.

Die Anzahl der Kinder eines Knotens wird sein **Rang** genannt. Ein Knoten in einem Fibonacci-Heap kann markiert oder unmarkiert sein; Wurzeln sind grundsätzlich nicht markiert.

Auf einem Fibonacci-Heap gibt es eine Operation *size*, die die Anzahl der Knoten des Fibonacci-Heaps zählt, ferner eine Operation *insert*, die einen neuen Knoten in die Wurzelliste einfügt. Kritisch ist jedoch die Operation *decreaseKey*; sie erniedrigt den Schlüssel des Knotens. Damit es dabei nicht zu einer Verletzung der Heap-Eigenschaft kommt, wird der veränderte Knoten mitsamt dem darunter hängenden Teilbaum von seinem Elter ab- und in die Wurzelliste eingehängt. Sodann wird der ehemalige Elter des Knotens markiert, falls er keine Wurzel ist. War dieser Knoten schon vorher markiert, wird er ebenfalls abgehängt usw., bis man schließlich nach etlichen Schritten auf einen unmarkierten Elter, also etwa auf eine Wurzel, trifft. Dieses fortgesetzte Abhängen von Teilbäumen wird **kaskadenartiger Schnitt** genannt.

Weiter gibt es die Operation *deleteMin*; sie liefert die minimale Wurzel als Ergebnis (und löscht sie) und alle Kinder der minimalen Wurzel werden in die Wurzelliste aufgenommen. Als Folge davon muss man natürlich das Minimum neu berechnen – unter großem Aufwand, da die gesamte Wurzelliste durchsucht werden muss. Damit sich der Aufwand auch lohnt, räumt man bei dieser Gelegenheit die Wurzelliste auf. Nun interessiert man sich natürlich dafür, wie groß der Aufwand (die sogenannten amortisierten Kosten) für eine Folge von Operationen in einem Fibonacci-Heap ist. Um den Aufwand abschätzen zu können, muss man sich diese Strukturen etwas genauer ansehen.

Lemma 7.6

Sei v ein Knoten in einem Fibonacci-Heaps und seien $v_1, \ldots, v_k$ seine Kinder in der Reihenfolge, in der sie an v angehängt wurden. Dann ist v_i mindestens vom Rang $i - 2$.

Beweis: Für die beiden zuerst angehängten Knoten v_1 und v_2 besagt das Lemma, dass es keine Kinder von v_1 und v_2 zu geben braucht; in diesem Fall ist also nichts zu tun. Um zu der Aussage für die anderen Knoten zu kommen, überlegen wir uns, dass nur beim Aufräumen in der Wurzelliste ein Knoten Kind eines anderen Knotens werden kann, und zwar geschieht das nur dann, wenn beide Knoten zuvor den gleichen Rang hatten. Bevor v_i Kind von v wurde, hatte v_i mindestens den Rang $i - 1$, da v ja bereits die Kinder $v_1, v_2; \ldots, v_{i-1}$ besaß und v und v_i den gleichen Rang hatten. Danach kann v_i höchstens ein Kind verloren haben, weil v_i sonst selbst durch einen kaskadenartigen Schnitt von seinem Elter getrennt worden wäre. Somit ist der Rang von v_i mindestens $i - 2$, wie behauptet. $\Diamond$

Dieses Lemma erlaubt nun, die Größe eines Teilbaums des Fibonacci-Heaps abzuschätzen.

Satz 7.7

Sei v ein Knoten vom Rang k eines Fibonacci-Heaps. Dann enthält der an v gewurzelte Teilbaum mindestens f_{k+2} Knoten.

Beweis durch vollständige Induktion. Ein Teilbaum vom Rang 0 besteht aus genau $f_2 = 1$ Knoten, und ein Teilbaum vom Rang 1 enthält genau $f_3 = 2$ Knoten. Nun sei v ein Knoten mit Rang k. Nach Lemma 7.6 hat das i-te Kind von v mindestens den Rang $i - 2$. Der Teilbaum von v enthält natürlich v selbst, sein erstes Kind und die an seinen anderen Kindern $v_2, \ldots, v_k$ hängenden Teilbäume; nach Induktionsvoraussetzung ergibt sich als Gesamtzahl der Knoten also mindestens $1 + 1 + \sum_{i=2}^{k} f_i$. Nun beachten wir $f_1 = 1$ und greifen auf Satz 1.3(a) zurück; dann erhalten wir $1 + 1 + \sum_{i=2}^{k} f_i = 1 + \sum_{i=1}^{k} f_i = f_{k+2}$. $\Diamond$

Umgekehrt bedeutet Satz 7.7, dass die Anzahl der Kinder eines Knotens in einem Fibonacci-Heap mit n Knoten beschränkt ist und sich in der Größenordnung von $\log_2 n$ bewegt, vgl. die Aufgaben 7.3.1.1 und 7.3.1.2.

7.3   Aufgaben

7.3.1   Übungsaufgaben

1. Zeigen Sie für $h \in \mathbb{N}$:

$$\sum_{i=0}^{h} 2^l = 2^{h+1} - 1$$

2. Zeigen Sie die Ungleichung

$$2^{\lfloor \frac{n-1}{2} \rfloor} \leq f_n \leq 2^{n-2}$$

   für $n \in \mathbb{N}, n > 2$. (Auch damit ist gezeigt, dass die Fibonaccizahlen exponentiell wachsen!)

3. Leiten Sie aus Aufgabe 2 eine Aussage über den Rang eines Knotens in einem Fibonacci-Heap mit n Knoten ab.

7.3.2   Arbeitsaufträge

1. Implementieren Sie verschiedene Verfahren zur Berechnung der Fibonacci- bzw. der Lucaszahlen in einer Programmiersprache Ihrer Wahl und vergleichen Sie die Verfahren.

2. In Abschnitt 8.2 wird die Padovanfolge definiert. Entwerfen und vergleichen Sie verschiedene Verfahren zur Berechnung der Padovanfolge.

Literatur zu Kapitel 7

Die genannten Datenstrukturen sowie verschiedene Verfahren zur Berechnung der Fibonaccizahlen werden in [H] vorgestellt.

8 Verallgemeinerungen der Fibonaccizahlen

Es gibt viele und vielfältige Arten, die Fibonaccifolge zu verallgemeinern. In den ersten drei Abschnitten werden Zahlenfolgen vorgestellt, die das Bauprinzip der Fibonaccifolge variieren: Zunächst die Lucasfolgen, deren charakteristische Gleichungen wie für Fibonacci- und Lucaszahlen quadratische Gleichungen sind, dann die Padovan- und die Perrinfolge sowie die Tribonaccifolge mit einer jeweils kubischen charakteristischen Gleichung. Der letzte Abschnitt geht noch kurz auf Fibonacci- und Lucaspolynome ein.

8.1 Lucasfolgen

Es war *Édouard Lucas*, der das Bauprinzip der Fibonaccifolge verallgemeinerte und eine umfangreiche Theorie darüber entwickelte. Ihm zu Ehren werden diese Folgen (verallgemeinerte) Lucasfolgen genannt. Lucasfolgen spielen bei einigen Testverfahren wie dem Lucas-Lehmer-Test, mit denen geprüft werden soll, ob eine gegebene Zahl Primzahl ist, eine wichtige Rolle.

8.1.1 Einführung und Definitionen

Fibonacci- und Lucasfolge gehorchen beide der Rekursionsformel

$$x_{n+1} = x_n + x_{n-1};$$

sie unterscheiden sich jedoch durch die Startwerte $x_1 = x_2 = 1$ für die Fibonaccifolge und $x_1 = 1, x_2 = 3$ für die Lucasfolge. Wir haben bereits gesehen, dass beiden Folgen dieselbe charakteristische Gleichung

$$x^2 - x - 1 = 0$$

zugrunde liegt. Dieses Prinzip – ein und dieselbe Rekursionsformel, ein und dieselbe charakteristische Gleichung, aber verschiedene Startwerte – schreit regelrecht nach Verallgemeinerung.

Als besonders zweckmäßig erweist es sich, mit der charakteristischen Gleichung zu beginnen und die anderen Eigenschaften der entstehenden Folgen daraus abzuleiten; wir folgen hier der Darstellung von *P. Ribenboim* in [R]. Seien also p und q ganze Zahlen. Wir betrachten das quadratische Polynom

$$x^2 - px + q; \tag{8.1}$$

es hat die Diskriminante $D = p^2 - 4q$ und die Gleichung $x^2 - px + q = 0$ hat die Lösungen

$$\alpha = \frac{p + \sqrt{D}}{2}, \; \beta = \frac{p - \sqrt{D}}{2}. \tag{8.2}$$

Im Folgenden nehmen wir stets $D \neq 0$ an. Ferner gelten offensichtlich die Beziehungen

$$\alpha + \beta = p, \tag{8.3}$$

$$\alpha\beta = q, \tag{8.4}$$

$$\alpha - \beta = \sqrt{D}. \tag{8.5}$$

Für die Diskriminante D gilt $D = p^2 - 4q \equiv p^2 \,(\mathrm{mod}\,4)$, was $D \equiv 0 \,(\mathrm{mod}\,4)$ oder $D \equiv 1 \,(\mathrm{mod}\,4)$ zur Folge hat (davon kann man sich durch direktes Nachrechnen leicht überzeugen, vgl. Aufgabe 8.5.1.1).

Wir definieren nun für $n \geq 0$ die beiden Zahlenfolgen

$$u_n(p, q) = \frac{\alpha^n - \beta^n}{\alpha - \beta} \tag{8.6}$$

und

$$v_n(p, q) = \alpha^n + \beta^n . \tag{8.7}$$

Damit erhalten wir insbesondere

$$u_0 = 0, \; u_1 = 1 \tag{8.8}$$

bzw.

$$v_0 = 2, \; v_1 = p. \tag{8.9}$$

Definition 8.1

Die beiden durch (8.6) und (8.7) definierten Zahlenfolgen $\{u_n(p, q)\}$ und $\{v_n(p, q)\}$ werden die zu dem Parameterpaar (p, q) gehörenden (verallgemeinerten) **Lucasfolgen** genannt.

Als nächstes zeigen wir, dass die beiden Lucasfolgen zu den Parametern p und q eine, und zwar die gleiche, Rekursionsgleichung erfüllen:

Satz 8.2

Die Lucasfolgen zu den Parametern p und q erfüllen für $n \in \mathbb{N}$ die Rekursion

$$x_{n+1} = px_n - qx_{n-1}, \tag{8.10}$$

also insbesondere

$$u_{n+1}(p,q) = pu_n(p,q) - qu_{n-1}(p,q),$$

$$v_{n+1}(p,q) = pv_n(p,q) - qv_{n-1}(p,q).$$

Die Lucasfolgen erfüllen also eine lineare Rekursionsgleichung der Ordnung 2, d. h. jedes Folgenglied hängt linear von den zwei vorhergehenden ab.

Im Weiteren betrachten wir die Parameter p und q stets als fest gewählt. Daher schreiben wir von jetzt an u_n anstelle von $u_n(p,q)$ und v_n anstelle von $v_n(p,q)$.

Beweis von Satz 8.2: Wir betrachten zunächst die Folge $\{u_n\}$. Dann gilt mit (8.3) und (8.4)

$$pu_n - qu_{n-1} = p \cdot \frac{\alpha^n - \beta^n}{\alpha - \beta} - q \cdot \frac{\alpha^{n-1} - \beta^{n-1}}{\alpha - \beta}$$

$$= \frac{1}{\alpha - \beta}\left[\alpha^{n-1}(p\alpha - q) - \beta^{n-1}(p\beta - q)\right]$$

$$= \frac{1}{\alpha - \beta}\left[\alpha^{n-1}\big((\alpha + \beta) \cdot \alpha - \alpha\beta\big) - \beta^{n-1}\big((\alpha + \beta) \cdot \beta - \alpha\beta\big)\right]$$

$$= \frac{1}{\alpha - \beta}\left(\alpha^{n+1} - \beta^{n+1}\right) = u_{n+1}.$$

Für die Folge $\{v_n\}$ erhalten wir entsprechend mit (8.3) und (8.4):

$$pv_n - qv_{n-1} = p(\alpha^n + \beta^n) - q(\alpha^{n-1} + \beta^{n-1})$$

$$= (\alpha + \beta)(\alpha^n + \beta^n) - \alpha\beta(\alpha^{n-1} + \beta^{n-1})$$

$$= \alpha^{n+1} + \alpha^n\beta + \alpha\beta^n + \beta^{n+1} - \alpha^n\beta - \alpha\beta^n$$

$$= \alpha^{n+1} + \beta^{n+1} = v_{n+1} \qquad \Diamond$$

Man kann auch umgekehrt zeigen, dass die Glieder von Folgen $\{x_n\}$, welche die Rekursionsformel (8.10) erfüllen und die Startwerte $x_0 = 0$, $x_1 = 1$ bzw. $x_0 = 2$, $x_1 = p$ besitzen, durch die Formeln (8.6) bzw. (8.7) gegeben sind; dies sind die **Formeln von Binet** für (verallgemeinerte) Lucasfolgen.

Mit zwei speziellen Lucasfolgen hatten wir uns bereits befasst, nämlich mit der Fibo-
nacci- und *der* Lucasfolge. Wie wir schon in Abschnitt 1.4.2 gesehen haben, besitzen
beide Folgen die charakteristische Gleichung $x^2 - x - 1 = 0$; es gilt also $p = 1$, $q = -1$
und wir haben $f_n = u_n(1, -1)$, $l_n = v_n(1, -1)$. Mit unseren früheren Bezeichnungen
sind dann $\alpha = \Phi$, $\beta = \Psi$, und die Formeln (8.6) bzw. (8.7) sind die wohlbekannten
Formeln von Binet aus Satz 1.17 bzw. Satz 1.20.
Im folgenden Abschnitt wollen wir einige Eigenschaften, die wir bei Fibonacci- und Lucasfolge festgestellt hatten, auch in diesem allgemeineren Zusammenhang untersuchen.

8.1.2   Eigenschaften von Lucasfolgen

Wir beginnen unsere Untersuchungen mit einigen algebraischen Eigenschaften der Lucasfolgen:

Satz 8.3

Für alle $m, n \in \mathbb{N}$ mit $m \geq n$ gelten:

$$u_{m+n} = u_m v_n - q^n u_{m-n},$$
$$v_{m+n} = v_m v_n - q^n v_{m-n}.$$

Beweis jeweils durch Einsetzen der expliziten Ausdrücke (8.6) und (8.7) für die Folgenglieder und Benutzung von (8.4), hier exemplarisch für v_{m+n}:

$$\begin{aligned}
v_m v_n - q^n v_{m-n} &= (\alpha^m + \beta^m)(\alpha^n + \beta^n) - q^n(\alpha^{m-n} + \beta^{m-n}) \\
&= \alpha^{m+n} + \alpha^n \beta^m + \alpha^m \beta^n + \beta^{m+n} - (\alpha\beta)^n(\alpha^{m-n} + \beta^{m-n}) \\
&= \alpha^{m+n} + \beta^{m+n} + \alpha^n \beta^m + \alpha^m \beta^n - \alpha^m \beta^n - \alpha^n \beta^m \\
&= \alpha^{m+n} + \beta^{m+n} = v_{m+n} \qquad\qquad \diamond
\end{aligned}$$

Für die Fibonacci- bzw. die Lucasfolge entspricht Satz 8.3 den Sätzen 1.28(b) bzw. Satz
1.16.
Im Spezialfall $m = n$ folgt aus Satz 8.3 wegen $u_0 = 0$ und $v_0 = 2$:

$$u_{2n} = u_n v_n, \tag{8.11}$$
$$v_{2n} = v_n^2 - 2q^n. \tag{8.12}$$

Nun zeigen wir die Entsprechungen zu den Sätzen 1.9 und 1.27(a).

Satz 8.4

Für $m, n \in \mathbb{N}$ gelten:

$$u_{m+n} = u_m u_{n+1} - q u_{m-1} u_n,$$

$$2v_{m+n} = v_m v_n + D u_m u_n.$$

Beweis durch Einsetzen von (8.6) und (8.7) unter Verwendung der Identitäten (8.3) bis (8.5), hier für die untere Formel:

$$v_m v_n + D u_m u_n = (\alpha^m + \beta^m)(\alpha^n + \beta^n) + \frac{(\alpha - \beta)^2}{(\alpha - \beta)^2}(\alpha^m - \beta^m)(\alpha^n - \beta^n)$$

$$= 2(\alpha^{m+n} + \beta^{m+n}) = 2v_{m+n} \qquad \diamond$$

Ähnlich einfach ergeben sich die folgenden Beziehungen, deren Beweis den Leser/innen überlassen ist:

$$Du_n = 2v_{n+1} - pv_n \tag{8.13}$$

$$v_n = 2u_{n+1} - pu_n \tag{8.14}$$

$$u_n^2 = u_{n-1}u_{n+1} + q^{n-1} \tag{8.15}$$

$$v_n^2 = Du_n^2 + 4q^n \tag{8.16}$$

$$u_m v_n - u_n v_m = 2q^n u_{m-n} \text{ (für } m \geq n) \tag{8.17}$$

$$u_m v_n + u_n v_m = 2u_{m+n} \tag{8.18}$$

Außerdem kann man einige interessante Kongruenzen zeigen:

Satz 8.5

Für die Folgenglieder u_n bzw. v_n einer Lucasfolge gelten:

$$u_n \equiv v_{n-1} \,(\mathrm{mod}\, q) \text{ für } n \in \mathbb{N}, n \geq 2;$$

$$v_n \equiv p^n \,(\mathrm{mod}\, q) \text{ für } n \in \mathbb{N}$$

Beweis durch Induktion nach n:
Für $n = 1$ ist $v_1 = p \equiv p^1 \,(\mathrm{mod}\, q)$, die Kongruenz stimmt also.
Ist $n = 2$, so hat man $u_2 = \frac{\alpha^2 - \beta^2}{\alpha - \beta} = \alpha + \beta = p = v_1$ sowie $v_2 = \alpha^2 + \beta^2 \equiv \alpha^2 + 2q + \beta^2 \equiv \alpha^2 + 2\alpha\beta + \beta^2 \equiv (\alpha + \beta)^2 \equiv p^2 \,(\mathrm{mod}\, q)$, die Kongruenzen sind also richtig.

Weiter gilt $u_3 = \frac{\alpha^3 - \beta^3}{\alpha - \beta} = \alpha^2 + \alpha\beta + \beta^2 \equiv \alpha^2 + \beta^2 \equiv v_2 \pmod{q}$ wegen $\alpha\beta = q$ sowie $v_3 = \alpha^3 + \beta^3 \equiv \alpha^3 + \beta^3 + 3\alpha\beta(\alpha + \beta) \equiv (\alpha + \beta)^3 = p^3 \pmod{q}$.

Sei die Behauptung nun für $n - 1$ und $n \in \mathbb{N}$ bereits gezeigt. Dann erhält man im ersten Fall $u_{n+1} = pu_n - qu_{n-1} \equiv pu_n \equiv pv_{n-1} \equiv pp^{n-1} \equiv p^n \equiv v_n \pmod{q}$ wobei die Kongruenz für v_n benutzt wurde.

Im zweiten Fall ergibt sich $v_{n+1} = pv_n - qv_{n-1} \equiv pv_n \equiv pp^n \equiv p^{n+1} \pmod{q}$ nach Induktionsvoraussetzung. Damit ist die Behauptung gezeigt. $\diamond$

Als nächstes untersuchen wir Teilbarkeitsbeziehungen für die Folgenglieder untereinander. Die erste Aussage verallgemeinert Satz 3.25:

Satz 8.6

Für natürliche Zahlen n und k ist u_n ein Teiler von u_{kn}.

Beweis durch Induktion nach k:

Für $k = 1$ ist die Richtigkeit der Behauptung offensichtlich. Für $k = 2$ ist mit (8.11) $u_{2n} = u_n v_n$, also $u_n \mid u_{2n}$. Angenommen, die Behauptung ist bereits für $k - 1$ und $k \in \mathbb{N}$ gezeigt. Dann erhält man mit Satz 8.3:

$$u_{(k+1)n} = u_{kn+n} = u_{kn}v_n - q^n u_{(k-1)n}.$$

Nach Induktionsvoraussetzung sind u_{kn} und $u_{(k-1)n}$ durch u_n teilbar, also ist es auch $u_{(k+1)n}$, was die Behauptung zeigt. $\diamond$

Der nächste Satz liefert die Entsprechung zu Satz 3.43:

Satz 8.7

Sei $k \in \mathbb{N}$ ungerade. Dann ist v_n für beliebiges $n \in \mathbb{N}$ ein Teiler von v_{kn}.

Beweis: Wir setzen $k = 2r - 1$ und führen den Beweis durch Induktion nach r. Für $r = 1$ ist die Behauptung trivialerweise richtig. Für $r = 2$ gilt nach Satz 8.3 $v_{3n} = v_{2n}v_n - q^n v_n = v_{2n}v_n - q^n v_n = (v_{2n} - q^n)v_n$, also $v_n \mid v_{3n}$.

Sei die Behauptung also bereits für $r - 1$ und $r \in \mathbb{N}$ gezeigt. Dann ist wieder nach Satz 8.3

$$v_{(2r+1)n} = v_{2rn}v_n - q^n v_{(2r-1)n};$$

dabei ist der erste Summand auf der rechten Seite offensichtlich durch v_n teilbar und der zweite Summand ist es nach Induktionsvoraussetzung. Dies zeigt die Behauptung. $\diamond$

Nun leiten wir einige wichtige Zusammenhänge zwischen den Parametern p und q und den Folgengliedern u_n bzw. v_n her:

Satz 8.8

Zwischen den Parametern p und q und den Gliedern der zugehörigen Lucasfolgen bestehen folgende Zusammenhänge:

(a) Sind p und q beide gerade, so ist u_n für $n \geq 2$ gerade und v_n ist gerade für alle $n \in \mathbb{N}$.

(b) Ist q gerade und p ungerade, so sind u_n und v_n für $n \geq 1$ ungerade.

(c) Ist q ungerade und p gerade, so ist $u_n \equiv n \,(\mathrm{mod}\,2)$ und v_n ist für alle $n \in \mathbb{N}$ gerade.

(d) Sind p und q beide ungerade, so sind u_n und v_n nur für n mit $3 \mid n$ gerade.

Insbesondere ist v_n gerade, wenn u_n gerade ist.

Beweis: (a) Nach Satz 8.5(b) gilt $v_n \equiv p^n \,(\mathrm{mod}\,q)$, also ist v_n für alle $n \in \mathbb{N}$ gerade, da p und q beide gerade sind. Nach Satz 8.5(a) ist $u_n \equiv v_{n-1} \,(\mathrm{mod}\,q)$ für $n \geq 2$, und somit ist u_n für $n \geq 2$ ebenfalls gerade.
(b) Man hat $u_0 = 0$, $v_0 = 2$, und $u_1 = 1$, $v_1 = p$ sind ungerade. Weiter sind $u_2 = pu_1 - qu_0 = p$ und $v_2 = pv_1 - qv_0 = p - 2$ ungerade, da p nach Voraussetzung ungerade ist. Sind also u_n und u_{n-1} (bzw. v_n und v_{n-1}) ungerade, so ist auch u_{n+1} (v_{n+1}) wegen $u_{n+1} = pu_n - qu_{n-1}$ $(v_{n+1} = pv_n - qv_{n-1})$ ungerade, da die rechte Seite als Differenz einer ungeraden und einer geraden Zahl ungerade ist.
(c) Es gilt $u_0 = 0 \equiv 0 \,(\mathrm{mod}\,2)$, $u_1 = 1 \equiv 1 \,(\mathrm{mod}\,2)$, $u_2 = pu_1 - qu_0 = p \equiv 0 \,(\mathrm{mod}\,2)$, da p nach Voraussetzung gerade ist. Angenommen, für ein $n \geq 2$ ist bereits $u_{n-1} \equiv n - 1 \,(\mathrm{mod}\,2)$, $u_n \equiv n \,(\mathrm{mod}\,2)$ gezeigt; dann gilt $u_{n+1} = pu_n - qu_{n-1} \equiv 0 - 1 \cdot (n-1) \equiv n - 1 \equiv n + 1 \,(\mathrm{mod}\,2)$.
Für v_n hat man $v_0 = 2 \equiv 0 \,(\mathrm{mod}\,2)$, $v_1 = p \equiv 0 \,(\mathrm{mod}\,2)$, $v_2 = pv_1 - qv_0 = p^2 - q \cdot 2 \equiv 0 \,(\mathrm{mod}\,2)$. Mittels Induktion ergibt sich $v_{n+1} = pv_n - qv_{n-1} \equiv 0 \,(\mathrm{mod}\,2)$, wie behauptet.
(d) Man hat $u_0 = 0$, und die Folgenglieder $u_1 = 1$ und $u_2 = p$ sind ungerade nach Voraussetzung. Weiter ist $u_3 = pu_2 - qu_1 = p^2 - q$ als Differenz zweier ungerader Zahlen gerade. Betrachtet man die Folge $\{u_n\}$ modulo 2, so ergibt sich mithilfe der Rekursionsformel $u_{n+1} = pu_n - qu_{n-1}$ und des Induktionsanfangs das Muster

$$0, 1, 1, 0, 1, 1, 0, \ldots,$$

was die Behauptung zeigt. Der Beweis für die Folge $\{v_n\}$ verläuft wegen $v_0 = 2 \equiv 0 \,(\mathrm{mod}\,2)$, $v_1 = p \equiv 1 \,(\mathrm{mod}\,2)$, $v_2 = pv_2 - qv_1 \equiv 1 - 1 \equiv 0 \,(\mathrm{mod}\,2)$ entsprechend. Insgesamt ist damit auch gezeigt, dass v_n immer dann gerade ist, wenn u_n gerade ist. $\diamond$

Für verallgemeinerte Lucasfolgen lassen sich noch viele weitere Teilbarkeitsaussagen zeigen. Einige davon finden sich z. B. bei [R]. Wir wollen dieses interessante Thema jedoch verlassen und stattdessen einige andere Typen von Verallgemeinerungen der Fibonaccifolge diskutieren.

8.2   Die Padovanfolge

8.2.1   Definition und Eigenschaften

Die Fibonaccifolge besitzt noch eine kleinere Schwester, die einem leicht abgewandelten Bildungsgesetz gehorcht: Jedes Folgenglied ist nun nicht mehr Summe der beiden vorherigen Glieder, sondern jedes Folgenglied ist Summe des jeweils vorletzten und des vorvorletzten Folgenglieds. In diesem Fall muss man natürlich drei Startwerte angeben und kann alle weiteren Folgenglieder sukzessive daraus berechnen. Die Bezeichnungen folgen hier der Darstellung von *Ian Stewart* in *Scientific American* (1996). Er benannte diese Folge nach dem Architekten *Richard Padovan* (geb. 1935) **Padovanfolge**, da dieser sie als erster beschrieb (und ihre Entdeckung dem niederländischen Architekten *Hans van der Laan* zuschrieb). Wir bezeichnen die Glieder der Padovanfolge mit p_n und definieren die Folge durch die Startwerte

$$p_0 = p_1 = p_2 = 1 \tag{8.19}$$

und die Rekursionsformel

$$p_n = p_{n-2} + p_{n-3}. \tag{8.20}$$

Die Folge beginnt also mit den Gliedern

$$1, 1, 1, 2, 2, 3, 4, 5, 7, 9, 12, 16, 21, 28, 37, 49, 65, 86, 114, \ldots;$$

offensichtlich wächst sie langsamer als die Fibonaccifolge. Sie hat aber ähnlich faszinierende Eigenschaften wie die Fibonaccifolge – bis hin zu Anwendungen in der Kunst. Es lohnt sich daher, sie etwas genauer unter die Lupe zu nehmen.

Auch die Padovanfolge kann man – wie die Fibonaccifolge – für negative Indizes fortsetzen, indem man die Rekursionsformel umschreibt zu

$$p_{n-3} = p_n - p_{n-2} \ (n \in \mathbb{Z}) \tag{8.21}$$

und daraus sukzessive die Folgenglieder mit negativen Indizes berechnet. Es ergibt sich also

$$\begin{aligned}
p_{-1} &= p_2 - p_0 = 0, \\
p_{-2} &= p_1 - p_{-1} = 1, \\
p_{-3} &= p_0 - p_{-2} = 1 - 1 = 0, \\
p_{-4} &= p_{-1} - p_{-3} = 0 - 0 = 0, \\
p_{-5} &= p_{-2} - p_{-4} = 1 - 0 = 1, \\
&\vdots
\end{aligned}$$

man erhält also die auf negative Indizes fortgesetzte Folge

$$\ldots, -7, 4, 0, -3, 4, -3, 1, 1, -2, 2, -1, 0, 1, -1, 1, 0, 0, 1, 0, \mathbf{1, 1, 1}, \ldots.$$

Wir wollen nun noch einige weitere Eigenschaften der Padovanfolge studieren.

8.2.2   Rekursions- und Summenformeln

In diesem Abschnitt zeigen wir einige weitere Rekursionsformeln für die Padovanfolge. Im folgenden Satz darf n immer auch ganzzahlig sein, obwohl wir die Beziehungen hier nur für natürliche Zahlen zeigen werden.

Satz 8.9

Für die Glieder der Padovanfolge gelten folgende Rekursionsformeln:

(a) $p_n = p_{n-1} + p_{n-5}$

(b) $p_n = p_{n-2} + p_{n-4} + p_{n-8}$

(c) $p_n = p_{n-4} + p_{n-5} + p_{n-6} + p_{n-7} + p_{n-8}$

Beweis:
(a) zeigen wir durch Anwenden der Rekursionsformeln (8.20) und (8.21): $p_{n-1} + p_{n-5} = (p_{n-3} + p_{n-4}) + (p_{n-2} - p_{n-4}) = p_{n-3} + p_{n-2} = p_n$.
(b) ergibt sich ebenso einfach: $p_{n-2} + p_{n-4} + p_{n-8} = p_{n-2} + (p_{n-2} - p_{n-5}) + (p_{n-5} - p_{n-7}) = p_{n-2} + p_{n-2} - p_{n-7} = p_{n-2} + (p_{n-4} + p_{n-5}) - (p_{n-4} - p_{n-6}) = p_{n-2} + p_{n-5} + p_{n-6} = p_{n-2} + p_{n-3} = p_n$.
(c) folgt aus $p_{n-4} + (p_{n-5} + p_{n-6}) + (p_{n-7} + p_{n-8}) = p_{n-4} + p_{n-3} + p_{n-5} = p_{n-3} + p_{n-2} = p_n$. $\Diamond$

Als nächstes zeigen wir einige einfache Summenformeln, vgl. Satz 1.3 für die Fibonaccifolge.

Satz 8.10

Für die Padovanfolge erhält man als

(a) Summe der ersten n Glieder: $\sum_{i=0}^{n} p_i = p_{n+5} - 2$,

(b) Summe der ersten n Glieder mit geradem Index: $\sum_{i=0}^{n} p_{2i} = p_{2n+3} - 1$,

(c) Summe der ersten n Glieder mit ungeradem Index: $\sum_{i=0}^{n} p_{2i-1} = p_{2n+2} - 1$,

(d) Summe der ersten n Glieder mit durch 3 teilbarem Index: $\sum_{i=0}^{n} p_{3i} = p_{3n+2}$.

Beweis:
(a) Nach der Rekursionsformel gilt $p_i = p_{i+3} - p_{i+1}$; dies in die Summe eingesetzt liefert

$$\sum_{i=0}^{n} p_i = \sum_{i=1}^{n+1} (p_{i+2} - p_i) = \sum_{i=1}^{n+1} p_{i+2} - \sum_{i=1}^{n+1} p_i = p_{n+3} + p_{n+2} - p_1 - p_2 = p_{n+5} - 2.$$

(b) zeigen wir durch vollständige Induktion. Für $n = 0$ ist $p_0 = 1 = 2 - 1 = p_3 - 1$. Sei die Formel bereits für ein $n \in \mathbb{N}$ gezeigt; dann bekommen wir für $n + 1$:

$$\sum_{i=0}^{n+1} p_{2i} = p_{2n+2} + \sum_{i=0}^{n} p_{2i} = p_{2n+2} + p_{2n+3} - 1 = p_{2n+5} - 1,$$

was zu zeigen war.
(c) folgt nun aus (a) und (b):

$$\sum_{i=0}^{n} p_{2i-1} = \sum_{i=0}^{2n-1} p_i - \sum_{i=0}^{n-1} p_{2i} = p_{2n+4} - 2 - (p_{2n+1} - 1) = p_{2n+4} - p_{2n+1} - 1 = p_{2n+2} - 1.$$

(d) zeigen wir wieder durch vollständige Induktion. Nach Definition der Folge ist die Behauptung für $n = 0$ wegen $p_0 = p_2 = 1$ richtig. Sei die Behauptung also bereits für ein $n \in \mathbb{N}$ gezeigt. Dann gilt:

$$\sum_{i=0}^{n+1} p_{3i} = p_{3n+3} + \sum_{i=0}^{n} p_{3i} = p_{3n+3} + p_{3n+2} = p_{3n+5},$$

wie behauptet. $\diamondsuit$

Für Quadrate von Padovanzahlen gilt (vgl. Satz 1.5):

Satz 8.11

$$\sum_{i=0}^{n} p_i^2 = p_{n+2}^2 - p_{n-1}^2 - p_{n-3}^2 \ (n \geq 3)$$

Beweis durch vollständige Induktion nach n. Für $n = 3$ gilt $p_0^2 + p_1^2 + p_2^2 + p_3^2 = 1 + 1 + 1 + 4 = 7$ und $p_5^2 - p_2^2 - p_0^2 = 9 - 1 - 1 = 7$; die Behauptung ist also richtig. Nun nehmen wir an, die Behauptung ist für ein $n \in \mathbb{N}$ bereits erwiesen. Dann erhalten wir mithilfe der Induktionsvoraussetzung für $n + 1$:

$$\sum_{i=0}^{n+1} p_i^2 = p_{n+1}^2 + \sum_{i=0}^{n} p_i^2 = p_{n+1}^2 + p_{n+2}^2 - p_{n-1}^2 - p_{n-3}^2$$
$$= (p_{n+3} - p_n)^2 + (p_n + p_{n-1})^2 - p_{n-1}^2 - (p_n - p_{n-2})^2$$
$$= p_{n+3}^2 - 2p_n(p_{n+1} + p_n) + 2p_n^2 + 2p_np_{n-1} - p_n^2 + 2p_np_{n-2} - p_{n-2}^2$$
$$= p_{n+3}^2 - p_n^2 - p_{n-2}^2 - 2p_n(p_{n+1} - p_{n-1} - p_{n-2})$$
$$= p_{n+3}^2 - p_n^2 - p_{n-2}^2;$$

dies ist genau das, was wir zeigen wollten. Im letzten Schritt haben wir dabei $p_{n+1} = p_{n-1} + p_{n-2}$ benutzt. $\Diamond$

Es gibt noch weitere Summenformeln für Produkte von Padovanzahlen, die sich mithilfe vollständiger Induktion zeigen lassen, s. die Aufgaben 8.5.1.5, 8.5.1.6 und 8.5.1.7. Wir wollen hier nur noch einen Zusammenhang mit den Binomialkoeffizienten erwähnen.

Satz 8.12

$$\sum_{2k+m=n} \binom{k}{m} = p_{n-2} \quad (k, m, n \in \mathbb{N}_0)$$

Bevor wir den Satz beweisen, schauen wir uns ein Beispiel an:

Beispiel: Sei $n = 14$. Wir müssen alle Paare (k, m) mit $2k + m = 14$ suchen; dabei ist zu beachten, dass Binomialkoeffizienten $\binom{k}{m}$ definitionsgemäß null sind, wenn $m > k$ ist. Von allen möglichen Paaren bleiben daher nur die Paare $(5, 4), (6, 2)$ und $(7, 0)$ übrig. Wir erhalten $\binom{5}{4} + \binom{6}{2} + \binom{7}{0} = 5 + 15 + 1 = 21 = p_{12}$, wie behauptet.

Beweis von Satz 8.12: Dem Bildungsgesetz der Padovanfolge entsprechend verwenden wir eine etwas abgewandelte Form der vollständigen Induktion. Wir zeigen die Formel für $n = 0, 1, 2$, also für die Padovanzahlen p_{-2}, p_{-1} und p_0. Für den Induktionsschritt nehmen wir an, dass die Behauptung bereits für $n - 3$ und $n - 2$ bewiesen ist; daraus schließen wir die Richtigkeit der Behauptung für n.
Für $n = 0$ ist $2k + m = 0$ nur für $k = m = 0$ möglich und wir erhalten $\sum_{2k+m=0} \binom{k}{m} = \binom{0}{0} = 1 = p_{-2}$.
Ist $n = 1$, so ist $2k + m = 1$ nur für $k = 0$, $m = 1$ möglich und es ergibt sich $\sum_{2k+m=1} \binom{k}{m} = \binom{0}{1} = 0 = p_{-1}$.
Im Fall $n = 2$ gibt es für $2k + m = 2$ die beiden Möglichkeiten $k = 0$, $m = 2$ und $k = 1$, $m = 0$; dies liefert $\sum_{2k+m=2} \binom{k}{m} = \binom{1}{0} = 1 = p_0$.
Nun nehmen wir an, dass die Formel bereits für $n - 3$ und $n - 2$ gezeigt ist. Wir müssen dann für n die Richtigkeit von $\sum_{2k+m=n} \binom{k}{m} = p_{n-2}$ nachweisen. Dabei hilft uns folgende Beobachtung: Mit $2k + m = n$ sind $2(k - 1) + m = n - 2$ und $2(k - 1) + m - 1 = n - 3$. Außerdem gilt für Binomialkoeffizienten nach Satz 3.7(b) die Beziehung $\binom{r}{s} = \binom{r-1}{s} + \binom{r-1}{s-1}$; diese nutzen wir jetzt aus und erhalten

$$\sum_{2k+m=n} \binom{k}{m} = \sum_{2k+m=n} \left[\binom{k-1}{m} + \binom{k-1}{m-1} \right] = \sum_{2k+m=n-2} \binom{k}{m} + \sum_{2k+m=n-3} \binom{k}{m}.$$

Nach der Induktionsvoraussetzung ist der erste Summand ganz rechts gleich p_{n-4} und der zweite Summand ist p_{n-5}. Als Summenwert ergibt sich also $p_{n-4} + p_{n-5} = p_{n-2}$, wie behauptet. $\Diamond$

8.2.3 Kombinatorische Deutung der Padovanzahlen

Die n-te Padovanzahl p_n kann man beispielsweise für alle $n \in \mathbb{N}$ als die Anzahl der Möglichkeiten deuten, $n + 2$ als geordnete Summe darzustellen, in der jeder Summand entweder 2 oder 3 ist. Von dieser überraschenden Feststellung wollen wir uns selbst überzeugen. Die natürlichen Zahlen 2 und 3 haben offensichtlich nur eine solche Darstellung, und es ist ja auch $p_0 = p_1 = 1$. Ebenso hat 4 nur die eine Darstellung $4 = 2+2$, was $p_2 = 1$ entspricht; 5 hat die Darstellungen $2 + 3$ und $3 + 2$, und es ist $p_3 = 2$. Die Zahl 6 kann man als $2 + 2 + 2$ oder als $3 + 3$ schreiben, und tatsächlich ist $p_4 = 2$. Bei 7 gibt es $3 = p_5$ Möglichkeiten: $2 + 2 + 3$, $2 + 3 + 2$, $3 + 2 + 2$. Aber wie kommen wir auf die Anzahl der verschiedenen Darstellungen? Wir stellen uns vor, wir haben bereits eine Darstellung von n aus Zweien und Dreien. Streichen wir aus einer solchen Darstellung eine Zwei oder eine Drei heraus, erhalten wir eine Darstellung von $n - 2$ bzw. von $n - 3$. Verfahren wir mit allen Darstellungen von n so, bleiben also sämtliche Darstellungen von $n - 2$ bzw. $n - 3$ in der gewünschten Form übrig (dabei können wir dieselbe Darstellung von $n - 2$ bzw. $n - 3$ mehrmals erhalten). Unter der (Induktions-)Annahme, dass die Behauptung bereits für alle $m < n$ richtig ist, ist die Anzahl der Darstellungen von $n - 2$ gleich p_{n-4} und die Anzahl der Darstellungen von $n - 3$ gleich p_{n-5}. Die Gesamtzahl der Darstellungen von n ist daher die Summe der beiden Zahlen, also $p_{n-4} + p_{n-5} = p_{n-2}$. Genau das hatten wir aber behauptet.

8.2.4 Padovan- und Perrinfolge

In Abschnitt 8.1 haben wir gesehen, dass es zu jeder Lucasfolge $u_n(p, q)$ eine Begleitfolge $v_n(p, q)$ gibt. Im Spezialfall der Fibonaccifolge war die Lucasfolge diese Schwesternfolge. In ähnlicher Weise besitzt auch die Padovanfolge ein solches Pendant, nämlich die **Perrinfolge**, deren Glieder wir mit P_n bezeichnen wollen. Sie ist nach dem Franzosen *R. Perrin* benannt, der 1899 eine Arbeit darüber veröffentlichte, und gehorcht wie die Padovanfolge der Rekursion

$$P_n = P_{n-2} + P_{n-3} \text{ für } n \geq 3. \tag{8.22}$$

Ihre Anfangsglieder sind gegeben durch

$$P_0 = 3, \; P_1 = 0, \; P_2 = 2. \tag{8.23}$$

Die Folge beginnt also mit

$$3, 0, 2, 3, 2, 5, 5, 7, 10, 12, 17, 22, 29, 39, \ldots$$

Im Folgenden wollen wir das Geheimnis lüften, wie Padovan- und Perrinfolge miteinander verbunden sind. Wir gehen von der Rekursionsformel aus und nehmen an, dass die Folge $\{x_n\}$ die Rekursionsformel erfüllt. Da wir exponentielles Wachstum vermuten, versuchen wir – wie bereits in Abschnitt 1.4.2 – den Ansatz

$$x_n = \lambda^n, \tag{8.24}$$

dabei ist λ eine noch zu bestimmende reelle oder komplexe Zahl. Diesen Ansatz setzen wir in die Rekursionsformel ein und erhalten

$$\lambda^n = \lambda^{n-2} + \lambda^{n-3};$$

Division durch λ^{n-3} und Umstellen liefert

$$\lambda^3 - \lambda - 1 = 0 \tag{8.25}$$

als charakteristische Gleichung der Rekursion. Als nächstes müssen wir die Lösungen der charakteristischen Gleichung (8.25) bestimmen. Eine Gleichung 3. Grades ist nicht mehr so einfach zu lösen; wir verwenden dazu die Formeln von *Cardano*, s. Anhang B. Mit den Bezeichnungen von Anhang B erhalten wir $D = (-\frac{1}{2})^2 + (-\frac{1}{3})^3 = \frac{23}{108}$ und $u = \sqrt[3]{\frac{1}{2} + \sqrt{\frac{23}{108}}}$, $v = \sqrt[3]{\frac{1}{2} - \sqrt{\frac{23}{108}}}$. Damit ergeben sich die Lösungen von (8.25) zu

$$\lambda_1 = \gamma = u + v, \tag{8.26}$$

$$\lambda_2 = \delta = -\frac{1}{2}(u + v) + \frac{1}{2}(u - v) \cdot \sqrt{3}\,\mathrm{i}, \tag{8.27}$$

$$\lambda_3 = \epsilon = -\frac{1}{2}(u + v) - \frac{1}{2}(u - v) \cdot \sqrt{3}\,\mathrm{i}; \tag{8.28}$$

dabei ist die Lösung $\lambda_1 = \gamma$ reell und die Lösungen $\lambda_2 = \delta$ und $\lambda_3 = \epsilon$ sind komplex mit $\epsilon = \bar{\delta}$, d. h. δ und ϵ sind konjugiert komplex zueinander.

Die Glieder einer Folge $\{x_n\}$, welche die Rekursionsformel (8.20) bzw. (8.22) erfüllt, haben also die allgemeine Form

$$x_n = r\gamma^n + s\delta^n + t\epsilon^n; \tag{8.29}$$

die Koeffizienten r, s und t sind dabei mithilfe der drei Anfangswerte zu bestimmen. Man erhält dann ein lineares Gleichungssystem in den drei Unbekannten r, s und t. Die etwas langwierige Berechnung der Koeffizienten wollen wir den Leser/innen ersparen; daher geben wir die Ergebnisse hier ausnahmsweise ohne Herleitung an.

Setzt man die Startwerte $p_0 = p_1 = p_2 = 1$ für die **Padovanfolge** in (8.29) ein, so ergibt sich als explizite Darstellung der Folgenglieder

$$p_n = \frac{\gamma^n}{3\gamma^2 - 1} + \frac{\delta^n}{3\delta^2 - 1} + \frac{\epsilon^n}{3\epsilon^2 - 1} \tag{8.30}$$

für alle $n \in \mathbb{N}$; dies gilt sogar für alle $n \in \mathbb{Z}$.

Mit den Startwerten $P_0 = 3, P_1 = 0, P_2 = 2$ der **Perrinfolge** erhält man

$$P_n = \gamma^n + \delta^n + \epsilon^n \tag{8.31}$$

als explizite Darstellung aller Folgenglieder für $n \in \mathbb{N}$ (sogar $n \in \mathbb{Z}$). Die Ähnlichkeit mit der Formel von Binet für die Fibonaccifolge (Satz 1.17) und die Lucasfolge (Satz 1.20) sind nicht zu übersehen.

8.2.5   Die Plastikzahl

Die reelle Wurzel γ der charakteristischen Gleichung $x^3 - x - 1 = 0$ der Rekursion der Padovanfolge hat ähnlich interessante Eigenschaften wie die goldene Zahl Φ. Einige davon wollen wir uns ansehen. Zunächst sei jedoch daran erinnert, dass γ gegeben ist durch

$$\gamma = \sqrt[3]{\frac{1}{2} + \sqrt{\frac{23}{108}}} + \sqrt[3]{\frac{1}{2} - \sqrt{\frac{23}{108}}} \approx 1,324718 \tag{8.32}$$

und die Beziehungen

$$\gamma^2 = 1 + \frac{1}{\gamma} \quad \text{und} \quad \gamma = \frac{1}{\gamma} + \frac{1}{\gamma^2} \tag{8.33}$$

erfüllt. Diese bemerkenswerte Zahl γ wird **Plastikzahl** oder manchmal auch **silberne Zahl** genannt.

In Satz 4.6 hatten wir gezeigt, dass die Folge der Quotienten aufeinanderfolgender Fibonaccizahlen gegen den Grenzwert Φ geht. Eine ähnliche Aussage gilt für die Folge der Quotienten aufeinanderfolgender Padovanzahlen und die Plastikzahl:

Satz 8.13

Die Folge der Quotienten aufeinanderfolgender Padovanzahlen $\{\frac{p_{n+1}}{p_n}\}$ konvergiert gegen den Grenzwert γ, d. h.

$$\lim_{n \to \infty} \frac{p_{n+1}}{p_n} = \gamma.$$

Beweis: Nach (8.30) lassen sich die Glieder der Padovanfolge in der Form

$$p_n = a\gamma^n + b\delta^n + c\epsilon^n$$

schreiben; dabei sind a, b, c die in (8.30) angegebenen Koeffizienten, die unabhängig von n sind. Damit gilt:

$$
\begin{aligned}
\left| \frac{p_{n+1}}{p_n} - \gamma \right| &= \left| \frac{a\gamma^{n+1} + b\delta^{n+1} + c\epsilon^{n+1}}{a\gamma^n + b\delta^n + c\epsilon^n} - \gamma \right| \\
&= \left| \frac{a\gamma^{n+1} + b\delta^{n+1} + c\epsilon^{n+1} - a\gamma^{n+1} - b\gamma\delta^n - c\gamma\epsilon^n}{a\gamma^n + b\delta^n + c\epsilon^n} \right| \\
&= \left| \frac{\delta^n b(\delta - \gamma) + \epsilon^n c(\epsilon - \gamma)}{a\gamma^n + b\delta^n + c\epsilon^n} \right| \\
&\leq \frac{|\delta^n| \cdot |b(\delta - \gamma)| + |\epsilon^n| \cdot |c(\epsilon - \gamma)|}{|a\gamma^n + b\delta^n + c\epsilon^n|}
\end{aligned}
\tag{8.34}
$$

Aus (8.27) und (8.28) kann man mithilfe eines Taschenrechners $|\delta|$ und $|\epsilon|$ näherungs-weise berechnen:

$$|\delta| = |\epsilon| \approx 0,8689 < 1. \tag{8.35}$$

Mit wachsendem n wird daher $|\delta^n| = |\epsilon^n|$ immer kleiner, d. h. der Zähler des letzten Terms von (8.34) geht gegen null, während der Nenner wegen des Terms $a\gamma^n$ nach (8.32) beliebig groß werden kann. Insgesamt bedeutet dies

$$\lim_{n\to\infty} \frac{p_{n+1}}{p_n} - \gamma = 0,$$

was die Behauptung zeigt. $\Diamond$

Aus der Rekursion kann man – ähnlich wie in Abschnitt 4.2 für die Fibonaccifolge – die erzeugenden Funktionen von Padovan- und Perrinfolge berechnen, s. auch den Arbeits-auftrag 8.5.2.1.

Es gibt noch viele weitere Zusammenhänge zwischen Padovan- und Perrinfolge sowie interessante zahlentheoretische Anwendungen der Padovanzahlen, auf die wir hier leider nicht eingehen können, ebenso wurden für beide Zahlenfolgen als Verallgemeinerungen Padovan- und Perrinpolynome definiert, vgl. Abschnitt 8.4 für Fibonacci- und Lucas-polynome. Aber die schöne geometrische Darstellung der Padovanzahlen im folgenden Abschnitt soll den Leser/innen den Abschied von der Padovanfolge etwas versüßen.

8.2.6 Die Padovanspirale

Auch in der Geometrie zeigt sich die enge Verwandtschaft zwischen Fibonacci- und Pa-dovanfolge: In Abschnitt 5.4 haben wir gesehen, dass die Fibonaccifolge Anlass für eine spiralförmige Folge von Quadraten ist, deren Seitenlängen aufeinanderfolgende Fibonac-cizahlen sind; der Grenzwert der Quotienten aufeinanderfolgender Seitenlängen ist nach Satz 4.6 die goldene Zahl Φ. Auch für die Padaovanfolge gibt es eine solche „Spirale", die Padovanspirale, die aus gleichseitigen Dreiecken besteht, deren Seitenlängen aufein-anderfolgende Padovanzahlen sind. Werden noch Sechstelkreise eingezeichnet wie in der Abbildung gezeigt, so erhält man eine schöne Näherung für eine logarithmische Spirale, die man durch eine Drehstauchung mit dem Winkel 60° und dem Faktor γ beschreiben kann. In der dargestellten Näherung dieser Spirale ist das Verhältnis zweier aufeinan-derfolgender Kreisradien gleich dem Quotienten der beteiligten aufeinanderfolgenden Padovanzahlen; der Grenzwert dieses Quotienten ist nach Satz 8.13 die Plastikzahl γ.

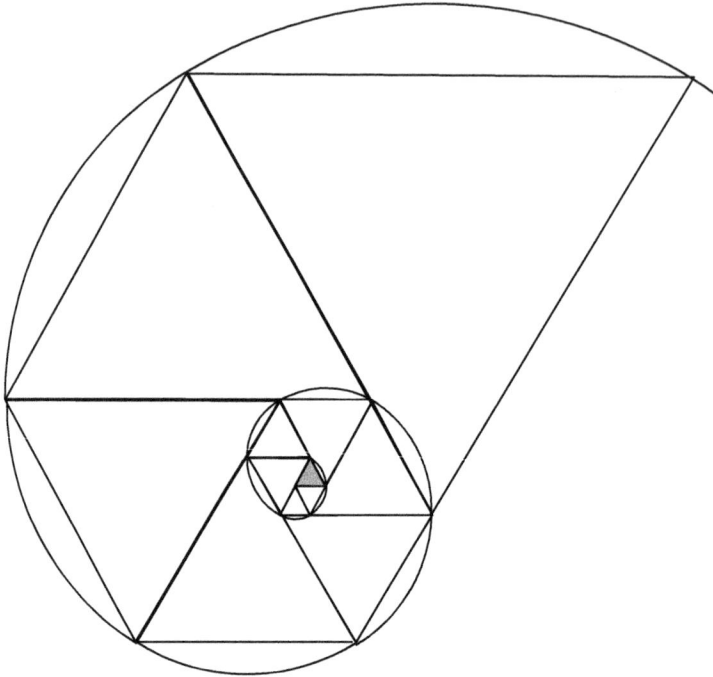

Interessanterweise gibt es für die Padovanfolge auch eine „Spirale", die aus Quadern besteht: Man startet mit zwei Würfeln der Kantenlänge 1, setzt auf die 1×2 große Seitenfläche einen Quader mit den Maßen $1 \times 1 \times 2$, erhält also einen Quader mit den Maßen $1 \times 2 \times 2$, setzt einen Würfel der Kantenlänge 2 auf eine 2×2-Seitenfläche und bekommt einen Quader mit den Maßen $2 \times 2 \times 3$, usw. Bei jedem Schritt entsteht also ein Quader, dessen Kantenlängen aufeinanderfolgende Padovanzahlen sind. Verbindet man aufeinanderfolgende Ecken quadratischer Flächen durch eine gerade Linie miteinander, erhält man eine „Spirale", wobei die Längen der einzelnen Teilstrecken gerade die mit $\sqrt{2}$ multiplizierten Padovanzahlen sind.

Es würde den Rahmen dieses Buchs sprengen, die vielen faszinierenden Eigenschaften der Padovanfolge weiter zu untersuchen. Allerdings wäre es durchaus lohnend, diese äußerst interessante Folge genauer zu studieren, obwohl oder gerade weil die Literatur dazu recht verstreut ist und zunächst einmal zusammengetragen werden müsste.

8.3 Die Tribonaccifolge

Im vorigen Abschnitt hatten wir die Fibonaccifolge in der Weise verallgemeinert, dass wir in der charakteristischen Gleichung der Rekursion zwei Parameter p und q eingeführt haben; die Ordnung der Rekursion ist jedoch nach wie vor zwei geblieben. Eine andere Möglichkeit der Verallgemeinerung ist es, die Ordnung der Rekursion zu erhöhen: Jedes Element ergibt sich als Summe der drei, vier, fünf, ... vorigen Glieder. Dies führt zur

Definition der Tribonacci-, Tetranacci- (oder Quadranacci-), Pentanacci-, ... Folge. Wir
werden hier nur die Tribonaccifolge etwas genauer untersuchen, da sich insbesondere
die explizite Berechung der Folgenglieder in Abhängigkeit vom Index bereits bei der
Tribonaccifolge als sehr unhandlich erweist.

Definition 8.14

Die **Tribonaccifolge** $\{t_n\}$ ist definiert durch die Angabe der drei ersten Glieder

$$t_1 = 1, \; t_2 = 1, \; t_3 = 2$$

und die Rekursionsgleichung

$$t_n = t_{n-1} + t_{n-2} + t_{n-3}, \; n \geq 4. \tag{8.36}$$

Die ersten Glieder der Tribonaccifolge sind also

$$1, 1, 2, 4, 7, 13, 24, 44, 81, 149, 274, 504, 927, 1705, \ldots$$

Geht man vor wie in Abschnitt 1.4.2, so ergibt sich

$$x^3 - x^2 - x - 1 = 0 \tag{8.37}$$

als charakteristische Gleichung der Rekursion.
Um ein Äquivalent zur Formal von Binet herzuleiten, benötigt man die Wurzeln dieser
Gleichung. Hier helfen die Formeln von Cardano weiter, siehe Anhang B und Aufgabe
8.5.1.9. Damit erhält man nach längerem Rechnen

$$
\begin{aligned}
\rho &= \frac{1}{3}\left(\sqrt[3]{19 + 3\sqrt{33}} + \sqrt[3]{19 - 3\sqrt{33}} + 1 \right), \\
\sigma &= \frac{1}{6}\left[\left(2 - \sqrt[3]{19 + 3\sqrt{33}} - \sqrt[3]{19 - 3\sqrt{33}} \right.\right. \\
&\qquad \left.\left. + \sqrt{3}\mathrm{i}\left(\sqrt[3]{19 + 3\sqrt{33}} - \sqrt[3]{19 - 3\sqrt{33}} \right) \right) \right], \\
\tau &= \bar{\sigma}
\end{aligned}
$$

als Wurzeln des Polynoms (8.37).
Wie in 1.4.2 müssen wir jetzt noch die Koeffizienten r, s und t im Ansatz

$$t_n = r\rho^n + s\sigma^n + t\tau^n$$

bestimmen, d. h. das folgende Gleichungssystem lösen:

$$
\begin{aligned}
1 &= r\rho + s\sigma + t\tau \\
1 &= r\rho^2 + s\sigma^2 + t\tau^2 \\
2 &= r\rho^3 + s\sigma^3 + t\tau^3
\end{aligned}
$$

Sofern man sich nicht verrechnet, erhält man daraus

$$r = \frac{\rho}{(\rho - \sigma)(\rho - \tau)},$$

$$s = \frac{\sigma}{(\sigma - \rho)(\sigma - \tau)},$$

$$t = \frac{\tau}{(\tau - \rho)(\tau - \sigma)}.$$

Damit ergibt sich für die Folgenglieder t_n die explizite Darstellung

$$\begin{aligned} t_n &= \frac{\rho^{n+1}}{(\rho - \sigma)(\rho - \tau)} + \frac{\sigma^{n+1}}{(\sigma - \rho)(\sigma - \tau)} + \frac{\tau^{n+1}}{(\tau - \rho)(\tau - \sigma)} \\ &= \frac{\rho^n}{-\rho^2 + 4\rho - 1} + \frac{\sigma^n}{-\sigma^2 + 4\sigma - 1} + \frac{\tau^n}{-\tau^2 + 4\tau - 1}. \end{aligned} \qquad (8.38)$$

Wenn Sie das nachrechnen – denn man soll ja nicht alles glauben, was in Büchern steht – berücksichtigen Sie, dass folgende Beziehungen gelten:

$$\rho + \sigma + \tau = 1$$
$$\rho\sigma + \rho\tau + \sigma\tau = -1$$
$$\rho\sigma\tau = 1$$

Diese Beziehungen folgen durch Koeffizientenvergleich aus der Tatsache, dass ρ, σ und τ die Wurzeln des Polynoms (8.37) sind, dass also $(x - \rho)(x - \sigma)(x - \tau) = x^3 - x^2 - x - 1$ gilt. Außerdem erfüllt natürlich jede der drei Wurzeln die Gleichung (8.37), daher ist also $\rho^3 = \rho^2 + \rho + 1$ (und entsprechend für σ und τ).

8.4   Fibonacci- und Lucaspolynome

Man kann auf die Idee kommen, nicht nur Folgen von Zahlen, sondern auch Folgen von Polynomen rekursiv zu definieren, z. B. durch

$$\begin{aligned} F_0(x) &= 0, \\ F_1(x) &= 1, \\ F_2(x) &= x, \\ F_{n+1}(x) &= xF_n(x) + F_{n-1}(x); \end{aligned}$$

dabei ist $n \in \mathbb{N}^*$. Diese Polynome werden **Fibonaccipolynome** genannt. Der Zusammenhang mit den Fibonaccizahlen wird sofort klar, wenn man $x = 1$ setzt, denn offensichtlich ist

$$F_n(1) = f_n,$$

wie eine einfache Induktion und die Beobachtung, dass die Rekursionsformel der Fibonaccipolynome für $x = 1$ zur Rekursionsformel der Fibonaccizahlen wird, zeigen.
Mithilfe der Festsetzung

$$F_{-n} = (-1)^{n+1} F_n(x) \qquad (8.39)$$

lässt sich die Definition der Fibonaccipolynome auf negative Indizes ausweiten.

Der **Grad** eines Polynoms $p(x)$ ist der Exponent der höchsten vorkommenden Potenz
der Variablen, hier x. Für den Grad der Fibonaccipolynome gilt:

Lemma 8.15

Für $n \in \mathbb{Z}, n \neq 0$ hat das Fibonaccipolynom $F_n(x)$ den Grad $|n| - 1$.

Beweis: Wegen (8.39) haben F_{-n} und $F_n(x)$ den gleichen Grad. Es genügt also, die
Behauptung nur für $n \in \mathbb{N}^*$ zu zeigen. Dies tun wir mithilfe von vollständiger Induktion.
Für $n = 1$ hat $F_1(x) = 1$ den Grad 0 und für $n = 2$ hat $F_2(x) = x$ den Grad 1. Nehmen
wir also an, dass wir für ein $n \in \mathbb{N}^*$ schon wissen, dass $F_{n-1}(x)$ vom Grad $n - 2$ und
$F_n(x)$ vom Grad $n - 1$ ist. Nach Definition ist $F_{n+1}(x) = x \cdot F_n(x) + F_{n-1}(x)$. Dann
hat $F_n(x)$ nach Induktionsvoraussetzung den Grad $n - 1$ und $x \cdot F_n(x)$ den Grad n. Da
der Grad von F_{n-1} nach Induktionsvoraussetzung $n - 2$ ist, erhöht sich der Gesamtgrad
von $F_{n+1}(x)$ durch den Summanden $F_{n-1}(x)$ nicht weiter, sondern ist gleich n. $\Diamond$

Analog zu den Fibonaccipolynomen werden die **Lucaspolynome** definiert durch

$$\begin{aligned}
L_0(x) &= 2, \\
L_1(x) &= x, \\
L_{n+1}(x) &= x \cdot L_n(x) + L_{n-1}(x).
\end{aligned}$$

Mit $x = 1$ erhalten wir wieder

$$L_n(x) = l_n,$$

d. h. für $x = 1$ liefert das n-te Lucaspolynom $L_n(x)$ die n-te Lucaszahl l_n.
Diese Definition kann wieder durch

$$L_{-n}(x) = (-1)^n L_n(x) \qquad (8.40)$$

auf negative Indizes ausgeweitet werden.

Für den Grad der Lucaspolynome gilt (s. Aufgabe 8.5.1.12):

Lemma 8.16

Für $n \in \mathbb{Z}, n \neq 0$ hat das n-te Lucaspolynom den Grad $|n|$.

Zwischen Fibonacci- und Lucaspolynomen besteht folgender Zusammenhang:

Satz 8.17

Für $n \in \mathbb{N}^*$ gilt:

$$L_n(x) = F_{n+1}(x) + F_{n-1}(x) = x \cdot F_n(x) + 2 \cdot F_{n-1}(x) \qquad (8.41)$$

$$x \cdot L_n(x) = F_{n+2}(x) - F_{n-2}(x) \qquad (8.42)$$

Beweis: Bei Gleichung (8.41) gilt das zweite Gleichheitszeichen nach der Definition der Fibonaccipolynome, denn es ist $F_{n+1}(x) + F_{n-1}(x) = x \cdot F_n(x) + F_{n-1}(x) + F_{n-1}(x) = x \cdot F_n(x) + 2 \cdot F_{n-2}(x)$. Wir müssen also nur die Gleichung $L_n(x) = F_{n+1}(x) + F_{n-1}(x)$ verifizieren; dies geschieht durch vollständige Induktion.

Für $n = 1$ gilt $L_1(x) = x = x + 0 = F_2(x) + F_0(x)$; für $n = 2$ erhalten wir $L_2(x) = x^2 + 2 = (x^2 + 1) + 1 = F_3(x) + F_1(x)$. Angenommen, die Behauptung ist bereits für n und $n - 1$ gezeigt. Nach Definition der Lucaspolynome ist dann

$$\begin{aligned}
L_{n+1}(x) &= x \cdot L_n(x) + L_{n-1}(x) \\
&= x \cdot (F_{n+1}(x) + F_{n-1}(x)) + F_n(x) + F_{n-2}(x) \\
&= x \cdot F_{n+1}(x) + F_n(x) + x \cdot F_{n-1}(x) + F_{n-2}(x) \\
&= F_{n+2}(x) + F_n(x),
\end{aligned}$$

das war die Behauptung.

Gleichung (8.42) zeigen wir ebenfalls durch vollständige Induktion. Für $n = 1$ gilt $x \cdot L_1(x) = x \cdot x = x^2 = (x^2 + 1) - 1 = F_3(x) - F_{-1}(x)$; für $n = 2$ ergibt sich $x \cdot L_2(x) = x \cdot (x^2 + 2) = x^3 + 2x = (x^3 + 2x) - 0 = F_4(x) - F_0(x)$. Ist die Behauptung bereits für $n - 1$ und n richtig, so gilt nach Definition der Fibonacci- und Lucaspolynome

$$\begin{aligned}
x \cdot L_{n+1}(x) &= x \cdot (x \cdot L_n(x) + L_{n-1}(x)) \\
&= x \cdot (F_{n+2}(x) - F_{n-2}(x) + L_{n-1}(x)) \\
&= x \cdot F_{n+2}(x) - x \cdot F_{n-2}(x) + x \cdot L_{n-1}(x) \\
&= x \cdot F_{n+2}(x) - x \cdot F_{n-2}(x) + F_{n+1}(x) - F_{n-3}(x) \\
&= x \cdot F_{n+2}(x) + F_{n+1}(x) - (x \cdot F_{n-2}(x) + F_{n-3}(x)) \\
&= F_{n+3}(x) - F_{n-1}(x).
\end{aligned}$$

Das war gerade zu zeigen. $\diamondsuit$

Für Fibonacci- und Lucaspolynome gelten ähnliche Aussagen wie für Fibonacci- und Lucaszahlen, z. B. gilt das Äquivalent zu Satz 3.31:

Satz 8.18

$F_m(x)$ teilt $F_n(x)$ genau dann, wenn m ein Teiler von n ist.

Und – analog zu den Sätzen 3.43 und 3.46 – gilt für Lucaspolynome:

Satz 8.19

$L_m(x)$ teilt $L_n(x)$ genau dann, wenn n ein ungerades Vielfaches von m ist.

Für einen Beweis dieser beiden interessanten Sätze sei auf die Arbeit [Bi70] verwiesen.

8.5 Aufgaben

8.5.1 Übungsaufgaben

1. Zeigen Sie: Für die Diskriminante $D = p^2 - 4q$ der quadratischen Gleichung $x^2 - px + q = 0$ gilt $D \equiv p^2 \pmod 4$, also $D \equiv 0 \pmod 4$ oder $D \equiv 1 \pmod 4$.

2. Zeigen Sie Satz 8.3 für die Folge $u_n(p, q)$.

3. Zeigen Sie die erste Gleichunge in Satz 8.4.

4. Zeigen Sie die Identitäten (8.13) bis (8.18).

5. Zeigen Sie für die Padovanfolge:

$$\sum_{i=0}^{n} p_{3i+1} = p_{3n+3} - 1$$

6. Zeigen Sie für die Padovanfolge:

$$\sum_{i=0}^{n} p_i^2 p_{i+1} = p_n p_{n+1} p_{n+2}$$

7. Zeigen Sie für die Padovanfolge:

$$\sum_{i=0}^{n} p_i p_{i+2} = p_{n+2} p_{n+3} - 1$$

8. Berechnen Sie mithilfe der Formel von *Cardano* die Wurzeln der Gleichung (8.25).

9. Berechnen Sie mithilfe der Formel von *Cardano* die Wurzeln der Gleichung (8.37).

10. Berechnen Sie die zehn ersten Fibonacci-/Lucaspolynome.

11. Zeigen Sie für Fibonacci- bzw. Lucaspolynome: $F_n(1) = f_n$ bzw. $L_n(1) = l_n$.

12. Zeigen Sie Lemma 8.16: Das n-te Lucaspolynom hat den Grad $n, n \neq 0$.

8.5.2 Arbeitsaufträge

1. Zeigen Sie:

   (a) Die erzeugende Funktion der Padovanfolge ist $\frac{1+x}{1-x^2-x^3}$, d. h. es gilt $P(x) = \sum_{i=0}^{\infty} p_i x^i = \frac{1+x}{1-x^2-x^3}$.

   (b) Welchen Konvergenzradius hat die Reihe?

   (c) Berechnen Sie $\sum_{i=0}^{\infty} \frac{p_i}{2^i}$.

   (d) Berechnen Sie die erzeugende Funktion der Perrinfolge.

2. Untersuchen Sie die Tribonaccifolge/Tetranaccifolge ausführlich.

3. Untersuchen Sie die Perrinfolge ausführlich.

4. Beweisen Sie die folgende explizite Darstellung des n-ten Fibonaccipolynoms für $n \in \mathbb{N}^*$:

$$F_n(x) = \sum_{k=0}^{\lfloor \frac{n-1}{2} \rfloor} \binom{n-k-1}{k} x^{n-2k-1}.$$

Zeigen Sie damit: Die Summe der Koeffizienten des n-ten Fibonaccipolynoms ist die n-te Fibonaccizahl f_n.

Literatur zu Kapitel 8

In [R] werden verallgemeinerte Lucasfolgen untersucht und viele Beziehungen zwischen den Folgengliedern – meist ohne Beweis – angegeben. Als Literatur zur Padovanfolge bieten sich [wPad], [wWeiPS] und vor allem [wSt] und [wikiPS] an; zur Perrinfolge s. [wikiPN]. Die Tribonaccifolge wird auf verschiedene Arten definiert; hier wurde die Definition von [SDH77] und [GR83] zugrundegelegt, s. dazu auch [wNPW] und [wikiGFN]. Der Artikel [Bi70] bietet eine gute Einführung zu den Fibonacci- und Lucaspolynomen.

A   Tabellen der Zahlenfolgen

A.1   Die ersten 60 Fibonaccizahlen

$f_1 = 1$

$f_2 = 1$

$f_3 = 2$

$f_4 = 3$

$f_5 = 5$

$f_6 = 8$

$f_7 = 13$

$f_8 = 21$

$f_9 = 34$

$f_{10} = 55$

$f_{11} = 89$

$f_{12} = 144$

$f_{13} = 233$

$f_{14} = 377$

$f_{15} = 610$

$f_{16} = 987$

$f_{17} = 1597$

$f_{18} = 2584$

$f_{19} = 4181$

$f_{20} = 6765$

$f_{21} = 10946$

$f_{22} = 17711$

$f_{23} = 28657$

$f_{24} = 46368$

$f_{25} = 75025$

$f_{26} = 121393$

$f_{27} = 196418$

$f_{28} = 317811$

$f_{29} = 514229$

$f_{30} = 832040$

$f_{31} = 1346269$

$f_{32} = 2178309$

$f_{33} = 3524578$

$f_{34} = 5702887$

$f_{35} = 9227465$

$f_{36} = 14930352$

$f_{37} = 24157817$

$f_{38} = 39088169$

$f_{39} = 63245986$

$f_{40} = 102334155$

$f_{41} = 165580141$

$f_{42} = 267914296$

$f_{43} = 433494437$

$f_{44} = 701408733$

$f_{45} = 1134903170$

$f_{46} = 1836311903$

$f_{47} = 2971215073$

$f_{48} = 4807526976$

$f_{49} = 7778742049$

$f_{50} = 12586269025$

$f_{51} = 20365011074$

$f_{52} = 32951280099$

$f_{53} = 53316291173$

$f_{54} = 86267571272$

$f_{55} = 139583862445$

$f_{56} = 225851433717$

$f_{57} = 365435296162$

$f_{58} = 591286729879$

$f_{59} = 956722026041$

$f_{60} = 1548008755920$

A.2   Die ersten 60 Lucaszahlen

$l_1 = 1$

$l_2 = 3$

$l_3 = 4$

$l_4 = 7$

$l_5 = 11$

$l_6 = 18$

$l_7 = 29$

$l_8 = 47$

$l_9 = 76$

$l_{10} = 123$

$l_{11} = 199$

$l_{12} = 322$

$l_{13} = 521$

$l_{14} = 843$

$l_{15} = 1364$

$l_{16} = 2207$

$l_{17} = 3571$

$l_{18} = 5778$

$l_{19} = 9349$

$l_{20} = 15127$

$l_{21} = 24476$

$l_{22} = 39603$

$l_{23} = 64079$

$l_{24} = 103682$

$l_{25} = 167761$

$l_{26} = 271443$

$l_{27} = 439204$

$l_{28} = 710647$

$l_{29} = 1149851$

$l_{30} = 1860498$

$l_{31} = 3010349$

$l_{32} = 4870847$

$l_{33} = 7881196$

$l_{34} = 12752043$

$l_{35} = 20633239$

$l_{36} = 33385282$

$l_{37} = 54018521$

$l_{38} = 87403803$

$l_{39} = 141422324$

$l_{40} = 228826127$

$l_{41} = 370248451$

$l_{42} = 599074578$

$l_{43} = 969323029$

$l_{44} = 1568397607$

$l_{45} = 2537720636$

$l_{46} = 4106118243$

$l_{47} = 6643838879$

$l_{48} = 10749957122$

$l_{49} = 17393796001$

$l_{50} = 28143753123$

$l_{51} = 45537549124$

$l_{52} = 73681302247$

$l_{53} = 119218851371$

$l_{54} = 192900153618$

$l_{55} = 312119004989$

$l_{56} = 505019158607$

$l_{57} = 817138163596$

$l_{58} = 1322157322203$

$l_{59} = 2139295485799$

$l_{60} = 3461452808002$

A.3 Die ersten 60 Padovanzahlen

$p_1 = 1$

$p_2 = 1$

$p_3 = 2$

$p_4 = 2$

$p_5 = 3$

$p_6 = 4$

$p_7 = 5$

$p_8 = 7$

$p_9 = 9$

$p_{10} = 12$

$p_{11} = 16$

$p_{12} = 21$

$p_{13} = 28$

$p_{14} = 37$

$p_{15} = 49$

$p_{16} = 65$

$p_{17} = 86$

$p_{18} = 114$

$p_{19} = 151$

$p_{20} = 200$

$p_{21} = 265$

$p_{22} = 351$

$p_{23} = 465$

$p_{24} = 616$

$p_{25} = 816$

$p_{26} = 1081$

$p_{27} = 1432$

$p_{28} = 1897$

$p_{29} = 2513$

$p_{30} = 3329$

$p_{31} = 4410$

$p_{32} = 5842$

$p_{33} = 7739$

$p_{34} = 10252$

$p_{35} = 13581$

$p_{36} = 17991$

$p_{37} = 23833$

$p_{38} = 31572$

$p_{39} = 41824$

$p_{40} = 55405$

$p_{41} = 73396$

$p_{42} = 97229$

$p_{43} = 128801$

$p_{44} = 170625$

$p_{45} = 226030$

$p_{46} = 299426$

$p_{47} = 396655$

$p_{48} = 525456$

$p_{49} = 696081$

$p_{50} = 922111$

$p_{51} = 1221537$

$p_{52} = 1618192$

$p_{53} = 2143648$

$p_{54} = 2839729$

$p_{55} = 3761840$

$p_{56} = 4983377$

$p_{57} = 6601569$

$p_{58} = 8745217$

$p_{59} = 11584946$

$p_{60} = 15346786$

A.4   Die ersten 60 Perrinzahlen

$P_1 = 0$	$P_{31} = 6107$
$P_2 = 2$	$P_{32} = 8090$
$P_3 = 3$	$P_{33} = 10717$
$P_4 = 2$	$P_{34} = 14197$
$P_5 = 5$	$P_{35} = 18807$
$P_6 = 5$	$P_{36} = 24914$
$P_7 = 7$	$P_{37} = 33004$
$P_8 = 10$	$P_{38} = 43721$
$P_9 = 12$	$P_{39} = 57918$
$P_{10} = 17$	$P_{40} = 76725$
$P_{11} = 22$	$P_{41} = 101639$
$P_{12} = 29$	$P_{42} = 134643$
$P_{13} = 39$	$P_{43} = 178364$
$P_{14} = 51$	$P_{44} = 236282$
$P_{15} = 68$	$P_{45} = 313007$
$P_{16} = 90$	$P_{46} = 414646$
$P_{17} = 119$	$P_{47} = 549289$
$P_{18} = 158$	$P_{48} = 727653$
$P_{19} = 209$	$P_{49} = 963935$
$P_{20} = 277$	$P_{50} = 1276942$
$P_{21} = 367$	$P_{51} = 1691588$
$P_{22} = 486$	$P_{52} = 2240877$
$P_{23} = 644$	$P_{53} = 2968530$
$P_{24} = 853$	$P_{54} = 3932465$
$P_{25} = 1130$	$P_{55} = 5209407$
$P_{26} = 1497$	$P_{56} = 6900995$
$P_{27} = 1983$	$P_{57} = 9141872$
$P_{28} = 2627$	$P_{58} = 12110402$
$P_{29} = 3480$	$P_{59} = 16042867$
$P_{30} = 4610$	$P_{60} = 21252274$

B   Die Formeln von Cardano

Mithilfe der Formeln von Cardano können die Lösungen kubischer Gleichungen bestimmt werden. Benannt sind die Formeln nach *Gerolamo Cardano* (1501-1576), der sie 1545 in seinem Buch *Ars magna* veröffentlichte, ihre Entdeckung aber *Scipione del Ferro* (1465-1526) zuschrieb. Sie wurden auch von *Nicolo Tartaglia* (um 1500-1557) entdeckt.

Eine allgemeine kubische Gleichung

$$Ax^3 + Bx^2 + Cx + D = 0 \quad (A \neq 0)$$

bringt man durch Division durch A zunächst auf die Form

$$x^3 + bx^2 + cx + d = 0.$$

Substituiert man

$$x = z - \frac{a}{3}, \tag{B.1}$$

so erhält man

$$(z - \frac{a}{3})^3 + a(z - \frac{a}{3})^2 + b(z - \frac{a}{3}) + c = 0$$

oder

$$z^3 + (b - \frac{a^2}{3})z + (\frac{2a^3}{27} - \frac{ab}{3} + c) = 0 \,;$$

damit ist das quadratische Glied beseitigt. Setzt man

$$p = b - \frac{a^2}{3}; \; q = \frac{2a^3}{27} - \frac{ab}{3} + c, \tag{B.2}$$

so ergibt sich die **reduzierte Form** der ursprünglichen Gleichung:

$$z^3 + pz + q = 0. \tag{B.3}$$

Diese reduzierte Form kann man jetzt mithilfe der Formeln von Cardano lösen und mit der Rücksubstitution $x = z - \frac{a}{3}$ die Lösungen der ursprünglichen Gleichung bestimmen. Die Formeln con Cardano für die Gleichung (B.3) sehen folgendermaßen aus: Es sei

$$D = \left(\frac{q}{2}\right)^2 + \left(\frac{p}{3}\right)^3$$

die **Diskriminante** der Gleichung (B.3); D bestimmt das Lösungsverhalten von (B.3):

- $D > 0$: genau eine reelle Lösung, zwei komplexe Lösungen;

- $D = 0$: entweder eine doppelte reelle Lösung und eine einfache reelle Lösung oder eine dreifache reelle Lösung;

- $D < 0$: drei verschiedene reelle Lösungen.

Mit

$$u = \sqrt[3]{-\frac{q}{2} + \sqrt{D}}, \; v = \sqrt[3]{-\frac{q}{2} - \sqrt{D}}, \tag{B.4}$$

wobei $u \cdot v = -\frac{p}{3}$ sein muss, kann man die Lösungen von (B.3) angeben:

$$
\begin{aligned}
z_1 &= u + v, \\
z_2 &= u\epsilon_1 + v\epsilon_2, \\
z_3 &= u\epsilon_2 + v\epsilon_1.
\end{aligned}
\tag{B.5}
$$

Dabei sind $\epsilon_1 = -\frac{1}{2} + \frac{1}{2}i\sqrt{3}$ und $\epsilon_2 = \epsilon_1^2 = -\frac{1}{2} - \frac{1}{2}i\sqrt{3}$. (Anmerkung: ϵ_1 und ϵ_2 sind sogenannte primitive dritte Einheitswurzeln, weil sie die Gleichung $x^3 = 1$ erfüllen.)

Literaturverzeichnis

[AE]   Amann, Herbert / Escher, Joachim: *Analysis I*. Birkhäuser, Basel, Boston, Berlin, 3. Aufl. 2006.

[Bo1]   Bosch, Siegfried: *Lineare Algebra*. Springer, Berlin, Heidelberg, New York, 3. Aufl. 2006.

[Bo2]   Bosch, Siegfried: *Algebra*. Springer, Berlin, Heidelberg, New York, 6. Aufl. 2006.

[BP]   Beutelspacher, Albrecht / Petri, Bernhard: *Der Goldene Schnitt*. Spektrum Akademischer Verlag, Heidelberg, Berlin, Oxford, 2. Aufl. 1996.

[Bu]   Bundschuh, Peter: *Einführung in die Zahlentheorie*. Springer, Berlin, Heidelberg, 3. Aufl. 1996.

[H]   Heun, Volker: *Grundlegende Algorithmen. Einführung in den Entwurf und die Analyse effizienter Algorithmen*. Vieweg, Braunschweig, Wiesbaden, 2000.

[K]   Königsberger, Konrad: *Analysis 1*. Springer, Berlin, Heidelberg, New York, 6. Aufl. 2004.

[R]   Ribenboim, Paolo: *The Little Book of Bigger Primes*. Springer-Verlag, New York, 2nd ed. 2004.

[Sch]   Schupp, Hans: *Elementargeometrie*. UTB, Schöningh, Paderborn, 1977.

[V]   Vorobiev, Nicolai N.: *Fibonacci Numbers*. Birkhäuser, Basel, Boston, Berlin, 2002.

[Az08]   Azzarello, Dino: *Die Fibonaccifolge*. Facharbeit am Ludwigsgymnasium München, 2008.

[Bi70]   Bicknell, Marjorie: *A Primer for the Fibonacci Numbers. Part VII. An Introduction to Fibonacci Polynomials and Their Divisibility Properties*. The Fibonacci Quarterly 8 (1970), 407-419.

[C81]   Cohn, John H. E.: *Square Fibonacci Numbers, etc.* The Fibonacci Quarterly 2 (1964), 109-113.

[CD69]   Cole, A. J. / Davie, A. J. T.: *A Game Based on the Euclidean Algorithm and a Strategy for It*. Mathematical Gazette 53 (1969), 354-357.

[CSSt07]   Curtin, Brian / Salter, Ena / Stone, David: *Some Formulae for the Fibonacci Numbers*. The Fibonacci Quarterly 45 (2007), 171-180.

[GR83]   Godsil, Christopher D. / Razen, Reinhard: *A Property of Fibonacci and Tribonacci Numbers*. The Fibonacci Quarterly 21 (1983), 13-17.

[HBi64]   Hogatt, Verner E. / Bicknell, Marjorie: *Some New Fibonacci Identities*. The Fibonacci Quarterly 2 (1964), 29-32.

[Ho82]   Horadam, A. F.: *Pythagorean Triples*. The Fibonacci Quarterly 20 (1982), 121-122.

[Kö85]   Köhler, Günter: *Generating functions of Fibonacci-like sequences and decimal expansions of some fractions*. The Fibonacci Quarterly 23 (1985), 29-35.

[KSh72]   Kuipers, L. / Shiue, J. S.: *A distribution property of the sequence of Fibonacci numbers*. The Fibonacci Quarterly 10 (1972), 375-376.

[LW81]   Lagarias, J. C. / Weisser, D. P.: *Fibonacci and Lucas Cubes*. The Fibonacci Quarterly 19 (1981), 39-43.

[Le03]   Lengyel, Tamás: *A Nim-Type Game and Continued Fractions*. The Fibonacci Quarterly 41 (2003), 310-319.

[Lo81]   Long, Calvin T.: *The Decimal Expansion of 1/89 an Related Results*. The Fibonacci Quarterly 19 (1981), 53-55.

[LF69]   London, H. / Finkelstein, R.: *On Fibonacci and Lucas Numbers Which are Perfect Primes*. The Fibonacci Quarterly 7 (1969), 476-481.

[N72]   Niederreiter, H.: *Distribution of Fibonacci numbers mod 5^k*. The Fibonacci Quarterly 10 (1972), 373-374.

[PH65]   Pond, Jeremy C. / Howells, Donald F.: *More on Fibonacci-Nim*. The Fibonacci Quarterly 3 (1965), 61-63.

[R05]   Ribenboim, Paolo: *FFF:(Favorite Fibonacci Flowers)*. The Fibonacci Quarterly 43 (2005), 3-13.

[SDH77]   Scott, April / Delaney, Tom / Hoggatt, V. E. Jr.: *The Tribonacci Sequence*. The Fibonacci Quarterly 15 (1977), 193-200.

[Sp82]   Spickerman, W. R.: *Binet's Formula for the Tribonacci Sequence*. The Fibonacci Quarterly 20 (1982), 118-120.

[W60]   Wall, D. D.: *Fibonacci Series Modulo m*. American Mathematical Monthly 67 (1960), 525-532.

[We95]   Weger, B. M. M. de: *A curious property of the eleventh Fibonacci number*. Rocky Mountain Journal of Mathematics 25 (1995), 977-994.

[Wi63]   Winihan, Michael D.: *Fibonacci Nim*. The Fibonacci Quarterly 1 (1963), 9-13.

[Wy64]   Wyler, O.: *Squares in the Fibonacci Series.* American Mathematical Month-
            ly 71 (1964), 220-222.

[Z72]   Zeckendorf, Edouard: *A Generalized Fibonacci Numeration.* The Fibonacci
            Quarterly 10 (1972), 365-372.

[wBe]   Becker, Michael: *Fibonacci Zahlen.*
            URL: http://www.ijon.de/mathe/fibonacci/; erschienen 5/2003; aufgerufen
            am 15.8.2009.

[wNPW]   Noe, Tony / Piezas, Tito / Weisstein, Eric:
            Tribonacci Number. From MathWorld. A Wolfram Web Resource,
            URL: http://mathworld.wolfram.com/TribonacciNumber.html;
            aufgerufen am 25.8.2009.

[wPad]   Padovan, Richard: *Dom Hans van der Laan and the Plastic Number.*
            Nexus IV: Architecture and Mathematics, eds. Kim Williams and Jose Fran-
            cisco Rodrigues, Fucecchio (Florence), Kim Williams Books (2002), pp. 181-
            193.
            URL: http://www.nexusjournal.com/conferences/N2002-Padovan.html;
            aufgerufen am 15.8.2009.

[wSt]   Stewart, Ian: *Tales of a Neglected Number.* Scientific American, June 1996.
            URL: http://members.fortuneciy.com/templarser/padovan.html;
            aufgerufen am 15.8.2009.

[wWeiPS]   Weisstein, Eric W.: *Padovan Sequence.*
            From MathWorld. A Wolfram Web Resource,
            URL: http://mathworld.wolfram.com/PadovanSequence.html;
            aufgerufen am 25.8.2009.

[wikiGFN]   Wikipedia: *Generalizations of Fibonacci numbers.*
            URL: http://en.wikipedia.org/wiki/Generalizations_of_Fibonacci_numbers,
            aufgerufen am 25.8.2009.

[wikiPN]   Wikipedia: *Perrin Number.*
            URL: http://en.wikipedia.org/wiki/Perrin_number,
            aufgerufen am 25.8.2009.

[wikiPS]   Wikipedia: *Padovan Sequence.*
            URL: http://en.wikipedia.org/wiki/Padovan_sequence,
            aufgerufen am 25.8.2009.

[wWF]   (kein Name angegeben): *Willem's Fibonacci site.*
            URL: http://home.zonnet.nl/LeonardEuler/fiboe.htm;
            aufgerufen am 17.8.2009.

[aFA]   The Fibonacci Association
            URL: http://www.mscs.dal.ca/Fibonacci/;
            aufgerufen am 28.8.2009

Index

www.ingramcontent.com/pod-product-compliance
Lightning Source LLC
Chambersburg PA
CBHW081105220326
41598CB00038B/7231